教材使用调查问卷

尊敬的老师：

您好！

欢迎您使用"人民交通出版社'十一五'高职高专土建类专业规划教材"，衷心感谢您参与我们的问卷调查，敬请留下您的联系方式，我们将向您提供周到细致的服务，第一时间向您赠阅我们最新出版的教学用书及相关图书资料，同时提供业界信息和购书优惠，优先参与教材编写和定期举办的假期研讨班。

本调查问卷复印有效，请您通过以下方式返回：

邮寄：北京市朝阳区安外外馆斜街3号人民交通出版社土木与建筑图书出版中心(100011)

邵江　收

传真：010－85285927(邵江收)

Email：sj@ccpress.com.cn

第一部分：您的资料

姓　　名：________ 职称：________ 职务：________

所在院校、系：________ 专业：________

主讲课程：________

通讯地址：________ 邮编：________

电　　话：________ Email：________

第二部分：关于教材

1. 贵校开设土建类哪些专业？

□建筑工程技术　□工程造价　□工程监理　□物业管理

□建筑装饰工程技术　□房地产经营与估价　□楼宇智能化工程技术

2. 您认为理想的高职高专教材应具备哪些内容及特征，请描述________

____

3. 您对本书的印刷装帧质量：　□好　□一般　□差　需要改进之处：________

4. 您使用的教学手段：　□传统板书　□多媒体教学　□两者皆用　□网络教学

5. 您认为还应开发哪些教材或教辅用书？

本系列三个专业(建筑工程技术、工程监理、工程造价)的教材：________

理由：________

其他专业：________

理由：________

6. 您是否愿意参与编写教材？参与编写哪些教材？

课程名称：________

形式：　□纸质教材　□实训指导书(习题集)　□多媒体课件

7. 您选用教材比较看重以下哪些内容？

□作者背景　□教材编排使用　□有案例教学　□配有多媒体课件

□其他________

8. 你一般从什么渠道获取新教材信息？

□新华书店　□建工书店　□出版社的宣传手册　□其他媒介

9. 本书内容是否有错、漏及不合理之处，请您指出：________

____

____

人民交通出版社“十一五”
高职高专土建类专业规划教材

（请您在下列目录中标出本表所属的教材）

1 建筑制图
2 建筑工程 CAD
3 建筑材料与检测
4 建筑力学
5 建筑结构
6 建筑力学与结构
7 地基与基础
8 建筑工程计量与计价
9 建筑构造
10 建筑工程质量验收
11 建筑工程测量
12 建筑施工技术
13 建筑施工组织
14 建筑工程技术资料
15 建设法规
16 建筑设备
17 建筑工程事故分析与处理
18 工程建设监理概论
19 建筑工程计价与投资控制
20 建筑施工组织与进度控制
21 建筑工程质量控制
22 工程招投标与合同管理
23 道路与桥梁工程概论
24 建筑构造与识图
25 建筑与装饰材料
26 建筑结构基础与识图
27 建筑设备安装识图与施工工艺
28 建筑经济
29 建筑工程预算
30 建筑设备安装工程预算
31 建筑装饰工程预算
32 建筑施工工艺
33 工程建设定额原理与实务
34 工程量清单计价
35 工程造价控制
36 工程造价案例分析
37 建筑工程项目管理
38 专业英语

人民交通出版社“十一五”
高职高专土建类专业多媒体教学资源库

1. 建筑工程预算多媒体课件
2. 地基与基础多媒体课件
3. 道路与桥隧工程多媒体教学资源库

我们热烈欢迎广大教师投稿及交换教学资料，如案例、课件、多媒体，共同打造优秀高职教材！

联系人：邵江

咨询电话：010－85285929

投稿信箱：sj@ccpress. com. cn

相关图书推介：

简明英汉－汉英土木工程词汇

简明英汉－汉英公路工程词汇

简明英汉－汉英工程管理专业词汇

AutoCAD2008 道桥制图（Autodesk 公司推荐）

高职高专土建类专业规划教材出版说明

近年来我国职业教育蓬勃发展，教育教学改革不断深化，国家对职业教育的重视达到前所未有的高度。为了贯彻落实《国务院关于大力发展职业教育的决定》的精神，提高我国土建领域的职业教育水平，培养出适应新时期职业需要的高素质人才，人民交通出版社深入调研，周密组织，在全国高职高专教育土建类专业教学指导委员会的热情鼓励和悉心指导下，发起并组织了全国四十余所院校一大批骨干教师，编写出版本系列教材。

本套教材以《高等职业教育土建类专业教育标准和培养方案》为纲，结合专业建设、课程建设和教育教学改革成果，在广泛调查和研讨的基础上进行规划和展开编写工作，重点突出企业参与和实践能力、职业技能的培养，推进教材立体化开发，鼓励教材创新，教材组委会、编审委员会、编写与审稿人员全力以赴，为打造特色鲜明的优质教材做出了不懈努力，希望以此能够推动高职土建类专业的教材建设。

本系列教材先期推出建筑工程技术、工程监理和工程造价三个土建类专业共计四十余种主辅教材，随后在2～3年内全面推出土建大类中七类方向的全部专业教材，最终出版一套体系完整、特色鲜明的优秀高职高专土建类专业教材。

本系列教材适用于高职高专院校、成人高校及二级职业技术学院、继续教育学院和民办高校的土建类各专业使用，也可作为相关从业人员的培训教材。

人民交通出版社
2008 年 4 月

近些年，我国高等教育迅速发展，为不断适应社会对人才的需求，教育教学改革硕果累累。本书就是利用工程测量课程教学改革的最新成果，直接为相关专业的教育教学服务。

本书涵盖了工程测量的基本知识、技能和方法，覆盖面较广，可供不同的专业使用。在编写过程中，编者在力求实用性、可操作性和知识性的基础上，以能力为本位，紧密结合工程测量实际，总结各校的教学经验和测量技能测试与考核的最新成果，直接为实践教学、技能训练与考核服务。

在劳动与社会保障部门与各地测绘职业技能鉴定站开展的测绘技能鉴定工作中，本书可供初、中、高级测量工技能测试考核直接使用；作为高等教育配套教材或参考用书，有利于帮助学生加强测量技能的训练，巩固所学测量知识，培养学生独立思考问题和实际动手能力；作为教材单独使用，有利于全面实施项目教学法。

本书由山西建筑职业技术学院赵雪云、李峰编著，其中第一、二章由赵雪云编写，第三、四章由李峰编写。本书由太原理工大学葛永慧教授主审。在此表示诚挚的感谢。

在本书的编写过程中，得到了山西建筑职业技术学院道桥与测量教研室和山西煤炭职业技术学院测量教研室的专家、老师的大力支持与协助，提出了很多宝贵意见，在此一并表示感谢。

由于作者水平有限，书中的错误和缺点在所难免，希望读者在使用中提出宝贵意见，以便进一步补充修正。

编　者

2008 年 3 月

目
录
MULU

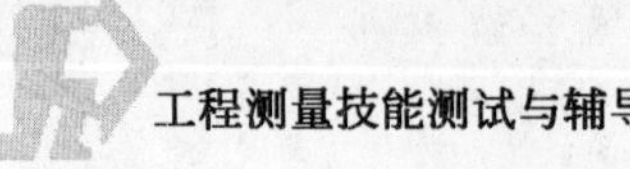

第一章 绪 论

第一节 概 述

工程测量学是一门实践性很强的技术型课程，检验学生学习效果的标准理应是科学的“技能测试”结果。为了强化学生职业技能，做好就业前的上岗训练，同时综合评定某专业毕业生的实际职业技能水平，我们在根据专业培养目标对专业岗位核心能力进行了研讨、分解的基础上，编制了本书。

本书涵盖了工程测量的基本知识、技能和方法，把工程测量技能进行了合理分解，形成相对独立的技能测试单元，各单元既相互独立又相互联系，形成一个有机整体。使用中可以根据专业特点有侧重地选择某些部分，形成专题，进行专业测量技能测试。

一 技能测试题的分类与应用

根据测试题的实践应用综合性，测试题分以下三部分内容：第二章为测量单项技能，共有 14 个项目，全部是测量最基本的单项技能测试题；第三章为测量基本技能，共有 9 个项目，仍属于基本测试项目，但比第二章有一定的综合性；第四章为测量综合技能，共有 11 个项目，全部是综合技能测试题，以工程测量任务为基础和背景，是工程测量基本技能的综合应用。其中每个项目均列有“其他变数与说明”，又可以引申、变化出若干试题。三部分内容总体趋向由易到难，由简单到复杂。

根据测试用时的不同，测试题分以下三类：30 分钟、60 分钟(个别 45 分钟)、90 分钟。

根据专业性质的不同，测试题又可以分为：测量的基本知识与技能(基础知识)、地形图的测绘与应用(基础测绘)、建筑施工测量、线路施工测量等。

具体测试时,可以根据测试专业和等级的不同要求,对测试题进行"模块组合"。例如,建筑工程测量中级工测试,要求从按照综合性质分类的三部分内容中分别抽取一题(属于高级工测试用题或某些专业测试用题可以不抽),同时要求三题用时分别为 30 分钟、60 分钟(或 45 分钟)、90 分钟。可以要求某些专业在某部分专业题中必抽一题。

总之模块可以按照难度、专业或测试用时分块,基本题要求必须熟练掌握,提高题、综合题可以酌情灵活考虑。

另外,本书每项测量技能测试,均包括测试核心技能、测试题目与内容、测试时间、测试条件(情景)、测试要求及评分标准、测试说明及注意事项、测试报告、测试成绩评定表、其他变数与说明、测试辅导、思考与训练等内容,不但可供初、中、高级测量工技能测试考核直接使用,作为测量等级考核的重要辅导与参考资料,而且可以作为相关专业《工程测量》教材的配套教材或参考用书,指导学生加强测量技能的训练,巩固所学测量知识,培养学生独立思考问题和实践动手能力。本书也可作为教材单独使用,有利于全面实施项目教学法。还可以作为工程技术人员的自学参考用书。

二 技能训练或测试的组织与要求

1. 测试的组织

(1)按试题要求对考生进行分组,一般可以每 4 人(3～5 人)组成一个测量小组,组内每位考生轮流交替进行试题要求的各项测试,并由考评员逐项评定分值。

如在"全站仪导线测量"测试中,可以考核组织如下:每 4 人一组,分为甲、乙、丙、丁;第一轮:甲观测、乙记录、丙和丁立反光镜;第二轮:乙观测、甲记录、丙和丁立反光镜;第三轮:丙观测、丁记录、甲和乙立反光镜;第四轮:丁观测、丙记录、甲和乙立反光镜。

(2)也可以根据试题要求,配备必要的辅助人员,对考生同时进行全面的考核与测试。

2. 考试各项得分都需在现场考生测试完成后及时评定并填写,不得事后补填。每套试题中的评分标准作为主考人、考评员的评分依据,须在考试前提前发给每位主考人、考评员,主考人和考评员拿到评分标准后,尽可能全面熟悉整套题目各项的操作要求与评分依据,以便测试时更准确、客观、及时地评定每位考生的成绩。

3.试题在使用时，按照每套题中要求的仪器、工具、场地等做好测试前的准备工作。提前统一准备好符合测试内容要求的相关测试报告或记录手簿。

4.实际训练时，教师可根据教学需要对这些测试项目进行合并、取舍、变化，每个实训小组人数和时数也可以根据具体情况进行安排，但应保证每人都能训练观测、记录、计算等项目。

5.实际使用时既可以综合全面评价学生的职业技能；也可随机抽取其中之一或几题进行测试；还可以作为某项教学任务完成后对学生单项技能掌握情况进行测试和评定的依据。

6.每套测试题一般重点从以下几方面考核考生的职业技能：

(1)操作的熟练性、规范性。

(2)试题内容要求的整体作业方法的程序性、正确性。

(3)记录计算的规范性与美观清晰度。

(4)作业成果的精度。

(5)安全文明作业与团结协作精神。

7.测试前20分钟抽题，每次抽题以后，考生要认真阅读测试有关说明、要求和注意事项、评分标准等。每次实训前，除认真阅读测试有关说明、要求和注意事项、评分标准等以外，还要认真阅读测试辅导。

三 基本定义

1.主考人：符合聘任条件，由职业技能鉴定站聘任，在测量技能测试考核中担任评委、并负责对考评员的监督、解决技能测试过程中的突发技术问题、评断技能测试纠纷和结果的专家。一般在所聘任的考评员中选聘。

2.考评员：符合聘任条件，由职业技能鉴定站聘任，在测量技能测试考核中担任评委、并负责考察、记录考生测试水平和能力，根据评分标准给考生评定测试成绩的专家。

3.考生：即参加测量技能测试考核的学员。由职业技能鉴定站认定，根据职业技能鉴定测量工报名条件与实施办法，符合条件并已履行报名手续，参加技能测试考核的学员。或在进行完相关测量教学实训，参加测量技能考核的学生。

4.辅导教师：由职业技能鉴定站聘任，在测量技能测试前的培训、实训中担任教学或实训指导的教师、专家。

第二节　测量实训须知

测量技能测试的成绩，反映了考生测量技能的掌握程度，而测量技能的提高与把握，必须依靠平时规范、扎实的实训来实现，这是由测量技能的实践性、操作性和知识性决定的。

一 测量实训的目的与要求

实训的目的：一方面是进一步了解所学测量仪器的构造、性能和各部分的作用；另一方面是为了巩固和验证课堂上所学的理论知识，掌握仪器的使用方法，加强实训技能，提高动手能力，使理论和实践结合起来。

实训的要求：

1.每次实训前均需仔细阅读《工程测量技能测试与辅导》相关部分内容并参考教材有关内容，在弄清楚实训的内容、要求、过程和注意事项的基础上再动手实训，并认真完成规定的实训报告，实训结束后及时上交实训报告。

2.实训一般分小组进行。学习委员或班长向任课教师提供分组名单，确定小组负责人，负责组织与协调工作，办理所用仪器的借领和归还手续。

3.实训是集体的学习活动，任何人不得无故缺席或迟到，应服从实训指导教师的安排在规定地点进行，实训中要严格按照操作规程规范操作，爱护仪器和现场设施，遵守学校各项规章制度，养成良好的习惯。

4.课余时间需要实训时，自行组成实训小组，凭学生证到测量仪器实训室办理手续、领借仪器，自选实训地点并征得实训室管理人员同意后进行实训。

二 测量仪器使用规定

测量仪器是精密光学仪器或光、机、电一体化的贵重设备，对仪器的正确使用、精心爱护和科学保养，是测量人员必须具备的素质，也是保证测量成果的质量、提高工作效率的必要条件。在使用测量仪器时应养成良好的工作习惯，严格遵守下列规则。

1.仪器的借领

(1)每次实训借用仪器设备时，应按实训指导老师的要求进行，并应遵守测量仪器室的规定，由各组组长领取并办理借用手续(自行实训凭学生证)。

(2)测量仪器实训室每次根据实训的任务，按组配备、填好仪器的借用单，各组组长对仪器的借用单清点仪器及附件等，若无问题，由组长在借用单上签名，并将借用单交仪器管理人员后，方可将仪器借出实训室。

(3)仪器借出后，首先详细检查仪器工具及其附件是否齐全，仪器各部件是否灵活、完好，脚架是否完好等。如有问题及时与仪器管理人员沟通，调换仪器或分清责任。

(4)实训完毕后，应及时收装仪器工具，送还借领处并由仪器管理人员检查验收，办理归还手续。

(5)测量仪器属贵重仪器，借出的仪器必须有专人保管，如发生损坏或遗失，应按照学校的规章制度进行赔偿。

2.仪器的携带与搬迁

(1)携带仪器前，应检查仪器箱盖是否锁好，背带与手提是否牢固。

(2)在测量过程中搬站时，只要在可视范围内距离不是太远，一般不必拆卸仪器，先检查连接螺旋是否拧紧，松开各制动螺旋，收拢三脚架，一手握住仪器基座或照准部，一手抱住脚架、夹在腋下，稳步前进。

(3)贵重仪器或搬站距离较远时，必须把仪器装箱后再搬。

3.仪器的安装与使用

(1)三角架的安置必须稳固可靠，应特别注意伸缩腿的稳固。

(2)打开仪器箱时，应注意仪器箱平稳，以免摔坏仪器。打开箱盖后，应注意观察仪器及附件在箱中的安放位置，以便使用完毕后将各部件稳妥地放回原处，避免因放错位置而损伤仪器。

(3)从仪器箱提取仪器时，应先松开制动螺旋，用双手握住仪器支架或基座放到三脚架上，拧紧连接螺旋。连接螺旋不要过紧，以免损坏螺旋；也不要过松，以免仪器脱落。

(4)仪器从箱中取出后必须立即将箱盖关好，以防止灰尘进入或零件丢失。箱子应放在仪器附近，不准在箱上坐人。

(5)使用仪器时，必须先旋松制动螺旋，未松开时，不可强行扭转。各处的制动螺旋不可拧得过紧。微动螺旋不可旋到尽头。拨动校正螺钉时，必须小心，先松后紧，松紧适度。

(6)仪器镜头如有灰尘可用箱内的毛刷或镜头纸擦拭；仪器如有故障，不许自行拆卸，应立即请示指导老师和实训室管理人员进行处理。

(7)仪器一经架起必须有专人看护，烈日下必须打遮阳伞，以免影响仪器的测量精度。雨天应停止使用仪器。

(8)仪器使用完毕后，从三脚架上取下仪器时，应先松开制动螺旋，一手握住仪器支架或基座，一手拧松连接螺旋，用双手从支架上取下装箱。

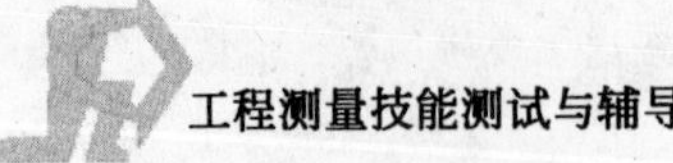

(9)将仪器按原位置装入箱内，箱盖若不能关闭时应查看原因，不可强力按下。仪器在箱内正确就位后，拧紧各制动螺旋，关箱上锁。

4. 测量工具的使用

(1)钢尺应防止扭曲、打结或折断，防止行人踏踩或车辆碾压，避免尺身着水。携尺前进时，不得沿地面拖行。钢尺拉伸时用力应均匀，使用完毕后应及时擦净、涂油，避免受潮生锈。

(2)水准尺、花杆应注意防水、防潮，防止横向受力，不能磨损尺面刻度，塔尺应注意接口处的正确连接。不得用水准尺、花杆等抬物或垫坐，以防弯曲。

(3)小件工具如垂球、测钎、尺垫等应用完即收，防止遗失。

(4)实训结束后，应清点各项用具，以免丢失，特别注意清点零星物品。

三 测量记录计算规则

测量记录是外业观测成果的记载和内业数据处理的依据。在测量记录、计算时必须严肃认真，一丝不苟，严格遵守以下规则：

1. 实训记录须填写在规定的表格内，随测随记，不得转抄。记录者应首先"回报"读数然后再记录，以防听错、记错。

2. 所有记录与计算均须用 2H 或 3H 绘图铅笔记录，字体应端正清晰，字体大小只能占记录格的一半，以便留出空隙更改错误。

3. 记录表格上规定的内容及项目必须填写，不得空白。

4. 记录簿上禁止擦拭、涂改与挖补，如记错需要改正时，应以横线或斜线划去，不得使原字模糊不清，正确的数字应写在原字的上方。观测数据的尾数(长度单位的厘米、毫米，角度单位的秒)不得更改。

5. 观测成果不能连环涂改。已改过的数字又发现错误时，不准再改，应将部分成果作废重测。水准测量的黑、红面读数，角度测量中的盘左、盘右读数，距离丈量中的往返测读数等，均不能同时更改，否则重测。

6. 观测数据应表现其精度及真实性，如水准尺读数读至毫米，则应记 1.530m，不能记成 1.53m。观测手簿中，对于有正、负意义的量，必须带上"＋"和"－"号，即使是"＋"号也不能省略。

7. 数据计算时应根据所取的位数，按"4 舍 6 入，5 前单进双舍"的规则进行凑整。

8. 记录者记录完一个测站的数据后，应当场进行必要的计算和检核，确认无误后方可迁站。

9. 记录时要严格要求自己，培养良好的作业习惯，严格遵守作业规定，否则全部成果作废，另行重测。

第二章 测量单项技能

技能测试一 闭合水准测量

【测试核心技能】

1. 水准仪的正确使用。
2. 水准路线的布设。
3. 水准测量的施测方法(包括观测、记录与计算)。

【测试题目与内容】

闭合水准测量。

按照等外水准测量的精度要求，根据已知水准点测量未知待测点的高程。包括闭合水准路线的布设、外业观测、记录与内业计算全过程。

【测试时间】

90 分钟。

【测试条件(情景)】

1. 仪器、工具：DS_3 型微倾式水准仪 1 台、脚架 1 个、水准尺 2 根、计算器(自备)、尺垫 1 对、记录夹 1 个、测伞一把。

2. 在测试现场选定一已知高程的点 BM_A，其高程为 1 000.000m。指定两个未知待测点，分别打入木桩表示 I、II 两点，桩顶钉圆帽钉。I 点距离 BM_A 点约

300～500m,II 点距离 I 点约 100～200m,II 点距离 BM_A 点约 400～600m。

【测试要求及评分标准】

1. 严格按操作规程作业。

2. 记录、计算完整、整洁、无错误。

3. 数据记录、计算、校核及成果计算均应填写在相应的《测试报告》中,记录表以外的数据不作为考核结果。

4. 等外水准测量的精度要求:高差闭合差的容许值 $f_{h容}=\pm 40\sqrt{L}$mm 或 $f_{h容}=\pm 12\sqrt{n}$mm。

5. 评分标准见表 2-1。

测试评分标准(百分制)　　表 2-1

序　号	测 试 内 容	评 分 标 准	配　分
1	工作态度	仪器工具轻拿轻放,搬仪器动作规范,装箱正确	10
2	仪器操作	操作熟练、规范、方法步骤正确、不缺项	20
3	读数	读数正确、规范	10
4	记录	记录正确、规范	10
5	计算	计算快速准确、规范,计算检核齐全	20
6	精度	精度符合要求	20
7	综合印象	动作规范、熟练、文明作业	10
合计			100

6. 评分奖罚说明:

(1)测试时间为评分的主要依据之一,提前完成者给予适当奖分,奖分参考标准分三个等级,如表 2-2 所示;测试时间不得超过规定时间(90 分钟)。

表 2-2

提 前 时 间	30 分钟以上	20 分钟以上	10 分钟以上
参考奖分	30 分	20 分	10 分

(2)根据卷面整洁情况,扣 0～5 分(记录划去 1 处,扣 1 分,合计不超过 5 分)。

(3)如发生仪器事故或严重违反操作规程等现象,停止测试,成绩以不合格论处。

【测试说明及注意事项】

1. 测试准备工作:自备计算用纸、笔(钢笔或圆珠笔)、计算器等必要工具,抽题。

2. 闭合水准测量技能测试将提供《闭合水准测量技能测试报告》(表 2-3、表 2-4、表 2-5)给考生,测试结束后考生将该报告作为成果交回。

3. 测试过程中,安排两名辅助人员配合考生完成测试任务。

4. 测试过程中任何人不得提示,考生应独立完成全部工作。

5. 主考人有权随时检查是否符合操作规程及技术要求,但应相应折减所影响的时间。

6. 若有作弊行为,一经发现一律按零分处理,不得参加补考。

7. 测试时间自领取仪器开始,至递交成果与仪器终止。

8. 评分标准参见相关表格。

【测试报告】

闭合水准测量技能测试报告 表 2-3

考评日期:________ 姓名:________ 成绩:________ 考评员:________

测 试 题 目	闭合水准测量		
主要仪器及工具			
天气		仪器号码	

水 准 测 量 手 簿 表 2-4

测站	测点	后视读数(m)	前视读数(m)	高差(m)		高程(m)	备 注
				+	−		
	Σ						
计算校核		$\sum a-\sum b=$		$\sum h=$		结论:	

水准测量成果计算表　　表 2-5

点号	水准路线长 L_i(m)	测站数 n_i	实测高差 h_i(m)	高差改正数 v_i(m)	改正后高差 $h_{i改}$(m)	高程 H_i(m)	备注
A						1 000.000	已知
I							
II							
A							
Σ							
辅助计算	f_h = 高差改正数 v_i =				$f_{h容}$ =		

【测试成绩评定表】

测试成绩评定表(表 2-6)用于考评员给考生评定成绩，最后连同考生的《测试报告》一起归档保存。

测试成绩评定表　　表 2-6

考生姓名:＿＿＿＿　考评日期:＿＿＿＿　开始时间:＿＿＿＿　结束时间:＿＿＿＿

测 试 内 容	配分	操作要求及评分标准	扣分	得分	监考教师评分依据记录
工作态度	10	仪器工具轻拿轻放、搬仪器动作规范、装箱正确			
仪器操作	20	操作熟练、规范、方法步骤正确、不缺项			
读数	10	读数正确、规范			
记录	10	记录正确、规范			
计算	20	计算快速准确规范、计算检核齐全			
精度	20	精度符合要求			
综合印象	10	动作规范、熟练、文明作业			
合计		标准分:100			
总扣分及说明					
最后得分		考评员签字		主考人签字	

【其他变数与说明】

1. 其他变数：

(1)任务可以变换成附合水准路线。

(2)仪器可以变换成用自动安平水准仪，此时测试用时可以适当减少。

(3)外业观测可以要求采用改变仪器高法作为测站检核，同时调整测试工作量或测试用时。

2. 技能的用途：用于高程测量，是高程测量最重要、最基本、精度也比较高的一种方法。

【测试辅导】

一 水准仪的认识与使用

1. 安置仪器

张开三脚架，调节三脚架固定螺旋，使架头大致水平，高度适中，将脚架稳定(踩实)。然后用连接螺旋将水准仪固定在三角架上。

2. 了解水准仪各部件的功能及使用方法

如图 2-1，在了解水准仪各部件名称和作用的基础上，完成以下操作：

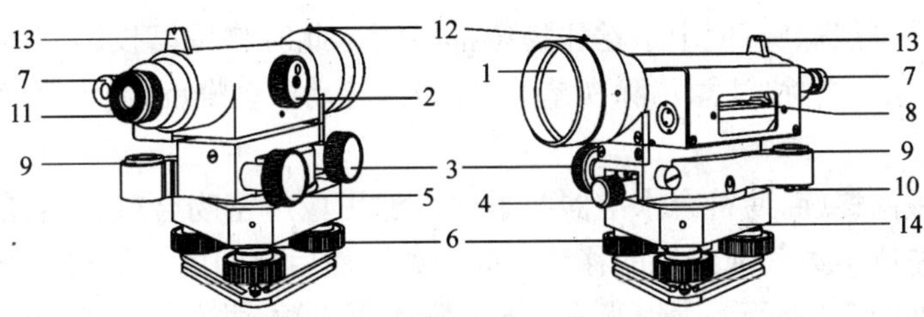

图 2-1 DS_3 型微倾式水准仪

1-物镜；2-物镜调焦螺旋；3-微动螺旋；4-制动螺旋；5-微倾螺旋；6-脚螺旋；7-水准管气泡观察窗；8-管水准器；9-圆水准器；10-圆水准器校正螺丝；11-目镜；12-准星；13-照门；14-基座

(1)调节目镜，使十字丝清晰；旋转物镜调焦螺旋，使物像清晰。

(2)转动脚螺旋使圆水准器气泡居中(此为粗平)；转动微倾螺旋使水准管气泡居中或符合(此为精平)。

(3)用准星和照门来粗略照准目标；旋紧水平制动螺旋，转动水平微动螺旋来精确照准目标。

3. 粗略整平练习

转动脚螺旋使圆水准器气泡居中，称为粗平。粗平的操作步骤如图 2-2 所示，先用两手按箭头所指的相对方向转动脚螺旋 1 和 2，使气泡沿 1、2 连线方向由 a 移至 b，再按箭头所指方向转动脚螺旋 3，使气泡由 b 移至圆水准器中心。一般需反复操作 2～3 次即可整平仪器。操作熟练后，三个脚螺旋可一起转动，使气泡更快地进入圆圈中心。

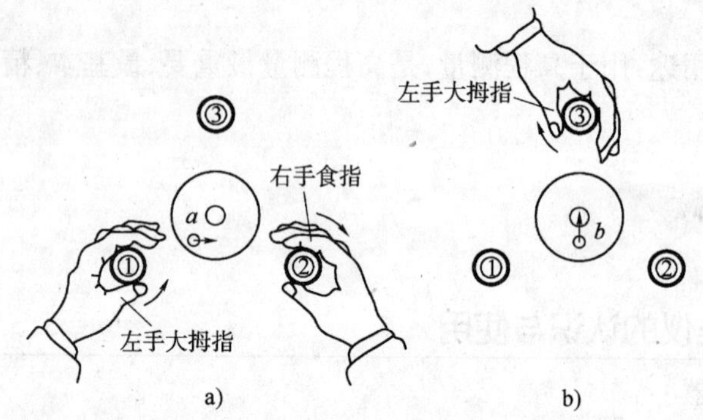

图 2-2　圆水准器整平

整平时，气泡移动方向始终与左手大拇指移动方向一致。

4. 读数练习

概略整平仪器后，用照门和准星瞄准水准尺，旋紧水平制动螺旋。分别调节目镜和物镜调焦螺旋，使十字丝和物像都清晰。此时物像已投影到十字丝平面上，视差已完全消除(注意消除视差的方法)。转动微动螺旋，使十字丝竖丝对准尺面。

转动微倾螺旋，使符合水准器两半边气泡影像严密吻合(注意：微倾螺旋旋转方向与左侧半边气泡影像的移动方向一致)，然后立即用十字丝中丝在水准尺上读数。如图 2-3 所示，读出米数、分米数和厘米数，并估读到毫米，记下四位读数。

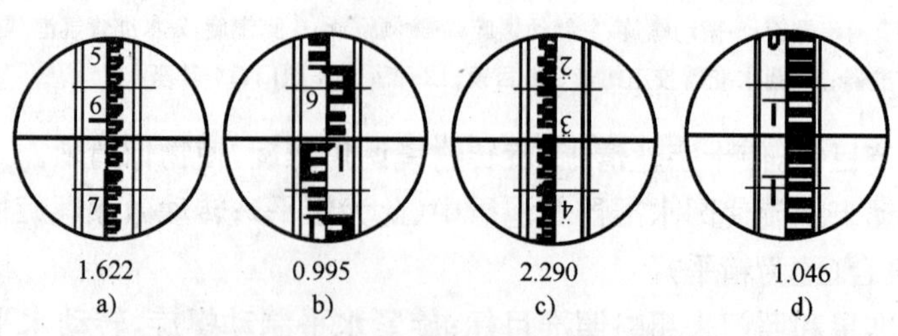

图 2-3　瞄准水准尺读数

5. 高差测量练习

(1)在仪器前后距离大致相等处各立一根水准尺,分别读出中丝所截取的尺面读数,记录并计算两点间的高差。

(2)不移动水准尺,改变水准仪的高度,再测两点间的高差,两点间两次测量的高差之差不应大于 5mm。

6. 注意事项

(1)读取中丝读数前应消除视差,符合水准器气泡必须严格符合。

(2)微动螺旋和微倾螺旋应保持在中间运行,不要旋到极限。

(3)观测者的身体各部位不得接触脚架。

二 闭合水准测量

闭合水准路线的布设方法,从已知高程的水准点 BM_A 出发,沿各待定高程的水准点 1、2、3、4 进行水准测量,最后又回到原出发点 BM_A 的环形路线称为闭合水准路线。施测完毕后,计算高差闭合差和高差闭合差的允许值。若高差闭合差在允许范围之内,则对闭合差进行调整,最后算出各测站改正后的高差。若闭合差超限,则应返工重测。

(一)基本操作步骤

水准仪的基本操作步骤为:安置仪器与粗平、调焦与照准、精平与读数。

1. 安置仪器与粗平

首先,选好测站位置(尽量使前、后视距离相等),在测站上调节三脚架固定螺旋,使其高度适中,然后张开三脚架,撑稳,目估架头大致水平。

从仪器箱中取出水准仪,用连接螺旋将仪器固定在三脚架上。转动脚螺旋使圆水准器气泡居中,完成粗平。

2. 调焦与照准

(1)目镜调焦:把望远镜对向明亮的背景,转动目镜对光螺旋,使十字丝清晰。

(2)粗略照准:松开水平制动螺旋,旋转望远镜,使照门和准星的连线对准水准尺,旋紧制动螺旋。

(3)物镜调焦:转动物镜对光螺旋,使水准尺成像清晰。

(4)精确瞄准:转动水平微动螺旋,使十字丝纵丝照准水准仪的中央或边缘。

(5)消除视差:当尺像与十字丝分划板不重合时,眼睛靠近目镜上下微微移动,可看见十字丝横丝在水准尺上的读数随之变动,这种现象叫视差。消除视差的方法是仔细转动目镜对光螺旋与物镜对光螺旋,直至尺像与十字丝网平面重合。

3. 精平与读数

转动微倾螺旋，使符合水准器两半边气泡影像严密吻合，然后立即用十字丝中丝在水准尺上读数。读完后再检查气泡是否居中，如不居中，应再次精平，重新读数。

(二)施测过程

1. 安置水准仪于距离水准点与转点 TP_1 大约等距离处，在水准点 BM_A 上立尺，读取后视读数 a_1 为 0.982m，在转点 TP_1 上立尺，读取前视读数 b_1 为 1.554m，记入手簿，见表 2-7，计算高差 $h_1=a_1-b_1=0.982-1.554=-0.572$m。

水 准 测 量 手 簿 表 2-7

测　点	水准尺读数(m)		高差 h(m)		高程(m)	备　注
	后视 a(m)	前视 b(m)	+	−		
BM_A	0.982	——			50.000	起点高程设为50.000m
1	0.814	1.554		0.572	49.428	
2	0.744	1.034		0.220	49.208	
3	1.920	1.821		1.077	48.131	
BM_A	——	0.055	1.865		49.996	
$\sum$	4.460	4.464	1.865	1.869		
计算校核	$\sum a-\sum b=-0.004$m		$\sum h=-0.004$m			

2. 安置水准仪于距转点 TP_1 与转点 TP_2 大约等距离处，在转点 TP_1 上立尺，读取后视读数 a_2，在转点 TP_2 上立尺，读取前视读数 b_2，记入手簿，并计算高差 $h_2=a_2-b_2$。

3. 同法继续进行，经过待定点后返回原水准点。

4. 检核计算

后视读数总和－前视读数总和＝高差代数和。

5. 内业成果计算。

(三)技术规定

1. 视线长度不超过 100m，前、后视距应大致相等。

2. 限差要求：

$$f_{h容}=\pm 40\sqrt{L}(\mathrm{mm}) \qquad 平地公式$$

或　　　　$f_{h容}=\pm 12\sqrt{n}$(mm)　　　山地公式

式中：L——水准路线长度，km；

n——测站数。

原则上当$\sum n/\sum L>15$站时，用山地公式。

（四）注意事项

1. 每次读数前水准管气泡要严格居中。
2. 注意用中丝读数，不要读成上、下丝的读数，读数前要消除视差。
3. 注意同一测站，圆水准器只能整平一次，即后视转前视时不得再调节脚螺旋，以免改变视线高度。
4. 只有转点（TP）才放置尺垫。水准点（BM）和未知高程点（A、B、C、…各点），不能再放尺垫。转点上的尺垫，要等把仪器搬到下一点，观测了后视读数后，才能搬迁。
5. 水准尺必须扶直，不得前后、左右倾斜。
6. 记录应在观测读数后，一边复诵校核、一边立即记入表格，及时算出高差。

三 水准测量成果计算

以附合水准路线成果计算为例。

1. 列表填写已知数据和观测数据，见表 2-8。即将点号、测段长度、测站数、观测高差及已知水准点 BM_A 的高程填入水准路线成果计算表。

附合水准路线成果计算表　　　　表 2-8

测段编号	点名	距离(km)	实测高差(m)	改正数(mm)	改正后高差(m)	高程(m)	点名
1	2	3	4	5	6	7	8
	BM_A					165.376	BM_A
1		1.0	+1.565	−10	+1.555		
	1					166.931	1
2		1.2	+2.036	−12	+2.024		
	2					168.955	2
3		1.4	−1.742	−14	−1.756		
	3					167.199	3
4		2.2	+1.446	−22	+1.424		
	BM_B					168.623	BM_B
$\sum$		5.8	+3.305	−58	+3.247		
辅助计算	$f_h=\sum h-(H_B-H_A)=0.058\text{m}=58\text{mm}$　$f_{h容}=\pm 40\sqrt{L}=\pm 96\text{mm}$ $\lvert f_h\rvert<\lvert f_{h容}\rvert$，精度符合要求 $\sum v=-58\text{mm}$　$H_B-H_A=+3.247\text{m}$						

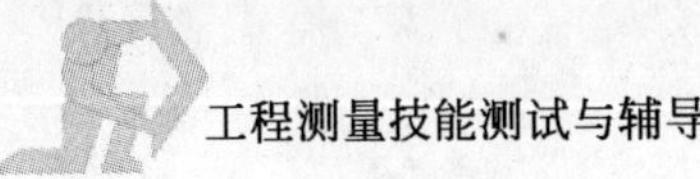

2.精度评定:

对于附合水准路线$\sum h_{理}=H_B-H_A$;实测各测段高差代数和$\sum h_{测}$与$\sum h_{理}$之差称为附合水准路线高差闭合差f_h,即:

$$f_h=\sum h_{测}-(H_B-H_A)$$

本例中,高差闭合差为:

$$f_h=\sum h_{测}-(H_B-H_A)=3.305-(168.623-165.376)=0.058\text{m}=58\text{mm}$$

计算高差闭合差的容许值:

$$f_{h容}=\pm 40\sqrt{L}=\pm 40\sqrt{5.8}=\pm 96\text{mm}$$

因为$|f_h|<|f_{h容}|$,显然精度符合要求。(如果$|f_h|>|f_{h容}|$,说明观测成果不符合要求,须重新测量。)

3.调整高差闭合差

高差闭合差调整的原则和方法是按与测段距离或测站数成正比的原则,反号分配到实测高差中,即:

$$v_i=-f_h\times L_i\ /\sum L \text{ 或 } v_i=-f_h\times n_i\ /\sum n$$

式中:v_i——第i段的高差改正数;

$\sum L$、$\sum n$——水准路线总长度与测站总数;

L_i、n_i——第i段的水准路线长与测站数。

本例中,各测段改正数为:

$$v_1=-f_h\times L_1\ /\sum L=-58/5.8\times 1.0=-10\text{mm}$$

$$v_2=-f_h\times L_2\ /\sum L=-58/5.8\times 1.2=-12\text{mm}$$

……

计算检核:$\sum v=-f_h=-58$ mm,计算无误。

4.计算改正后高差

$$h_{i改}=h_{i测}+v_i$$

本例中,各测段改正后的高差为:

$$h_{1改}=h_{1测}+v_1=1.555\text{m}$$

$$h_{2改}=h_{2测}+v_2=2.024\text{m}$$

……

计算检核:$\sum h_{改}=H_B-H_A=+3.247$mm,计算无误。

5.计算各点高程

根据起点高程和各测段改正后的高差,依次推算各点高程,即

$$H_1 = H_A + h_{1改} = 166.931\text{m}$$
$$H_2 = H_1 + h_{2改} = 168.955\text{m}$$
……

计算检核：$H_{B(推算)} = H_{B(已知)} = 168.623\text{m}$，计算无误。

闭合水准路线成果计算方法与步骤和附合水准路线成果计算基本相同，只有形式上的两点不同归纳如下：

(1) $f_h = \sum h_{测}$。

(2)计算检核：若 $\sum h_{改} = 0\text{mm}$，则计算无误；若 $H_{A(推算)} = H_{A(已知)}$，则计算无误。

四 其他变数

1. 如果外业观测要求采用改变仪器高法或双仪器法作为测站检核，水准测量手簿可参用表 2-9。

水 准 测 量 手 簿 表 2-9

测点	水准尺读数(m)		高差 h(m)		平均高差(m)	备注
	后视 a(m)	前视 b(m)	+	−		
BM	————					
			————	————		
1	————	————				
			————	————		
2	————	————				
			————	————		
3	————	————				
			————	————		
BM		————				
Σ	————	————	————	————		
计算校核						
说明：“————”上方填写变更仪器高前的后、前视读数，下方填写变更仪器高后的后、前视读数						

2. 使用自动安平水准仪时，要求补偿指标线不脱离小三角形。

思考与训练

1. 绘图说明水准测量的基本原理。
2. 水准仪主要操作部件的认识(根据图 2-4 填表 2-10)。

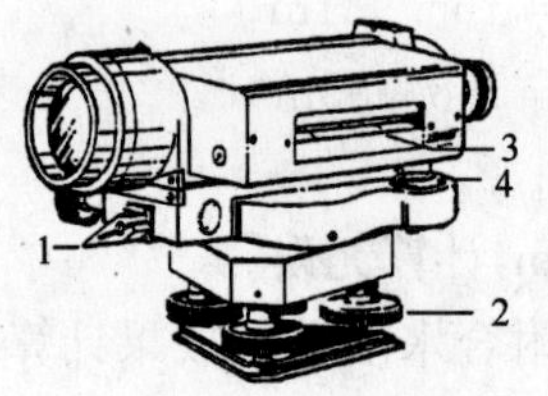

图 2-4　水准仪

水准仪主要操作部件及其作用　　表 2-10

序　号	操作部件	作　用
1		
2		
3		
4		
5		
6		
7		
8		

3. 何为视差？其产生的原因是什么？如何消除？

4. 水准仪上的圆水准器和管水准器各起什么作用？

5. 使用微倾水准仪读数之前是否每次都要将管水准器气泡居中？为什么？

6. 何为转点？在选择转点时应注意什么问题？尺垫的作用是什么？什么叫中间点？测量中为什么使用中间点？什么情况下使用？

7. 照准目标后，从水准尺上读数需完成那些操作步骤？按操作的先后次序回答。

8. 何为水准路线？绘图说明其布设形式？为什么水准测量中必须布设成一定形式的水准路线？

9. 在水准测量中，为什么要求前后视距离相等？

10. 说明水准测量成果计算中调整高差闭合差的原则和方法。

11. 水准仪在测站上整平后，先读取后视读数，然后由后视转到前视，发现圆水准器气泡偏离中心，此时应如何处理？

12. 如图 2-5，为一闭合水准路线，施测结果已在图中注明，试进行内业成果计算。

13. 在一个测站上，若未观测完，而仪器碰动了，怎么办？若前视点尺垫移动，怎么办？

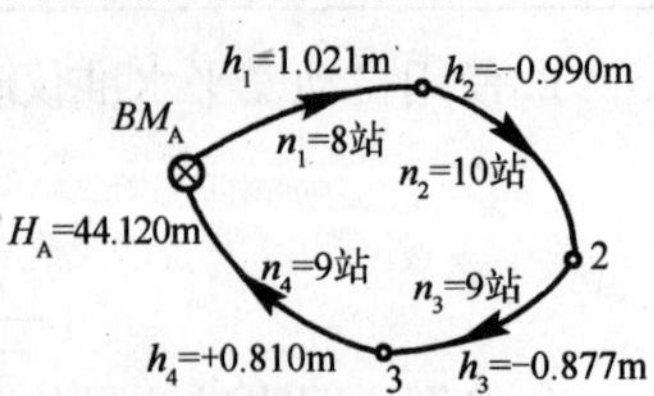

图 2-5　闭合水准路线略图

技能测试二　DS_3 型微倾式水准仪的检验与校正

【测试核心技能】

1. 水准仪的正确使用。
2. 水准仪的检验与校正。

【测试题目与内容】

水准仪的检验与校正。

检验 DS_3 型微倾式水准仪各条轴线之间的关系是否满足要求，如不满足要求，进行校正，直到满足要求并叙述校正方法。

【测试时间】

90 分钟。

【测试条件（情景）】

1. 仪器、工具：DS_3 型微倾式水准仪 1 台、脚架 1 个、水准尺 2 根、尺垫 1 对、记录夹 1 个、校正针 1 根、钟表一字旋具 1 把、皮尺 1 把。

2. 选一较平坦场地，在相距约 80m 的两端分别打入两木桩为 A、B 两点，桩顶钉圆帽钉。

【测试要求及评分标准】

1. 严格按操作规程作业。

2. 观测、记录、计算和相关叙述内容应完整、整洁，无错误，并按要求记录在相应的《测试报告》中，记录表以外的数据与文字不作为考核结果。

3. 对于 DS_3 型水准仪来说，i 角值不得大于 20″，如果超限，则需要校正。

4. 评分标准见表 2-11。

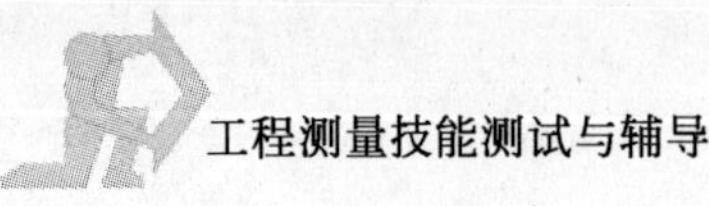

测试评分标准（百分制）　　表 2-11

序号	测试内容	评分标准	配分
1	工作态度	仪器工具轻拿轻放，搬仪器动作规范，装箱正确，操作熟练、规范	10
2	安置仪器	架头大致水平，仪器完成粗平	5
3	一般性检验	是否全面完整	5
4	圆水准器检校		15
	(1)圆水准器检验	圆水准器检验过程是否正确；是否需要校正，判断是否正确	
	(2)圆水准器校正	圆水准器校正过程是否正确；校正结果如何	
5	十字丝的检校		15
	(1)十字丝横丝的检验	十字丝的检验过程是否正确；是否需要校正，判断是否正确	
	(2)十字丝横丝的校正	十字丝的校正过程是否正确；校正结果如何	
6	水准管的检校		40
	(1)水准管的检验	检验方法、过程、记录计算是否正确；i 角计算是否正确，是否需要校正，判断正确	
	(2)水准管的校正	水准管的校正过程是否正确；校正结果如何	
7	结论及综合印象	结论是否正确；动作规范、熟练、文明作业	10
合计			100

5. 评分奖罚说明：

(1)测试时间为评分的主要依据之一，提前完成者给予适当奖分，奖分参考标准分三个等级，如表 2-12 所示；测试时间不得超过规定时间(90 分钟)。

表 2-12

提前时间	30 分钟以上	20 分钟以上	10 分钟以上
参考奖分	30 分	20 分	10 分

(2)根据卷面整洁情况，扣 0～5 分(数据记录划去 1 处扣 1 分，叙述部分酌情扣分，合计不超过 5 分)。

(3)如发生仪器事故或严重违反操作规程等现象，停止测试，成绩以不合格论处。

【测试说明及注意事项】

1. 测试准备工作：自备计算用纸、笔(钢笔或圆珠笔)、计算器等必要工具，抽题。

2. 水准仪的检验与校正技能测试将提供《DS_3 型微倾式水准仪的检验与校正技能测试报告》(表 2-13)给考生，测试结束后考生将该报告作为成果交回。

3. 测试过程中，派 2 名辅助人员配合考生完成测试任务。

4. 测试过程中任何人不得提示，考生应独立完成全部工作。

5. 主考人有权随时检查是否符合操作规程及技术要求，但应相应折减所影响的时间。

6. 若有作弊行为，一经发现一律按零分处理，不得参加补考。

7. 测试时间自领取仪器开始，至递交成果与仪器终止。

8. 评分标准参见相关表格。

【测试报告】

DS_3 型微倾式水准仪的检验与校正技能测试报告 表 2-13

考评日期：________ 姓名：________ 成绩：________ 考评员：________

测 试 题 目	DS_3 微倾式水准仪的检验与校正
主要仪器及工具	
1. 一般性检验记录	
检验项目	检验结果
三角架是否牢固	
脚螺旋是否有效	
制动与微动螺旋是否有效	
对光螺旋是否有效	
望远镜成像是否清晰	
其他(其他螺旋、绕竖轴旋转等)	
2. 简述圆水准器的检验与校正过程(可辅以简图说明)，并写出检验与校正结果	

续上表

测试题目	DS$_3$ 微倾式水准仪的检验与校正
3. 简述十字丝的检验与校正过程(可辅以简图说明),并写出检验与校正结果	
4. 水准管的检验记录	

仪器位置	项目	第一次	第二次	原理略图
在 A、B 两点中间安置仪器,测高差 h_{AB}	后视 A 点尺上读数 a_1			
	前视 B 点尺上读数 b_1			
	$h_{AB}=a_1-b_1$			
	高差结果			
在 A 点(或 B 点)附近安置仪器进行检验	A 点尺上读数 a_2			
	B 点尺上读数 b_2			
	计算 $b'_2=a_1-h_{AB}$			
	计算偏差值 $\Delta b=b_2-b'_2$			
	计算 $i=\frac{\lvert\Delta b\rvert}{D_{AB}}\rho$			
	是否需校正			

5. 简述水准管的校正过程,并写出校正结果
6. 结论

【测试成绩评定表】

测试成绩评定表(表 2-14)用于考评员给考生评定成绩,最后连同考生的《测试报告》一起归档保存。

测试成绩评定表 表 2-14

考生姓名:______ 考评日期:______ 开始时间:______ 结束时间:______

<table>
<tr><th colspan="2">测 试 内 容</th><th>配分</th><th>操作要求及评分标准</th><th>扣分</th><th>得分</th><th>监考教师评分依据记录</th></tr>
<tr><td colspan="2">工作态度</td><td>10</td><td>仪器工具轻拿轻放,搬仪器动作规范,装箱正确,操作熟练、规范</td><td></td><td></td><td></td></tr>
<tr><td colspan="2">安置仪器</td><td>5</td><td>架头大致水平,仪器完成粗平</td><td></td><td></td><td></td></tr>
<tr><td colspan="2">一般性检验</td><td>5</td><td>是否全面完整</td><td></td><td></td><td></td></tr>
<tr><td rowspan="2">圆水准器检校</td><td>(1)圆水准器检验</td><td rowspan="2">15</td><td>圆水准器的检验过程是否正确;是否需要校正,判断是否正确</td><td rowspan="2"></td><td rowspan="2"></td><td rowspan="2"></td></tr>
<tr><td>(2)圆水准器校正</td><td>圆水准器的校正过程是否正确;校正结果如何</td></tr>
<tr><td rowspan="2">十字丝检校</td><td>(1)十字丝检验</td><td rowspan="2">15</td><td>十字丝的检验过程是否正确;是否需要校正,判断是否正确</td><td rowspan="2"></td><td rowspan="2"></td><td rowspan="2"></td></tr>
<tr><td>(2)十字丝校正</td><td>十字丝的校正过程是否正确;校正结果如何</td></tr>
<tr><td rowspan="2">水准管检校</td><td>(1)水准管检验</td><td rowspan="2">40</td><td>检验方法、过程、记录计算是否正确;i 角计算是否正确,是否需要校正,判断正确</td><td rowspan="2"></td><td rowspan="2"></td><td rowspan="2"></td></tr>
<tr><td>(2)水准管校正</td><td>水准管的校正过程是否正确;校正结果如何</td></tr>
<tr><td colspan="2">结论及综合印象</td><td>10</td><td>结论是否正确;动作规范、熟练、文明作业</td><td></td><td></td><td></td></tr>
<tr><td colspan="3">合计</td><td>标准分:100</td><td></td><td></td><td></td></tr>
<tr><td colspan="2">总扣分及说明</td><td colspan="5"></td></tr>
<tr><td colspan="2">最后得分</td><td></td><td>考评员签字</td><td></td><td>主考人签字</td><td></td></tr>
</table>

【其他变数与说明】

1. 根据具体条件，降低测试难度方法：不要求校正操作，而改成填表叙述或面试口答校正过程。

2. 测试过程中，如果考评员等资源条件有限，根据具体条件，也可以要求考生把检验过程描述于测试报告中。

3. 本项技能的用途：每项测量工作开始前，检查判断所用仪器是否处于良好状态，即仪器误差是否处于规定允许范围之内，如超限，进行校正操作或送仪器检修校正单位校正，确保使用仪器处于良好状态。

4. 一般规定，工程所用测量仪器每年要求至少检校一次，并由有仪器检修校正资质的单位出具检校证明，以备工程质量保证检查。

【测试辅导】

一 水准仪的主要轴线及其应满足的条件

(一)水准仪的四条主要轴线

望远视准轴 CC、水准管轴 LL、圆水准器轴 L′L′和仪器竖轴 VV，如图 2-6 所示。

(二)水准仪的主要轴线应满足的几何条件

1. CC∥LL；
2. L′L′∥VV；
3. 十字丝横丝⊥VV。

二 水准仪的检验与校正

(一)一般检查按测试报告所列项目进行

(二)圆水准器的检验与校正

1. 检验方法

(1)将仪器置于脚架上，然后踩紧脚架，转动脚螺旋使圆水准器气泡严格居中。

(2)仪器旋转 180°,若气泡偏离中心位置,则说明圆水准器轴和仪器竖轴不平行,需要校正。

2. 校正方法

(1)稍微松动圆水准器底部中央的固定螺丝。

(2)用校正针拨动圆水准器校正螺丝,使气泡返回偏离中心的一半。

(3)转动脚螺旋使气泡严格居中。

(4)圆水准器装置如图 2-7 所示。此项校正需反复进行,直到仪器旋转至任何位置时,圆水准器气泡都居中为止,然后将固定螺丝拧紧。

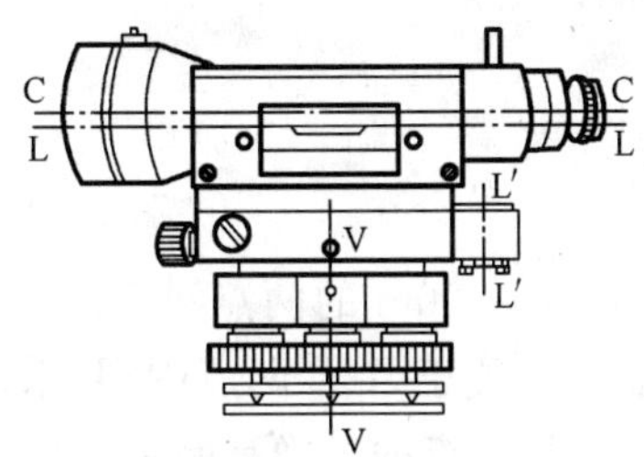

图 2-6 水准仪的主要轴线

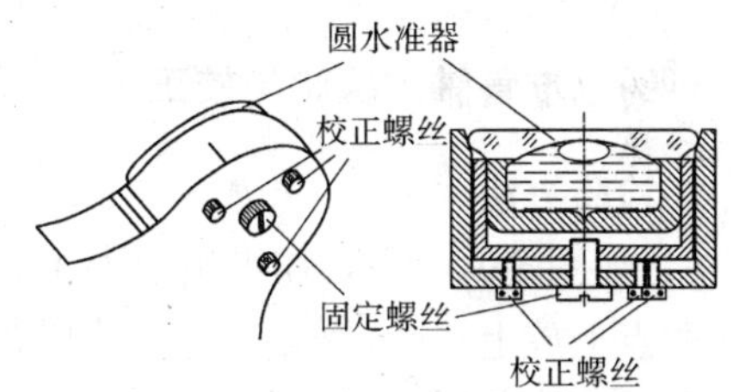

图 2-7 圆水准器装置

(三)十字丝的检验与校正

1. 检验方法

仪器整平后,用十字丝交点对准远处目标,拧紧制动螺旋。转动微动螺旋,如果目标点始终在横丝上做相对移动,如图 2-8 中的 a)、b)所示,说明十字丝横丝垂直于仪器竖轴;如果目标偏离横丝,如图 2-8 中的 c)、d)所示,则说明十字丝横丝不垂直于仪器竖轴,应进行校正。

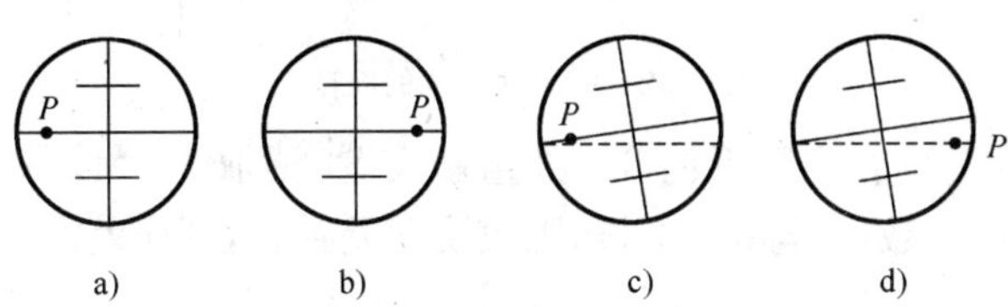

图 2-8 十字丝横丝的检验

2. 校正方法

松开目镜座上的三个十字丝环固定螺钉,松开四个十字丝环压环螺钉,如图 2-9 所示,转动十字丝环,使横丝与目标点重合,再进行检验,直至目标点在横丝上做相对移动为止,再拧紧固定螺丝,盖好护罩。

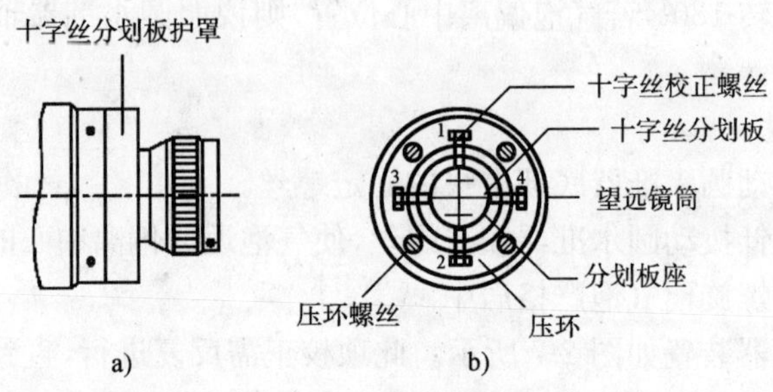

图 2-9　十字丝的校正装置

(四)水准管轴的检验与校正

1. 检验方法

(1)如图 2-10 所示，在平坦地面上，选择相距 80～100m 的两点 A 和 B，分别在两点上放上尺垫，踩紧并立上水准尺，将仪器严格置于 A、B 两点中间，采用两次测量(即双仪器高法)的方法，取平均值得出 A、B 两点的正确高差 h_{AB}(注意两次高差之差不得大于 3mm)。

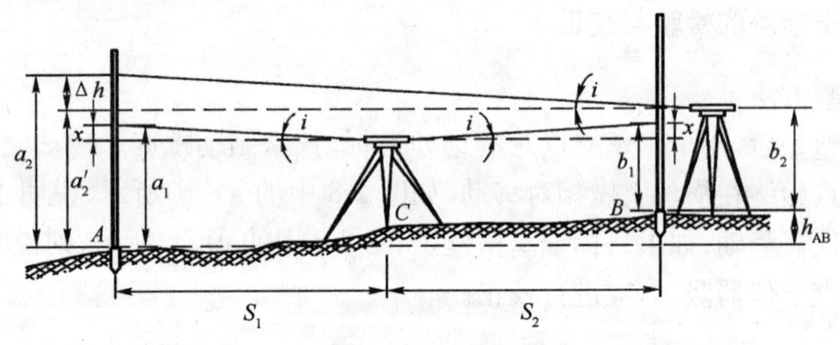

图 2-10　水准管轴的检验

(2)将仪器搬至 B 点附近约 3m 处重新安置，读取 B 尺读数 b_2，计算 $a'_2=b_2+h_{AB}$，如 A 尺读数 a_2 与 a'_2 不符，则表明误差存在，其误差大小为：

$$i=\frac{|a_2-a'_2|}{D_{AB}}=\frac{|\Delta a|}{D_{AB}}\rho''$$

对于 DS_3 型水准仪，当 $i>20''$时，应校正。

2. 校正方法

首先转动微倾螺旋，使读数 a_2 变成 a'_2，如图 2-11 所示，然后用校正针拨动水准管的左右两个固定螺钉，然后拨动上下两个校正螺钉，一松一紧，升降水准管的一端，使水准管气泡居中，符合要求后，再拧紧校正螺钉即可。

(五)注意事项

1. 必须按实验步骤规定的顺序进行检验和校正,不得颠倒。

2. 拨动校正螺钉时,应先松后紧,松一个紧一个,用力不宜过大;校正结束后,校正螺钉不能松动,应处于稍紧状态。

3. 拨圆水准器校正螺丝前应先松固紧螺丝,校正后再拧紧该螺丝。

4. 检验与校正需反复交替进行,直到符合要求。

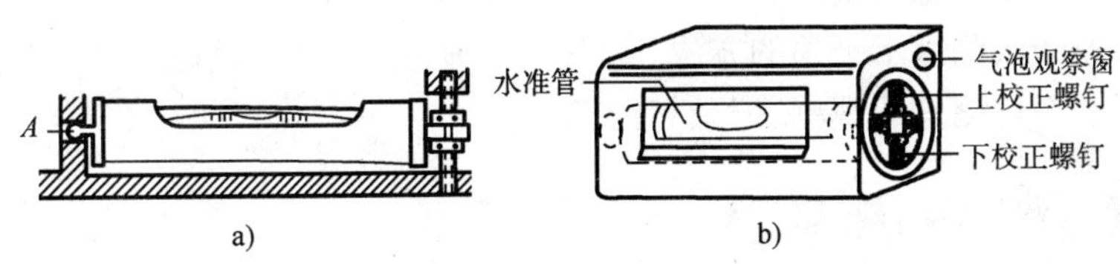

图 2-11 水准管轴的校正

思考与训练

1. 水准仪有哪些主要轴线?各轴线之间应满足什么几何条件?其中哪个是主要条件?为什么?

2. 水准仪提供水平视线的重要条件是什么?

3. 水准测量时,水准管气泡已严格居中,视线一定水平吗?为什么?

4. 经过检验,如果圆水准器轴平行于仪器的竖轴,那么,是否只要圆水准器气泡居中,竖轴就一定处于铅垂位置?此时,望远镜视准轴处于水平位置吗?

5. 水准仪检验、校正时,若将水准仪搬向 A 尺,计算 B 尺正确读数的公式是什么?

6. 水准仪的三个重要条件不满足能否测出正确高差?(对三项误差分别叙述)

7. 试述圆水准器、水准管和十字丝检验的目的?

8. 水准测量中产生误差的原因有哪些?如何保证水准测量的精度?

9. 仪器安置在两点中间,且距 A、B 两点的距离均为 100m,用改变仪器高法测得 A、B 两点的尺读数分别为 $a'_1=1.437$m,$b'_1=1.655$m 和 $a''_1=1.563$m,$b''_1=1.779$m,搬仪器到 B 点附近,测得 B 点尺读数为 $b_2=1.478$m,A 点尺读数为 $a_2=1.267$m,问水准管轴是否需要校正?如需要校正,怎样校正?

10. 为什么不能任意颠倒三个检验项目的检验顺序?

技能测试三　测回法测量水平角

【测试核心技能】

1. 经纬仪的正确使用。
2. 测回法测量水平角的方法。
3. 水平角测量的观测、记录与计算。

【测试题目与内容】

测回法测量水平角。

用 DJ_6 型光学经纬仪用测回法测量水平角。

【测试时间】

30 分钟。

【测试条件(情景)】

1. 仪器、工具：DJ_6 型光学经纬仪 1 台、脚架 1 个、测钎 2 根、记录夹 1 个、测伞 1 把。

2. 在测区地面上任意选择三个点 A、O、B，分别打入木桩，桩顶钉小钉表示点位。要求 A 点、B 点距离 O 点约 100m 左右，且两距离有所不同。设置三点高程有明显不同。

【测试要求及评分标准】

1. 严格按操作规程作业。

2. 要求对中误差＜3mm，整平误差＜1 格，上、下半测回角值差不超过 36″，各测回角值差不超过 24″。

3. 记录、计算完整、整洁，无错误；数据记录、计算均应填写在相应的《测试报告》中，记录表不可用橡皮擦修改，记录表以外的数据不作为考核结果。

4. 要求测量三个测回。

5. 评分标准见表 2-15。

测试评分标准(百分制)　　表 2-15

序　号	测 试 内 容	评 分 标 准	配　分
1	工作态度	仪器工具轻拿轻放,搬仪器动作规范,装箱正确	10
2	仪器操作	操作熟练、规范、方法步骤正确、不缺项	35
3	读数	读数正确、规范	10
4	记录	记录正确、规范	10
5	计算	计算快速准确、规范,计算检核正确	5
6	精度	精度符合要求	20
7	综合印象	动作规范、熟练、文明作业	10
合计			100

6. 评分奖罚说明:

(1)测试时间为评分的主要依据之一,提前完成者给予适当奖分,奖分参考标准分四个等级,如表 2-16;测试时间不得超过规定时间(30 分钟)。

表 2-16

提前时间	20 分钟以上	15 分钟以上	10 分钟以上	5 分钟以上
参考奖分	30 分	20 分	10 分	5 分

(2)根据卷面整洁情况,扣 0～5 分(记录划去 1 处扣 1 分,合计不超过 5 分)。

(3)如发生仪器事故或严重违反操作规程等现象,停止测试,成绩以不合格论处。

(4)对中误差及整平误差如不符合要求,酌情扣 5～8 分。

【测试说明及注意事项】

1. 测试准备工作:自备计算用纸、笔(钢笔或圆珠笔)、计算器等必要工具,抽题。

2. 测回法测量水平角技能测试将提供《测回法测量水平角技能测试报告》(表 2-17、表 2-18)给考生,测试结束后考生将该报告作为成果交回。

3. 测试过程中,派 2 名辅助人员配合考生完成测试任务。

4. 测试过程中任何人不得提示,考生应独立完成全部工作。

5.主考人有权随时检查是否符合操作规程及技术要求，但应相应折减所影响的时间。

6.若有作弊行为，一经发现一律按零分处理，不得参加补考。

7.测试时间自领取仪器开始，至递交成果与仪器终止。

8.评分标准参见表2-20。

【测试报告】

测回法测量水平角技能测试报告 表2-17

考评日期：________ 姓名：________ 成绩：________ 考评员：________

测试题目	测回法测量水平角		
主要仪器及工具			
天气		仪器号码	

水平角测量手簿(测回法) 表2-18

测站	测回数	竖盘位置	目标	水平度盘读数(° ′ ″)	半测回角值(° ′ ″)	一测回角值(° ′ ″)	各测回平均角值(° ′ ″)	备注

【测试成绩评定表】

测试成绩评定表(表2-19)用于考评员给考生评定成绩，最后连同考生《测试报告》归档保存。

测试成绩评定表 表 2-19

考生姓名:______ 考评日期:______ 开始时间:______ 结束时间:______

测试内容	配分	操作要求及评分标准	扣分	得分	监考教师评分依据记录
工作态度	10	仪器工具轻拿轻放,搬仪器动作规范,装箱正确			
仪器操作	35	操作熟练、规范、方法步骤正确、不缺项			
读数	10	读数正确、规范			
记录	10	记录正确、规范			
计算	5	计算快速准确、规范,计算检核正确			
精度	20	精度符合要求			
综合印象	10	动作规范、熟练、文明作业			
合计		标准分:100			
总扣分及说明					
最后得分		考评员签字		主考人签字	

考评单项配分参考表 表 2-20

项目	考 核 内 容		操作要求及评分标准	单项配分值
水平角测量	仪器整置与操作(30 分)	架腿安置	高度适中,架腿粗平,架腿踩实,每缺一项或不当扣 1.5~3 分	3
		开箱,取仪器	先松制动后取仪器,关箱,未做或不当扣 1.5~3 分	3
		安装仪器	抓仪器中部位置,不恰当扣 1~2 分	2
		对中	方法正确 4 分、熟练性好 2 分、对中精度高 2 分	8
		整平	方法正确 4 分、熟练性好 2 分、整平精度高 2 分	8
		各螺旋使用	使用中部、用力适度、操作不当扣 1~3 分	3
		爱护仪器	操作方法规范 1.5 分、文明作业 1.5 分	3
	水平角测量与记录(60 分)	照准目标	使用粗瞄器 2 分、照准方法正确熟练、消除视差 4 分、精度高 2 分,方法不当扣 3 分	8
		度盘对零	方法正确、未做或不正确扣 4 分	4
		读数	读数正确 7 分、熟练性 3 分	10
		观测方法	观测方法正确 11 分、熟练性 3 分	14
		观测成果精度	符合限差 7 分、超限不得分	7
		记录	记录正确规范 4 分、计算正确 3 分、复诵读数 2 分、成果评价 2 分、记录计算熟练性 2 分	13
		卸仪器	开箱、松制动、卸仪器、仪器放置正确、关制动、缺项或不当扣 2~3 分	4

续上表

项目	考核内容		操作要求及评分标准	单项配分值
职业素质安全文明	职业素质（5分）	协作精神	与其他成员协作好，配合默契，集体观念强	3
		劳动态度	热爱测绘劳动，肯吃苦，职业道德高尚	2
	安全文明（5分）	作业规程	严格遵守作业规程和国家有关劳动安全条例	2
		安全意识	安全意识强	2
		文明作业	文明作业意识强，效果好	1
合计				100

【其他变数与说明】

1. 其他变数

(1)测回数可以改变以调整测试工作量的大小。

(2)仪器可以变换成 DJ_2 型光学经纬仪；也可以变换成电子经纬仪进行测试，此时，测试用时可以适当调整。

2. 技能的用途：用于水平角测量（适用于单角），是水平角测量的主要方法。

【测试辅导】

一 经纬仪的认识与使用

1. 安置经纬仪

首先安置三脚架于测站点上，注意脚架高度适中，架头大致水平，垂球尖偏离测站点不超过 3mm。

2. 了解经纬仪各部件的功能及使用方法

将经纬仪从箱中取出，装到三脚架上，拧紧中心连接螺旋。如图 2-12，熟悉仪器构造和各部件的功能，正确使用制动螺旋、微动螺旋、调焦螺旋和脚螺旋，了解分微尺的读数方法及水平度盘变换手轮的使用等。

3. 练习经纬仪的使用

(1)对中

对中的目的是使仪器中心与测站点标志中心位于同一铅垂线上。具体做法是：

①先松开三脚架脚固定螺旋，按观测者身高调整好脚架的长度，然后将螺旋拧紧。

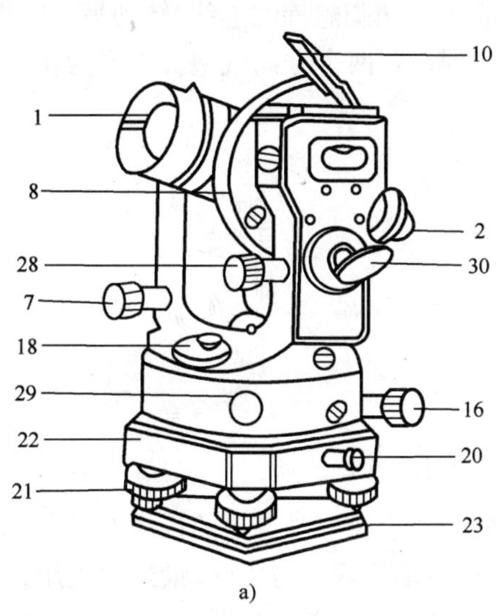

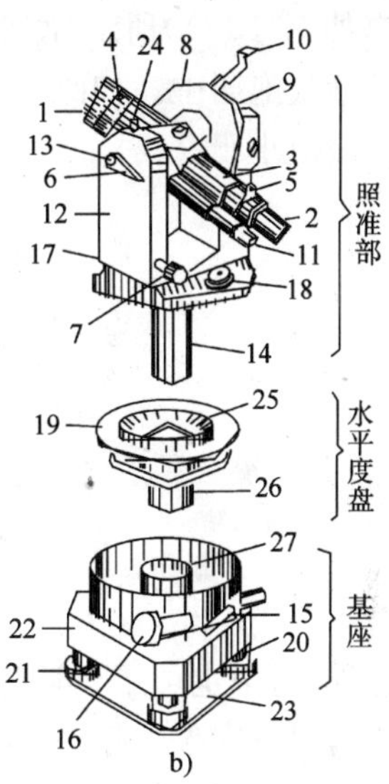

图 2-12　DJ_6 型光学经纬仪

1-望远镜物镜；2-望远镜目镜；3-望远镜调焦螺旋；4-准星；5-照门；6-望远镜制动螺旋；7-望远镜微动螺旋；8-竖直度盘；9-竖盘指标水准管；10-竖盘指标水准管反光镜；11-读数显微镜目镜；12-支架；13-水平轴；14-竖轴；15-照准部制动螺旋；16-照准部微动螺旋；17-水准管；18-圆水准器；19-水平度盘；20-轴套固定螺旋；21-脚螺旋；22-基座；23-三角形底板；24-罗盘插座；25-度盘轴套；26-外轴；27-度盘旋转轴套；28-竖盘指标水准管微动螺旋；29-水平度盘变换手轮；30-反光镜

②将三脚架张开，目估使三脚架高度适中，架头水平，且架头中心与测站点位于同一铅垂线上。

③挂上垂球初步对中。如果相差太大，可前后左右摆动三脚架架腿，或整体移动三脚架，使垂球尖大致对准测站点标志，并注意架头基本保持水平，然后将三脚架的脚尖踩入土中。

④将仪器从仪器箱中取出，用连接螺旋将仪器安装在三脚架上。

⑤垂球精确对中。若垂球尖偏离测站点标志中心，可稍旋松连接螺旋，两手扶住仪器基座，在架头上平移仪器，使垂球尖精确对中测站点标志中心，最后旋紧连接螺旋。对中误差一般应小于 3mm。

(2)整平

整平的目的是使仪器竖轴竖直和水平度盘处于水平位置。

整平的原理类似于水准仪，如图 2-13a)所示，整平时，先转动仪器的照准部，使水准管平行于任意一对脚螺旋的连线，然后用两手同时相对转动两脚螺旋，直到气泡居中，注意气泡移动方向始终与左手大拇指移动方向一致；再将照准部转动 90°，如图 2-13b）所示，使水准管垂直于原两脚螺旋的连线，转动另一脚螺旋，使水准管气泡居中。如此反复进行，直到在这两个方向气泡都居中为止。整平误差一般应小于一格。

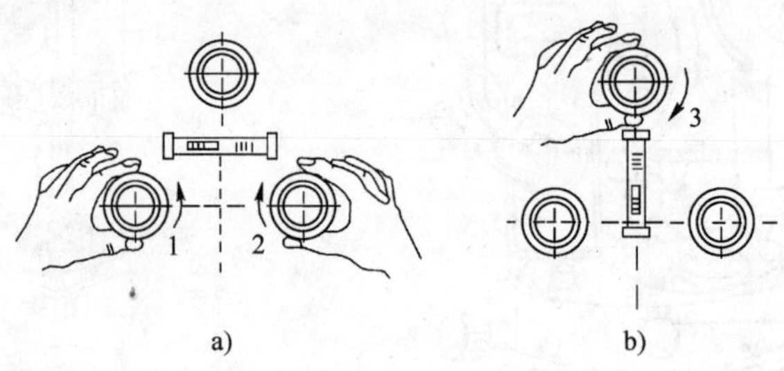

图 2-13　经纬仪的整平

另外，对中也可用光学对点器进行。由于光学对点器的视线与仪器竖轴重合，因此，只有在仪器整平后视线才处于铅垂位置。对中时，最好也先用垂球尖大致对中，概略整平仪器后取下垂球，再调节对中器的目镜和物镜，使分划板小圆圈和测站点标志清晰，并通过平移仪器的办法，使测站点标志中心位于分划板小圆圈中心。也可以采用调节仪器的三个脚螺旋，使光学对中器的中心标志对准测站点，此时气泡一般不居中，在整平过程中，为使对中影响较小，可伸缩三脚架腿使照准部圆水准器或管状水准器气泡居中的方法。

由于在平移仪器时，整平可能受到影响，所以再精确整平，在精确整平时，对中又可能受到影响，于是这两项工作需要反复进行，直到两者都满足为止。

（3）调焦与照准

调焦包括目镜调焦和物镜调焦两部分，照准就是使望远镜十字丝交点精确照准目标。步骤如下：

①照准前先松开望远镜制动螺旋与照准部制动螺旋，将望远镜朝向明亮背景，调节目镜对光螺旋，使十字丝清晰。

②利用望远镜上的照门和准星粗略照准目标，拧紧照准部及望远镜制动螺旋。

③调节物镜对光螺旋，使目标清晰，并消除视差。

④转动照准部和望远镜微动螺旋，精确照准目标。

值得注意的是，测水平角时，要使十字丝纵丝精确照准目标，并尽量使十字丝交点照准目标底部，如图 2-14b）所示；测竖直角时，要使十字丝横丝精确照准目标，也尽量用十字丝交点照准目标。

（4）读数

调节反光镜，使读数系统明亮，且亮度适中为好；转动读数显微镜目镜调焦螺旋，使度盘、测微尺及指标线的影像清晰；然后正确读数。

DJ_6 型光学经纬仪常用测微装置有分微尺、单平板玻璃测微器读数两种方式。其读数方法如下：

①分微尺测微器的读数方法

装有分微尺的经纬仪，在读数显微镜内能看到两条带有分划的分微尺以及水平度盘和竖直度盘的分划影像，如图 2-15 所示，根据上下半部刻划可分别读出水平与竖直度盘的读数。两度盘分划值均为 1°，正好等于分微尺全长，显然，分微尺全长读数值亦为 1°。分微尺等分成 6 大格，等分线依次注一数字，从 0～6，每大格再分为 10 小格。因此，该读数窗读数可精确到 1′，估读到 6″（即 0.1′）。读数时，根据在分微尺上重叠的度盘分划线上的注记读出整度数，再根据该分划线与分微尺上 0 注记之间的刻划读出分和秒。如图 2-15 所示，其水平度盘读数为 164°06′30″，竖直度盘读数为 86°51′42″。

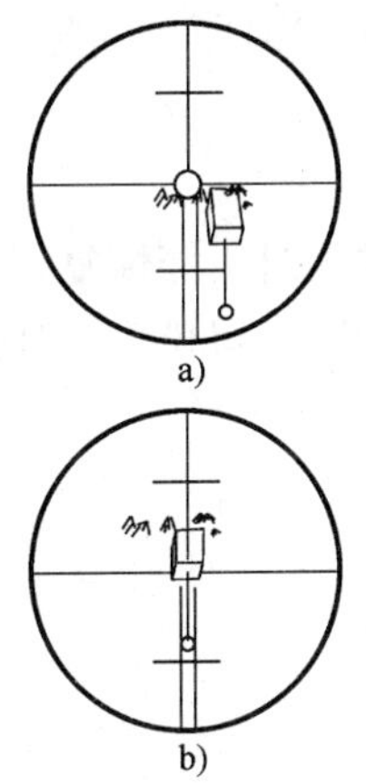

图 2-14　瞄准目标

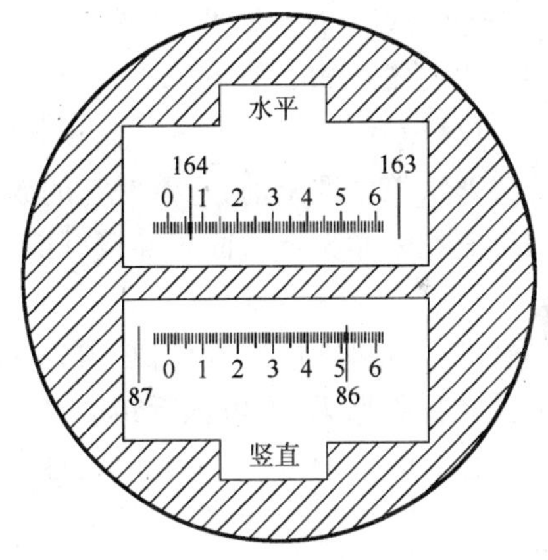

图 2-15　分微尺测微器的读数方法

②单平板玻璃测微器的读数方法

采用单平板玻璃测微器装置的仪器，在读数显微镜内能看到如图 2-16 所示读数窗，该读数窗由三部分组成，上面小窗口有测微尺分划和较长的单指标线，中间窗口有竖直度盘分划和双指标线，下面窗口有水平度盘分划和双指标线。显然，度盘分划值为 30′，每度指标线上有注记。测微尺全长读数值亦为 30′，再将其分成 30 大格，大格分划线逢 5 的倍数注一相应数字，每大格又分成三小格，因此，该读数窗读数可精确到 20″，估读到 2″。

单平板玻璃测微器的读数方法是：望远镜瞄准目标后，先转动测微轮，使度盘上某一分划精确移至双指标线的中央，读取该分划的度盘读数，再在测微尺上

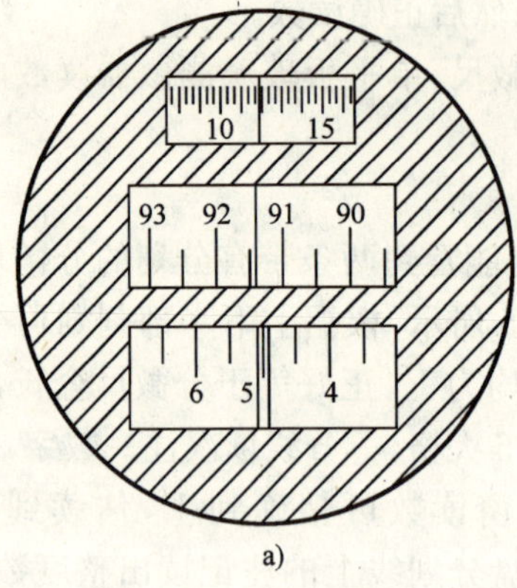

a)

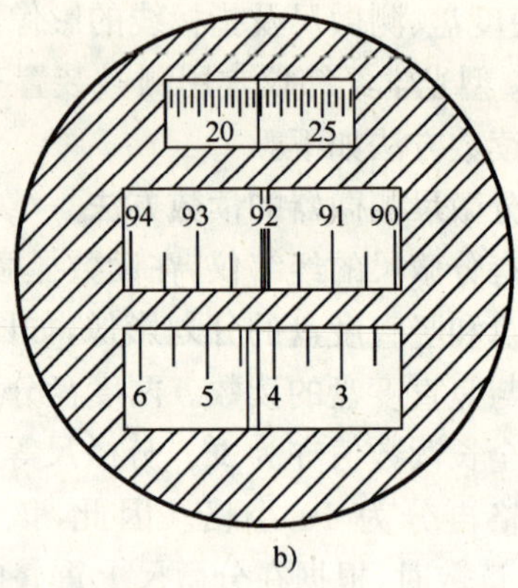

b)

图 2-16　单平板玻璃测微器的读数方法

根据单指标线读取 30′以下的分、秒数，两数相加，即得完整的度盘读数。如图 2-16a)所示的水平度盘读数为 5°＋11′54″＝5°11′54″；图 2-16b)所示的竖直度盘读数为 92°＋21′52″＝92°21′52″。

4. 注意事项

(1)仪器从箱中取出前，应看好它的放置位置，以免装箱时不能恢复到原位。

(2)仪器在三角架上未固定连接好前，手必须握住仪器，不得松手，以防止仪器跌落。

(3)转动望远镜或照准之前，必须先松开制动螺旋，用力要轻；一旦发现转动不灵，要及时检查原因，不可强行转动。

(4)仪器装箱后要及时上锁，以防存在事故危险。

二　测回法测量水平角(包括观测、记录与计算)

水平角测量的方法，根据施测时目标的多少、所使用的仪器精度和测角精度要求的不同，常用测回法和方向观测法两种方法。测回法适用于观测两个方向之间的单个角度。即在某点 O 安置经纬仪，只需要通过观测两个目标 A 和 B 确定某个单角$\angle AOB$，如图 2-17 所示。现将测回法介绍如下：

1. 精度要求

(1)对中误差小于 3mm，水准管气泡偏离应小于一格。

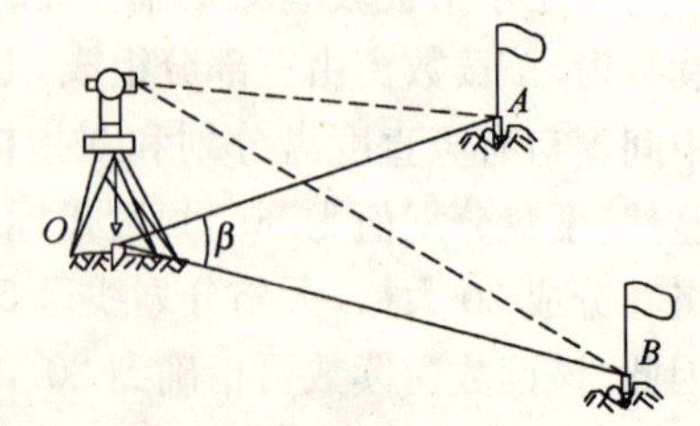

图 2-17　测回法观测示意图

(2)第一测回对 0°,其他测回改变 $180°/n$。

(3)上、下半测回角值差不超过 36″,各测回角值差不超过 24″。

2. 具体施测步骤(比如要测两测回)

(1)准备工作

①首先在 A、B 两点树立标杆或测钎等标志,作为照准目标;

②将经纬仪安置于所测角的顶点 O 上,进行对中和整平。注意架头高度适中,对中和整平反复进行、逐步完成,直至满足精度要求。

(2)盘左位置

首先将仪器置于盘左位置(竖盘位于望远镜的左侧),完成以下工作:

①顺时针方向旋转照准部,首先调焦与照准起始目标(即角的左边目标)A,读取水平度盘读数 $a_{左}$,设为 0°00′12″,记入手簿表 2-21 中;

②继续顺时针旋转照准部,调焦与照准右边目标 B,读取水平度盘读数 $b_{左}$,设为 91°18′42″,记入表 2-21 中;

③计算盘左位置的水平角 $\beta_{左}$:

$$\beta_{左}=b_{左}-a_{左}=91°18'42''-0°00'12''=91°18'30''$$

以上完成了上半测回工作,$\beta_{左}$ 即上半测回角值。

(3)盘右位置

倒转望远镜成盘右位置,完成以下工作:

①逆时针旋转照准部,首先调焦与照准右边目标 B,读取水平度盘读数 $b_{右}$,设为 271°19′12″,记入表 2-21 中;

②继续逆时针旋转照准部,调焦与照准左边目标 A,读取水平度盘读数 $a_{右}$,设为 180°00′30″,记入表 2-21 中;

③计算盘右位置的水平角 $\beta_{右}$:

$$\beta_{右}=b_{右}-a_{右}=271°19'12''-180°00'30''=91°18'42''$$

以上便完成了下半测回工作,$\beta_{右}$ 即下半测回角值。

(4)计算一测回角值

上下两个半测回称为一测回。对于 DJ_6 型光学经纬仪来说,当上、下半测回角值之差:

$$\Delta\beta=\beta_{左}-\beta_{右}=91°18'30''-91°18'42''=-12''\leqslant\pm36''$$

取其平均值作为一测回角值,即

$$\beta=1/2(\beta_{左}+\beta_{右})=91°18'36''$$

将结果记入表 2-21 中。

测回法观测手簿 表 2-21

测站	竖盘位置	目标	水平度盘读数 (° ′ ″)	半测回角值 (° ′ ″)	一测回角值 (° ′ ″)	各测回平均值 (° ′ ″)	备注
第一测回	左	A	0 00 12	91 18 30	91 18 36	91 18 32	
		B	91 18 42				
O	右	A	180 00 30	91 18 42			
		B	271 19 12				
第二测回	左	A	90 00 06	91 18 24	91 18 27		
		B	181 18 30				
O	右	A	270 00 06	91 18 30			
		B	1 18 36				

为了提高测角精度，对角度需要观测多个测回，此时各测回应根据测回数 n，按 $180°/n$ 的原则改变起始水平度盘位置，即配度盘。各测回值互差若不超过 24″(对于 J_6 级)，取各测回角值的平均值作为最后角值，记入表 2-21 中。

配度盘操作步骤如下：

首先，如有测微手轮，先转动测微手轮，使测微尺的读数为 00′00″，然后视仪器构造采用不同的方法。

①经纬仪设置有离合器，则先将复测扳手扳上，转动照准部使度盘读数变为所配数值(如 0°)附近，拧紧水平制动螺旋，利用水平微动螺旋使度盘 0°分划线精确位于双指标线的中央；然后，扳下复测扳手；松开水平制动扳手，转动照准部精确调焦与照准目标(此时照准部是制动的)；最后再扳上复测扳手，此时读数便是所配的起始读数。

②经纬仪设置有度盘变换手轮，则先转动照准部精确调焦与照准目标(此时照准部是制动的)，然后再转动度盘变换手轮，使度盘读数精确为所配数值(如 0°)，配度盘完成。

准确照准左目标，并读出水平度盘的读数(以 a 表示)，记入手簿。松开照准部和望远镜的制动螺旋，顺时针转动照准部，如前所述再瞄准右目标，读出水平度盘的读数(以 b 表示)，记入手簿。$\beta=b-a$，当 b 不够减时，将 b 加上 360°再减 a。

3. 注意事项

(1)一测回观测过程中，当水准管气泡偏离值大于 1 格时，应整平后重测。

(2)观测目标不应过粗或过细，否则以单丝平分目标或双丝夹住目标均有困难。

(3)水平角观测时，次序不能错；水平角计算时，$\beta_{左}=b_{左}-a_{左}$，$\beta_{右}=b_{右}-a_{右}$ 不能变，当被减数不够减时，自动加上 360°再减，而不能颠倒。

(4)同一测回观测时，切勿变动或碰动复测扳手和度盘变换手轮，以免发生错误。

(5)观测时，立在点位上的花杆应尽量竖直，尽可能用十字丝交点瞄准花杆根部，最好能瞄准桩心的点位。

三 其他经纬仪简介

(一)DJ_2 型光学经纬仪

DJ_2 型光学经纬仪精度较高，常用于国家较高等级平面控制测量和精密工程测量。图 2-18 是苏州第一光学仪器厂生产的 DJ_2 型光学经纬仪的外形，与 DJ_6 型光学经纬仪相比，在结构上除望远镜的放大倍数较大，照准部水准管的灵

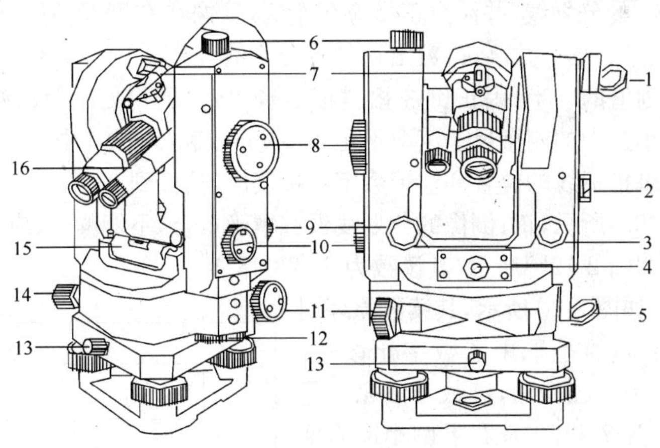

图 2-18　DJ_2 型光学经纬仪

1-竖盘反光镜；2-竖盘指标水准管观察镜；3-竖盘指标水准管微动螺旋；4-光学对点器；5-水平度盘反光镜；6-望远镜制动螺旋；7-光学瞄准器；8-测微手轮；9-望远镜微动螺旋；10-换像手轮；11-水平度盘变换手轮；12-照准部；13-轴座固定螺旋；14-照准部制动螺旋；15-照准部水准管；16-读数显微镜

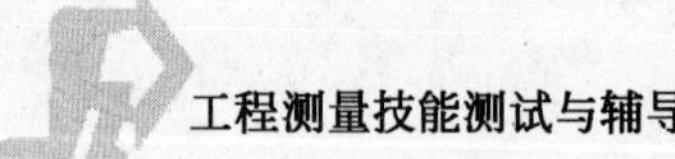

敏度较高外，主要是读数设备及读数方法不同。另外，在 DJ_2 型光学经纬仪读数显微镜中，只能看到水平度盘和竖直度盘中的一种影像，如果要读另一种，就要转动换像手轮，使读数显微镜中出现需要读数的度盘影像。

在 DJ_2 型光学经纬仪中，一般都采用度盘对径分划重合的读数设备和方法，读数精度明显提高。现将常见读数形式和方法介绍如下：

第一种，如图 2-19 所示，大窗为度盘的影像，仍然是每度做一注记，每度分三格，度盘分划为 20′。小窗为测微尺的影像，左边注记数字从 0 到 10 以 1′为单位，右边注记数字从 0 到 5 以 10″为单位循环注记，最小分划为 1″，可估读到 0.1″。当转动测微轮，使测微尺读数由 0′移动到 10′时，度盘正、倒像的分划线向相反的方向各移动半格（相当于 10′）。

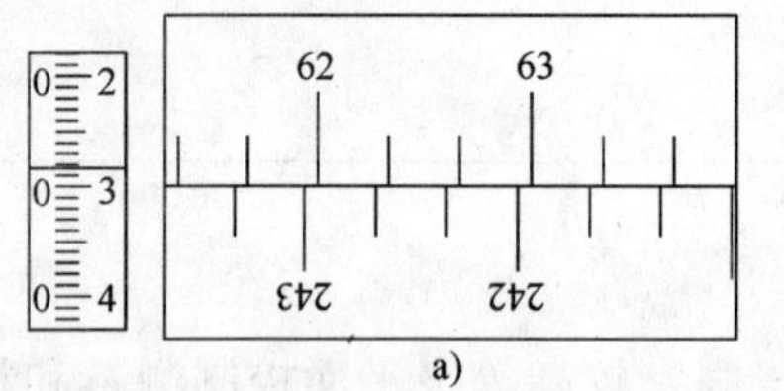

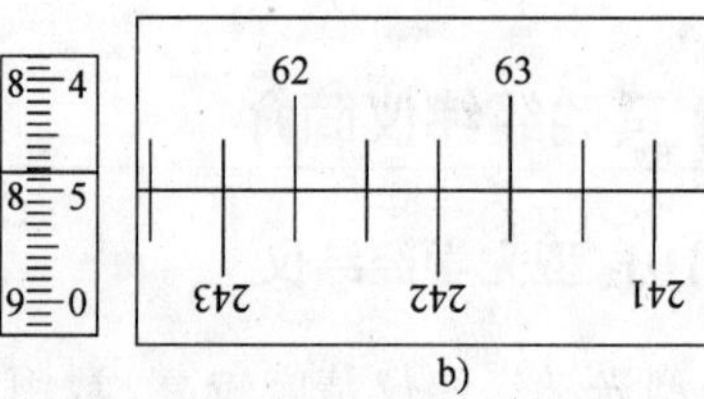

图 2-19　DJ_2 型光学经纬仪读数

读数时，先转动测微轮，使正、倒像的分划线精确重合，然后找出邻近的正、倒像相差 180°的分划线，并注意正像应在左侧，倒像在右侧，此时便可读出度盘的度数，即正像分划的数字；再数出正像的分划线与倒象的分划线之间的格数，乘以度盘分划值的一半（因正倒像相对移动），即 10′便得出度盘读数的 10′数；最后从左边小窗中的测微尺上读取不足 10′的分数和秒数，其中不足 10′的分数和秒数根据单指标线的位置和注记数字直接读出，估读到 0.1″。

如图 2-19a）所示，正、倒像的分划线没有精确重合，不能读数；应使用测微轮将其调节成如图 2-19b）所示，其读数为 62°28′48.3″。

第二种，如图 2-20 所示，其读数原理同第一种，所不同的是采用了数字化读数。其左下侧小窗为测微窗，读数方法完全同第一种（图中为 7′14.9″）；右下侧小窗为度盘对径分划线重合后的影像，没有注记，但在读数时必须上下线精确重合；上面的小窗左侧的数字为度盘读数，中间偏下的数字为整 10′的注记（图中为 75°30′）。所以，图中所示度盘读数为 75°37′14.9″。

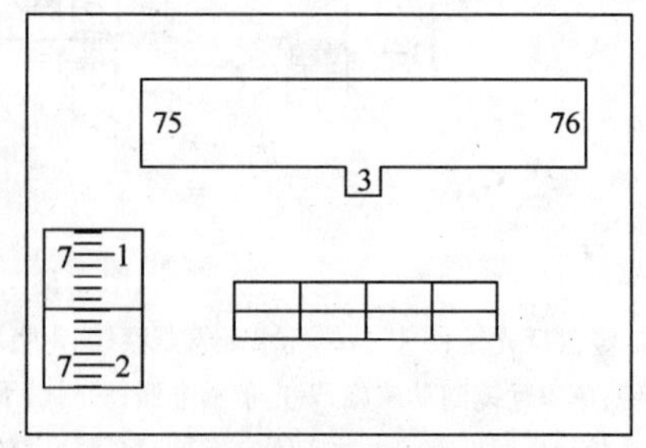

图 2-20　DJ_2 型光学经纬仪读数

第三种，如图 2-21 所示，其读数方法类似于第一种。其上面小窗为度盘对径分划线重合后的影像，读数方法完全同第一种；下面小窗称为秒盘（测微分划盘），不足 10′的分数和秒数由此读出，秒盘上的下排数字以 1′为单位，上排数字以 1″为单位，估读到 0.1″。如图 2-21a）所示水平度盘读数为 6°40′06.3″，b）图所示竖直度盘读数为 0°19′56.6″。

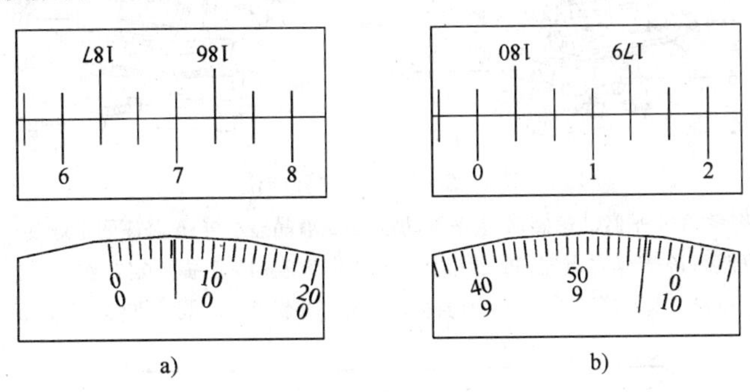

图 2-21　DJ_2 型光学经纬仪读数

(二)电子经纬仪

电子经纬仪是在光学经纬仪的基础上发展起来的电子测角仪器。

电子经纬仪的主要特点：

1. 采用电子测角系统，实现了测角自动化、数字化，能将测量结果自动显示出来，减轻了劳动强度，提高了工作效率。

2. 可与光电测距仪组合成全站型电子速测仪，配合适当的接口可将观测的数据输入计算机，实现数据处理和绘图自动化。

3. 电子经纬仪仍然是采用度盘来进行测角的。与光学测角仪器不同的是，电子测角是从度盘上取得电信号，根据电信号再转换成角度，并自动以数字方式输出，显示在显示器上。

图 2-22 为 DJD_2 级电子经纬仪，该仪器采用光栅度盘测角，水平、竖直度盘显示读数分辨率为 1″，测角精度可达 2″。图 2-23 为液晶显示窗和操作键盘。键盘上有 6 个键，可发出不同指令。液晶显示窗中可显示提示内容、竖直角（V）和水平角（H）。

电子经纬仪使用时，首先要在测站点上安置仪器，在目标点上安置目标，然后调焦与照准目标，最后在操作键盘上按测角键，显示屏上即显示角度值。对中、整平以及调焦与照准目标的操作方法与光学经纬仪一样，键盘操作方法见使用说明书即可，在此不再详述。

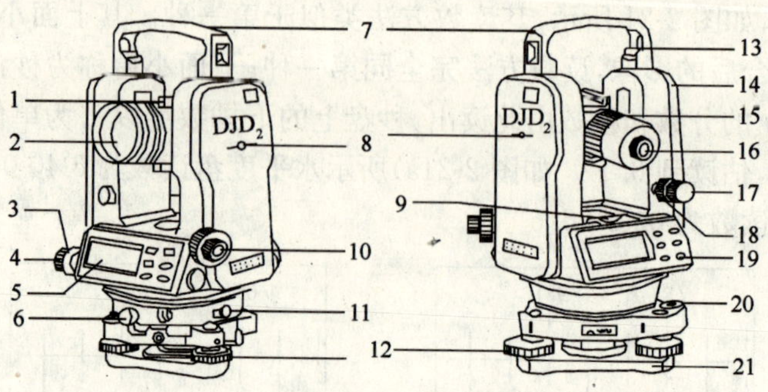

图 2-22 DJD₂ 电子经纬仪

1-粗瞄准器；2-物镜；3-水平微动螺旋；4-水平制动螺旋；5-液晶显示屏；6-基座固定螺旋；7-提手；8-仪器中心标志；9-水准管；10-光学对点器；11-通讯接口；12-脚螺旋；13-手提固定螺丝；14-电池；15-望远镜调焦手轮；16-目镜；17-垂直制动手轮；18-垂直微动手轮；19-键盘；20-圆水准器；21-底板

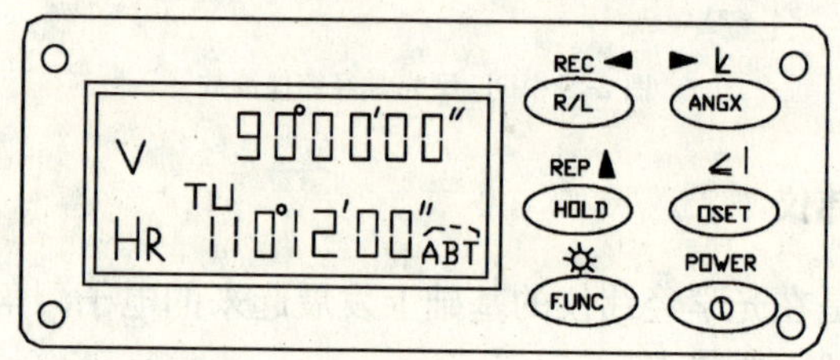

图 2-23 DJD₂ 电子经纬仪的显示窗和操作键盘

在 DJD₂ 级电子经纬仪支架上可以加装红外测距仪，与电子手簿相结合，可组成组合式电子速测仪。能测水平角、竖直角、水平距离、斜距、高差、点的坐标数值等。

思考与训练

1. 经纬仪对中、整平的目的是什么？试述用光学对点器对中整平的步骤和方法。

2. 水准仪与经纬仪的安置有何不同？

3. 分述具有复测扳手和度盘变换手轮装置的经纬仪的配零步骤。

4. 水平角观测中，若右目标读数小于左目标读数时，应如何计算角值？

5. 观测水平角时，若测三个测回，各测回盘左起始方向读数应配为多少？

6. 对照图 2-12，简述各部件和螺旋的作用。

7. 试述水平角观测的方法和测回法的应用范围。

8. 叙述用测回法观测水平角的观测程序。

9. 何谓水平角？若某测站点与两个不同高度的目标点位于同一竖直面内，那么其构成的水平角是多少？

10. 完成表 2-22 测回法测水平角的计算。

测回法观测手簿 表 2-22

<table>
<tr><th rowspan="2">测站</th><th rowspan="2">竖盘位置</th><th rowspan="2">目标</th><th>水平度盘读数</th><th>半测回角值</th><th>一测回角值</th><th>各测回平均值</th><th rowspan="2">备注</th></tr>
<tr><th>(° ′ ″)</th><th>(° ′ ″)</th><th>(° ′ ″)</th><th>(° ′ ″)</th></tr>
<tr><td rowspan="4">第一测回
O</td><td rowspan="2">左</td><td>A</td><td>0 01 00</td><td rowspan="2"></td><td rowspan="4"></td><td rowspan="8">1</td><td rowspan="8"></td></tr>
<tr><td>B</td><td>97 18 48</td></tr>
<tr><td rowspan="2">右</td><td>A</td><td>180 01 30</td><td rowspan="2"></td></tr>
<tr><td>B</td><td>277 19 12</td></tr>
<tr><td rowspan="4">第二测回
O</td><td rowspan="2">左</td><td>A</td><td>90 00 06</td><td rowspan="2"></td><td rowspan="4"></td></tr>
<tr><td>B</td><td>187 17 36</td></tr>
<tr><td rowspan="2">右</td><td>A</td><td>270 00 36</td><td rowspan="2"></td></tr>
<tr><td>B</td><td>7 18 00</td></tr>
</table>

11. 计算水平角时，如果被减数不够减时为什么可以再加 360°？

12. 电子经纬仪的主要特点是什么？

13. 按图 2-24 填表 2-23，说明对经纬仪主要操作部件的认识。

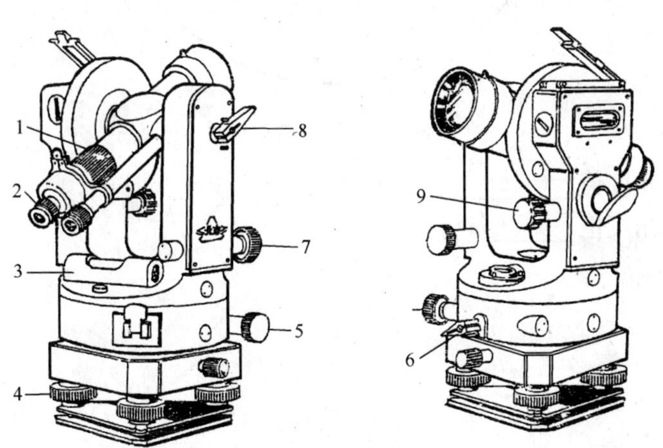

图 2-24 DJ_6 型光学经纬仪

经纬仪主要操作部件及其作用　　表 2-23

序　号	操作部件名称	作　用
1		
2		
3		
4		
5		
6		
7		
8		
9		

14. 写出图 2-25 分微尺测微法的角度值。

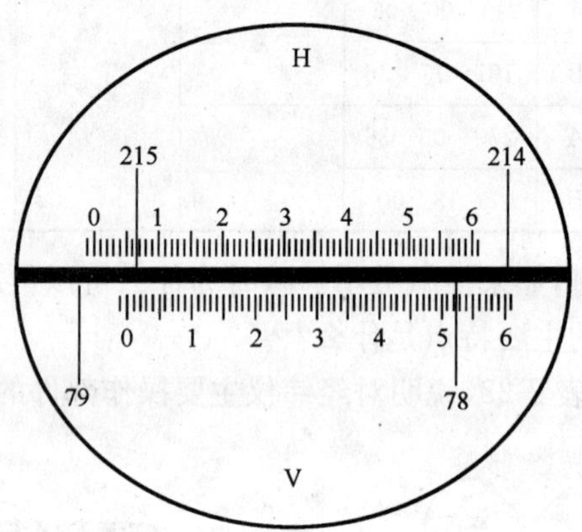

图 2-25　经纬仪分微尺读数

水平角角度值____°____′____″；
竖直角角度值____°____′____″。

技能测试四　全圆方向法测量水平角

【测试核心技能】

1. 经纬仪的正确使用。
2. 全圆方向法测量水平角的方法。
3. 水平角测量的观测、记录与计算。

【测试题目与内容】

全圆方向法测量水平角。

用 DJ_6 型光学经纬仪用全圆方向法测量水平角。

【测试时间】

60 分钟。

【测试条件(情景)】

1. 仪器、工具：DJ_6 型光学经纬仪 1 台、脚架 1 个、测钎若干、记录夹 1 个、测伞 1 把。

2. 在测区地面上任意选择四个点 O、A、B、C、D，分别打入木桩，桩顶钉小钉表示点位。要求 O 点距离 A 点、B 点、C 点和 D 点约 100m 左右，且各距离有所不同。设置各点高程有明显区别。

【测试要求及评分标准】

1. 严格按操作规程作业。

2. 要求对中误差＜3mm，整平误差＜1 格，半测回归零差不大于 24″，各测回同一方向值互差不大于 24″。

3. 记录、计算完整、整洁，无错误；数据记录、计算均应填写在相应的《测试报告》中，记录表不可用橡皮擦修改，记录表以外的数据不作为考核结果。

4. 要求测量两个测回。

5. 评分标准见表 2-24。

测试评分标准(百分制)

表 2-24

序号	测试内容	评分标准	配分
1	工作态度	仪器工具轻拿轻放,搬仪器动作规范,装箱正确	10
2	仪器操作	操作熟练、规范、方法步骤正确、不缺项	30
3	读数	读数正确、规范	10
4	记录	记录正确、规范	10
5	计算	计算快速准确、规范,计算检核正确	10
6	精度	精度符合要求	20
7	综合印象	动作规范、熟练、文明作业	10
合计			100

6.评分奖罚说明

(1)测试时间为评分的主要依据之一,提前完成者给予适当奖分,奖分参考标准分四个等级,如表 2-25 所示;测试时间不得超过规定时间(60 分钟)。

表 2-25

提前时间	30 分钟以上	20 分钟以上	10 分钟以上
参考奖分	30 分	20 分	10 分

(2)根据卷面整洁情况,扣 0～5 分(记录划去 1 处扣 1 分,合计不超过 5 分)。

(3)如发生仪器事故或严重违反操作规程等现象,停止测试,成绩以不合格论处。

(4)对中误差及整平误差如不符合要求,酌情扣 5～8 分。

【测试说明及注意事项】

1.测试准备工作:自备计算用纸、笔(钢笔或圆珠笔)、计算器等必要工具,抽题。

2.全圆方向法测量水平角技能测试将提供《全圆方向法测量水平角技能测试报告》(表 2-26、表 2-27)给考生,测试结束后考生将该报告作为成果交回。

3.测试过程中,派 2 名辅助人员配合考生完成测试任务。

4.测试过程中任何人不得提示,考生应独立完成全部工作。

5. 主考人有权随时检查是否符合操作规程及技术要求，但应相应折减所影响的时间。

6. 若有作弊行为，一经发现一律按零分处理，不得参加补考。

7. 测试时间自领取仪器开始，至递交成果与仪器终止。

8. 评分标准参见相关表格。

【测试报告】

全圆方向法水平角测量技能测试报告 表 2-26

考评日期：________ 姓名：________ 成绩： 考评员：________

测试题目	全圆方向法测量水平角		
主要仪器及工具			
天气		仪器号码	

水平角测量手簿（全圆方向法） 表 2-27

测站	测回数	目标	水平度盘读数		2c=左－(右±180°)	平均读数	归零后方向值	各测回归零后方向平均值	略图及角值
			盘左	盘右					
			(° ′ ″)	(° ′ ″)	(° ′ ″)	(° ′ ″)	(° ′ ″)	(° ′ ″)	
1	2	3	4	5	6	7	8	9	10

【测试成绩评定表】

测试成绩评定表（表 2-28）用于考评员给考生评定成绩，最后连同考生《测试报告》归档保存。

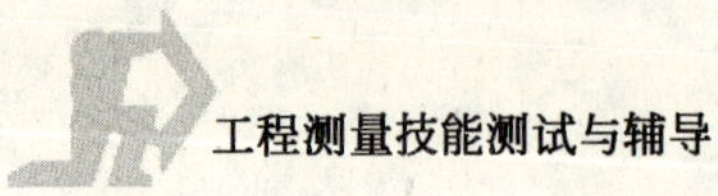

测试成绩评定表　　表 2-28

考生姓名:_______　考评日期:_______　开始时间:_______　结束时间:_______

测试内容	配分	操作要求及评分标准	扣分	得分	监考教师评分依据记录
工作态度	10	仪器工具轻拿轻放,搬仪器动作规范,装箱正确			
仪器操作	30	操作熟练、规范、方法步骤正确、不缺项			
读数	10	读数正确、规范			
记录	10	记录正确、规范			
计算	10	计算快速准确、规范,计算检核正确			
精度	20	精度符合要求			
综合印象	10	动作规范、熟练、文明作业			
合计		标准分:100			
总扣分及说明					
最后得分		考评员签字		主考人签字	

【其他变数与说明】

1. 其他变数

(1)测回数可以改变以调整测试工作量的大小。

(2)仪器可以变换成 DJ_2 型光学经纬仪;也可以变换成电子经纬仪进行测试。此时,测试用时可以适当调整。

2. 技能的用途:用于水平角测量,是水平角测量的方法之一。

【测试辅导】

一 经纬仪的认识与使用

参见技能测试三《测回法测量水平角》测试辅导内容。

二 全圆方向法测量水平角

在一个测站上当观测方向超过两个时,可将这些方向合并为一组一并观测,称为方向观测法。当方向数超过三个时,为保证精度每次测量须再次瞄准起始方向,称为全圆方向观测法。

(一)方向法

此方法适用于在一个测站上有三个观测方向，如表 2-8 中简图所示。其观测、记录和计算方法如下：

1. 树立标志于 A、B、C 三个目标点，安置仪器于测站点 O(包括对中和整平)。

2. 盘左位置，顺时针方向旋转照准部依次照准目标 A、B 和 C(注意从左边即起始目标开始)，分别读取水平度盘读数，并依次记入观测手簿(表 3-2)，称为上半测回。

3. 盘右位置，倒转望远镜，逆时针方向旋转照准部依次照准目标 C、B 和 A(注意从左边即起始目标开始)，分别读取水平度盘读数，并依次记入观测手簿(表 2-29)，称为下半测回。

方向法观测手簿 表 2-29

测站	测回数	目标	水平度盘读数 盘左 (° ′ ″)	水平度盘读数 盘右 (° ′ ″)	归零后读数 盘左 (° ′ ″)	归零后读数 盘右 (° ′ ″)	一测回方向平均值 (° ′ ″)	各测回方向平均值 (° ′ ″)	简图及角值
O	1	A	0 00 12	180 00 00	0 00 00	0 00 00	0 00 00	0 00 00	A O 60°52′12″ B 49°20′03″ C
		B	60 52 24	240 52 00	60 52 12	60 52 00	60 52 06	60 52 12	
		C	110 12 06	290 12 18	110 11 54	110 12 18	110 12 06	110 12 15	
	2	A	90 02 06	270 02 00	0 00 00	0 00 00	0 00 00		
		B	150 54 30	330 54 12	60 52 24	60 52 12	60 52 18		
		C	200 14 24	20 14 30	110 12 18	110 12 30	110 12 24		

上、下两个半测回合称一测回。如果为了提高精度需要测 n 个测回时，仍然需要配度盘，即每个测回的起始目标读数按 $180°/n$ 的原则进行配置，如表中测了两测回。

4. 计算：方向法测角的记录、计算如表 2-8 所示。首先计算归零后读数，表中"归零后读数"是将起始方向读数换算为 0°00′00″，即从各方向读数中减去起始方向读数，即得各方向的归零后读数，填入表中相应位置。然后计算一测回方向平均值。

一测回方向平均值＝1/2(归零后盘左读数＋归零后盘右读数)。例如第一测回 OB 方向平均值＝1/2(60°52′12″＋60°52′00″)＝60°52′06″。

最后再求各测回方向平均值。并求差计算各角值，标注在表中简图上。

注意：在方向法中，各测回同一方向归零后方向值较差限差：J_6 级经纬仪为 24″；J_2 级经纬仪为 12″。计算中应随时复核观测结果是否在规定的限差范围内，符合后才可进行下一步计算。

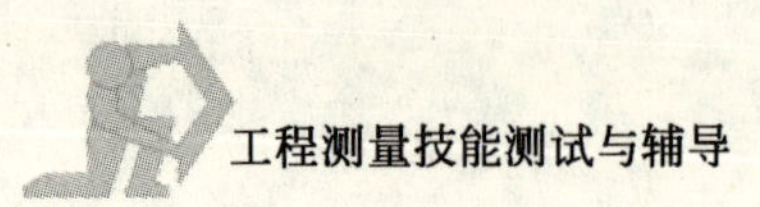

(二)全圆法

当观测方向超过三个时,用全圆法,其观测、记录和计算方法如下:

1.树立标志于所有目标点,如 A、B、C、D 四点,安置仪器于测站 O 点(包括对中和整平),选定起始方向(又称零方向)如 A 点。

2.盘左位置,顺时针方向旋转照准部依次照准目标 A、B、C、D、A,分别读取水平度盘读数,并依次记入观测手簿(表 2-30)。其中两次照准 A 目标是为了检查水平度盘位置在观测过程中是否发生变动,称为归零,其两次读数之差,称为半测回归零差,其限差要求为:J_6 级经纬仪不得超过 18″,J_2 级经纬仪不得超过 8″。计算中注意检核。

以上称为上半测回。

3.盘右位置,倒转望远镜,逆时针方向旋转照准部依次照准目标 A、D、C、B 和 A,分别读取水平度盘读数,并依次记入观测手簿(表 2-30),称为下半测回。同样注意检核归零差。

这样就完成了一测回。如果为了提高精度需要测 n 个测回时,仍然需要配度盘,即每个测回的起始目标读数按 180°/n 的原则进行配置,如表中测了两测回。

4.计算:全圆法测角的记录、计算如表 2-30 所示。

全圆方向法观测手簿 表 2-30

测站	测回数	目标	水平度盘读数 盘左 (° ′ ″)	水平度盘读数 盘右 (° ′ ″)	$2c$=左−(右±180°) (° ′ ″)	平均读数 (° ′ ″)	归零后方向值 (° ′ ″)	各测回归零后方向平均值 (° ′ ″)	略图及角值
1	2	3	4	5	6	7	8	9	10
O	1	A	0 02 12	180 02 00	+12	(0 02 10) 0 02 06	0 00 00	0 00 00	
		B	37 44 15	217 44 05	+10	37 44 10	37 42 00	37 42 01	
		C	110 29 04	290 28 52	+12	110 28 58	110 26 48	110 26 52	73°42′01″ 72°44′51″ 39°45′41″
		D	150 14 51	330 14 43	+8	150 14 47	150 12 37	150 12 33	
		A	0 02 18	180 02 08	+10	0 02 13			
	2	A	90 03 30	270 03 22	+8	(90 03 24) 90 03 26	0 00 00		
		B	127 45 28	307 45 24	+4	127 45 26	37 42 02		
		C	200 30 24	20 30 18	+6	200 30 21	110 26 57		
		D	240 15 57	60 15 49	+8	240 15 53	150 12 29		
		A	90 03 25	270 03 18	+7	90 03 22			

(1)计算二倍视准轴误差 $2c$ 值：同一方向，盘左和盘右读数之差，即 $2c$ ＝盘左读数－(盘右读数±180°)，表中第一测回目标 B 的 $2c$ ＝37°44′15″－(217°44′05″－180°)＝＋10″。将各方向 $2c$ 值记入表的第 6 栏中。

同一测回各方向 $2c$ 互差：对于 J_2 型经纬仪不应超过 13″；J_6 经纬仪一般没有 2c 互差的规定。

(2)计算各方向的平均值：如 $2c$ 互差在规定的范围以内，取同一方向盘左和盘右的平均值，就是该方向的方向值：

方向值＝1/2［盘左读数＋(盘右读数±180°)］

例如，起始目标 A 的方向值为 0°02′06″，由于归零，另有一个方向值为 0°02′13″，因此取两个方向值的平均值 0°02′10″，作为目标 A 的最后方向值，记入表中第 7 栏的第一行目标 A 的方向值上面的括号里。

(3)计算归零后的方向值：将起始方向值换算为 0°00′00″，即从各方向值的平均值中减去起始方向值的平均值，即得各方向的“归零后方向值”，填入表中第 8 栏相应位置。

(4)计算各测回归零后方向值的平均值：各测回中同一方向归零后的方向值较差限差：J_6 级经纬仪为 24″；J_2 级经纬仪为 9″。当观测结果在规定的限差范围内时，取各测回方向的平均值作为该方向的最后结果，填入表中第 9 栏相应位置。

最后根据各测回归零后方向值的平均值计算各水平角的角值并注于备注栏简图上。

(三)注意事项

1. 一测回观测过程中，当水准管气泡偏离值大于 1 格时，应整平后重测。

2. 同一测回观测时，切勿变动或碰动复测扳手和度盘变换手轮，以免发生错误；一测回内不得重新整平仪器，但测回间可以重新整平仪器。

思考与训练

1. 上半测回归零差超限是否还应继续观测下半测回？归零差的超限是什么原因造成的？

2. 在一个测站上，当观测目标为 3 个时，用全圆方向法观测水平角可以不归零，而多于 3 个观测目标时必须归零，为什么？

3.在一测回观测过程中，发现水准管气泡已偏离了1格以上，是调整气泡后继续观测，还是必须重新观测？为什么？

4.说明下列各部件或操作螺旋的用途。

(1)水平制动螺旋和微动螺旋；

(2)望远镜制动螺旋和微动螺旋；

(3)复测机构、测微手轮；

(4)竖盘指标水准管及其微动螺旋。

5.完成表2-31全圆方向观测法观测水平角的计算。

全圆方向法观测手簿 表2-31

测站	测回数	目标	水平度盘读数 盘左 (° ′ ″)	水平度盘读数 盘右 (° ′ ″)	2c=左－(右±180°) (° ′ ″)	平均读数 (° ′ ″)	归零后方向值 (° ′ ″)	各测回归零后方向平均值 (° ′ ″)	略图及角值
O	1	A	0 02 30	180 02 36					
		B	60 23 36	240 23 42					
		C	225 19 06	45 19 18					
		D	290 14 54	110 14 48					
		A	0 02 36	180 02 42					
	2	A	90 03 30	270 03 24					
		B	150 23 48	330 23 30					
		C	315 19 42	135 19 30					
		D	20 15 06	200 15 00					
		A	90 03 24	270 03 18					

6.在进行方向观测法观测时，归零差、2c互差、化归同一方向后同一方向值各测回较差等的含义是什么？

技能测试五　竖直角测量及竖盘指标差检验

【测试核心技能】

1. 经纬仪的正确使用。
2. 竖直角测量的方法(包括观测、记录与计算)。
3. 竖盘指标差的概念与检验。

【测试题目与内容】

竖直角测量及竖盘指标差检验。
用 DJ_6 型光学经纬仪测量竖直角。

【测试时间】

30 分钟。

【测试条件(情景)】

1. 仪器、工具：DJ_6 型光学经纬仪 1 台、脚架 1 个、测钎若干、记录夹 1 个、测伞 1 把。

2. 在测区地面上任意选择四个点 O、A、B、C，分别打入木桩，桩顶钉小钉表示点位。要求 O 点距离 A 点、B 点和 C 点约 100m 左右，且各距离有所不同。设置各点高程有明显区别。

【测试要求及评分标准】

1. 严格按操作规程作业。

2. 要求对中误差＜3mm，整平误差＜1 格，两测回的竖直角及指标差互差均小于 24″。

3. 记录、计算完整、整洁，无错误；数据记录、计算均应填写在相应的《测试报告》中，记录表不可用橡皮擦修改，记录表以外的数据不作为考核结果。

4. 要求测量三个目标。

5. 评分标准见表 2-32。

测试评分标准(百分制)　　表 2-32

序 号	测 试 内 容	评 分 标 准	配 分
1	工作态度	仪器工具轻拿轻放,搬仪器动作规范,装箱正确	10
2	仪器操作	操作熟练、规范、方法步骤正确、不缺项	30
3	读数	读数正确、规范	10
4	记录	记录正确、规范	10
5	计算	计算快速准确、规范,计算检核正确	10
6	精度	精度符合要求	20
7	综合印象	动作规范、熟练、文明作业	10
合计			100

6. 评分奖罚说明

(1)测试时间为评分的主要依据之一,提前完成者给予适当奖分,奖分参考标准分四个等级,如表 2-33 所示;测试时间不得超过规定时间(30 分钟)。

表 2-33

提前时间	20 分钟以上	15 分钟以上	10 分钟以上	5 分钟以上
参考奖分	30 分	20 分	10 分	5 分

(2)根据卷面整洁情况,扣 0～5 分(记录划去 1 处扣 1 分,合计不超过 5 分)。

(3)如发生仪器事故或严重违反操作规程等现象,停止测试,成绩以不合格论处。

(4)对中误差及整平误差如不符合要求,酌情扣 5～8 分。

【测试说明及注意事项】

1. 测试准备工作:自备计算用纸、笔(钢笔或圆珠笔)、计算器等必要工具,抽题。

2. 竖直角测量及竖盘指标差检验技能测试将提供《竖直角测量及竖盘指标差检验技能测试报告》(表 2-34、表 2-35)给考生,测试结束后考生将该报告作为成果交回。

3. 测试过程中,派 2 名辅助人员配合考生完成测试任务。

4. 测试过程中任何人不得提示,考生应独立完成全部工作。

5. 主考人有权随时检查是否符合操作规程及技术要求,但应相应折减所影响的时间。

6.若有作弊行为，一经发现一律按零分处理，不得参加补考。

7.测试时间自领取仪器开始，至递交成果与仪器终止。

8.评分标准参见相关表格。

【测试报告】

竖直角测量及竖盘指标差检验技能测试报告 表 2-34

考评日期：________ 姓名：________ 成绩：________ 考评员：________

测试题目	竖直角测量及竖盘指标差检验		
主要仪器及工具			
天气		仪器号码	

竖直角测量及竖盘指标差检验手簿 表 2-35

测　站	目　标	竖 盘 位 置	竖盘读数 (° ′ ″)	指标差	竖直角 (° ′ ″)	备　注

【测试成绩评定表】

测试成绩评定表(表 2-36)用于考评员给考生评定成绩，最后连同考生《测试报告》归档保存。

测试成绩评定表　　表 2-36

考生姓名：______　考评日期：______　开始时间：______　结束时间：______

测试内容	配分	操作要求及评分标准	扣分	得分	监考教师评分依据记录
工作态度	10	仪器工具轻拿轻放，搬仪器动作规范，装箱正确			
仪器操作	30	操作熟练、规范、方法步骤正确、不缺项			
读数	10	读数正确、规范			
记录	10	记录正确、规范			
计算	10	计算快速准确、规范，计算检核正确			
精度	20	精度符合要求			
综合印象	10	动作规范、熟练、文明作业			
合计		标准分：100			
总扣分及说明					
最后得分		考评员签字		主考人签字	

【其他变数与说明】

1. 其他变数

(1)目标数可以改变以调整测试工作量的大小。

(2)仪器可以变换成 DJ_2 型光学经纬仪；也可以变换成电子经纬仪进行测试。此时，测试用时可以适当调整。

2. 技能的用途：用于竖直角测量，是竖直角测量的主要方法。

【测试辅导】

一 竖直角测量原理

竖直角是在同一竖直面内，一点到目标的方向线与水平线之间的夹角，又称倾角，用 α 表示。如图 2-26 所示，方向线在水平线上方，竖直角为仰角，在其角值前加“+”；方向线在水平线下方，竖直角为俯角，在其角值前加“-”。竖直角的角值范围为0°～±90°。

竖直角是利用其竖直度盘来度量的。望远镜照准目标的方向线与水平线分别在竖直度盘上有对应读数，两读数之差即为竖直角的角值。由于在过O点的铅垂线上不同的位置设置竖直度盘时，所测竖直角值不同，所以应引起注意，必要时需要量仪器高和目标高。

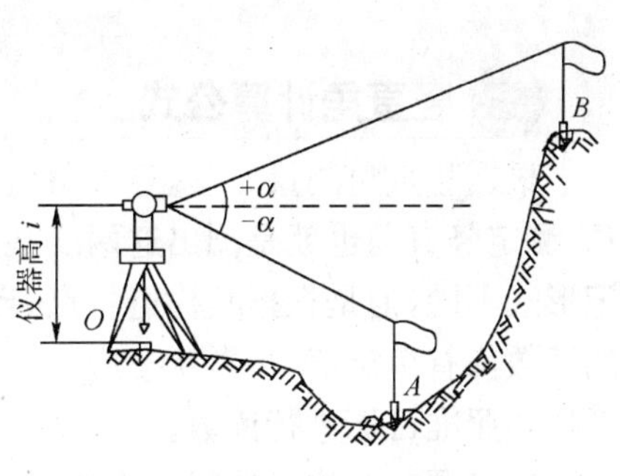

图2-26　竖直角测量原理

二 竖直度盘的构造

如图2-12、图2-27所示，光学经纬仪竖直度盘的构造包括竖直度盘、竖盘读数指标、竖盘指标水准管和竖盘指标水准管微动螺旋。

竖直度盘固定在望远镜水平轴的一端，与水平轴垂直，且二者中心重合。望远镜与竖直度盘固连在一起，当仪器整平后，竖直度盘随望远镜在竖直面内转动；而竖盘读数指标固定于指定位置，不随望远镜转动。

竖盘读数指标与竖盘指标水准管固连在一起，通过竖盘指标水准管的微动螺旋，使水准管气泡居中，指标处于正确位置。

光学经纬仪的竖直度盘也是由玻璃制成，其度盘刻划按0°～360°注记，其形式有顺时针和逆时针方向注记两种。如图2-28所示为顺时针方向注记。

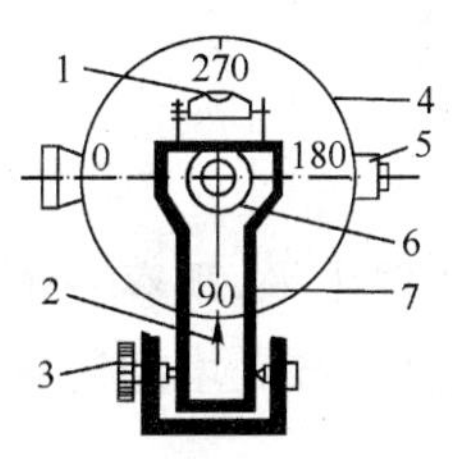

图2-27　竖直度盘的构造

1-竖盘指标水准管；2-竖盘指标；3-竖盘指标水准管微动螺旋；4-竖盘；5-望远镜；6-水平轴；7-框架

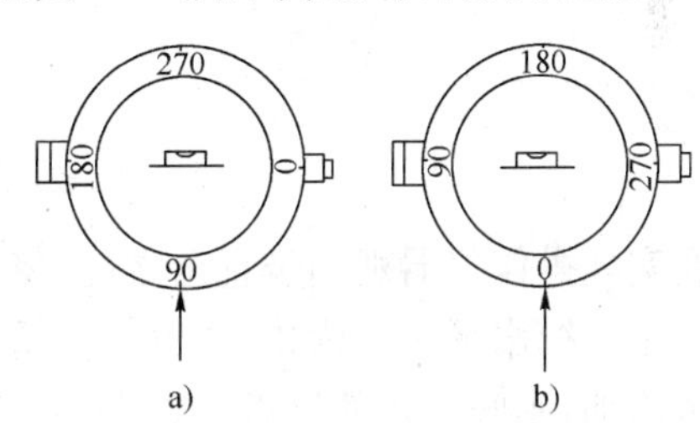

图2-28　竖直度盘刻度注记(盘左位置)

竖盘构造的特点是：当望远镜视线水平、竖盘指标水准管气泡居中时，盘左和盘右位置的竖盘读数均为90°或90°的整数倍。

三 竖直角计算公式

根据竖直角测量原理，竖直角是在同一竖直面内目标方向线与水平线的夹角，测定竖直角也就是测出这两线在竖直度盘上的读数差。尽管竖直度盘的注记形式不同，但是根据其构造特点，当视准轴水平时，不论是盘左还是盘右，竖盘的读数都有个定值，正常状态应该是 90°的整数倍。所以测定竖直角，实际上只对视线照准目标进行读数。

现以顺时针注记的竖盘为例来推导竖直角计算公式。如图 2-29 所示，设盘左时瞄准目标的读数为 L，盘右时瞄准目标的读数为 R，盘左和盘右位置所测竖直角分别用 α_L 和 α_R 表示，则其公式为：

$$\alpha_L = 90° - L \quad (2\text{-}1)$$

$$\alpha_R = R - 270° \quad (2\text{-}2)$$

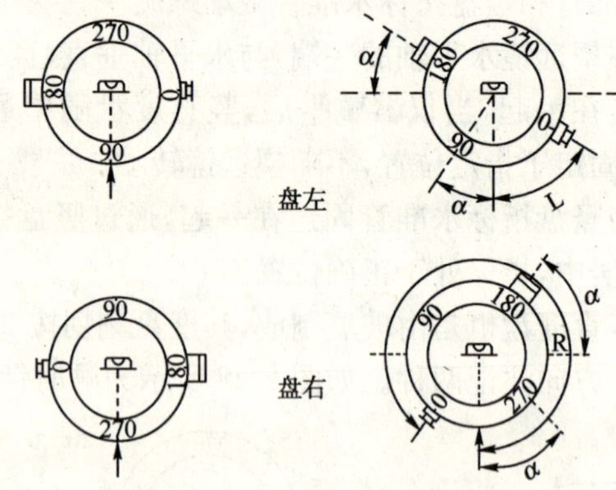

图 2-29　竖直角公式推导

在实际操作仪器观测竖直角之前，将望远镜大致放置水平，观察一个读数，首先确定视线水平时的读数；然后上仰望远镜，观测竖盘读数是增加还是减少，若读数增加，则竖直角的计算公式为：

$$\alpha = (\text{瞄准目标时的读数}) - (\text{视线水平时的读数})$$

若读数减少，则

$$\alpha = (\text{视线水平时的读数}) - (\text{瞄准目标时的读数})$$

四 竖直角观测

如图 2-26 所示，竖直角的观测、记录和计算步骤如下：

1. 准备工作，在测站点 O 安置经纬仪(包括对中和整平)，按前述方法确定仪器竖直角计算公式，为方便应用，可将公式记录于竖直角观测手簿(表 2-37)备注栏中。

2. 盘左位置，调焦与照准目标 A，使十字丝横丝精确地切于目标顶端。转动竖盘指标水准管微动螺旋，使水准管气泡严格居中，然后读取竖盘读数 L，设为 97°12′00″，记入竖直角观测手簿(表 2-37)。

竖直角观测手簿 表 2-37

测　站	目　标	竖盘位置	竖盘读数	半测回竖直角	指标差	一测回竖直角	备　注
1	2	3	4	5	6	7	8
O	A	左	97°12′00″	−7° 12′ 00″	−18″	−7° 12′ 18″	
		右	262°47′24″	−7° 12′ 36″			
O	B	左	78°12 ′36″	11° 47′ 24″	−21″	11° 47′03″	
		右	281°46′42″	11 °46 ′42″			

3. 盘右位置，重复步骤 2，设其读数 R 为 264°36′48″。

4. 根据竖直角计算公式计算，得：

$$\alpha_L = 90° - L = 90° - 97°12'00'' = -7°12'00''$$

$$\alpha_R = R - 270° = 262°47'24'' - 270° = -7°12'36''$$

那么一测回竖直角为：

$$\alpha = 1/2(-7°12'00'' - 7°12'36'') = -7°12'18''$$

将计算结果分别记入手簿，其角值为负，显然是俯角。同理观测目标 B，其结果是正值，说明是仰角。

5. 计算竖盘指标差：

$x=\dfrac{1}{2}(\alpha_L+\alpha_R)=\dfrac{(L+R)-360°}{2}$，当 x 大于 1′时，则需校正。

注意在竖角观测中，每次读数前必须使竖盘指标水准管气泡居中，才能正确读数。为防止遗忘并加快施测速度，有些厂家生产的经纬仪，其竖盘指标采用自动补偿装置，其原理与自动安平水准仪补偿器基本相同，从而明显提高了竖角观测的速度和精度。

五 竖盘指标差

在竖角计算公式中，认为当视准轴水平、竖盘指标水准管气泡居中时，竖盘读数应是 90°的整数倍。但是实际上这个条件往往不能满足，竖盘指标常常偏离正确位置，这个偏离的差值 x 角，称为竖盘指标差。竖盘指标差 x 有正、有负，一般规定当竖盘指标偏移方向与竖盘注记方向一致时，x 取正号，反之 x 取负号。

如图 2-30 所示盘左位置，由于存在指标差，其正确的竖直角计算公式为：

$$\alpha = (90^\circ + x) - L = \alpha_L + x \text{ 或 } \alpha = 90^\circ - (L - x) = \alpha_L + x \quad (2\text{-}3)$$

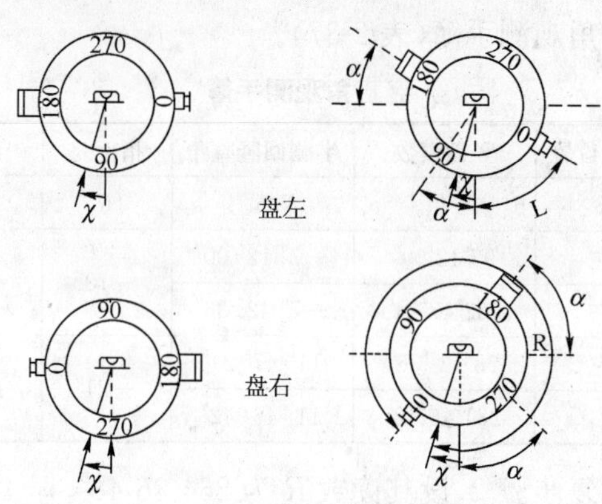

图 2-30　竖盘指标差

同理，如图 2-30 所示盘右位置，其正确的竖直角计算公式为：

$$\alpha = (R - x) - 270^\circ = \alpha_R - x \text{ 或 } \alpha = R - (270^\circ + x) = \alpha_R - x \quad (2\text{-}4)$$

式(2-3)和式(2-4)相加，并除以 2，得：

$$\alpha = 1/2(R - L - 180^\circ) = 1/2(\alpha_L + \alpha_R) \quad (2\text{-}5)$$

由此可见，在竖角测量时，用盘左、盘右法测竖直角可以消除竖盘指标差的影响。

将式(2-3)和式(2-4)相减，得：

$$2x = (R + L) - 360^\circ \quad (2\text{-}6)$$

$$x = 1/2[(R + L) - 360^\circ] \quad (2\text{-}7)$$

式(2-7)为竖盘指标差的计算式。指标差互差，即所求指标差之间的差值可以反映观测成果的精度。有关规范规定：竖直角观测时，指标差互差的限差，DJ_2 型仪器不得超过±15″，DJ_6 型仪器不得超过±25″。

思考与训练

1. 天顶距与竖直角的关系是什么？

2. 经纬仪是否也能像水准仪那样提供一条水平视线？如何提供？若 DJ_6 型

经纬仪竖盘指标差为+36″,则竖盘读数为多少时才是一条水平视线?

3. 用盘左、盘右观测一个目标的竖直角,其值相等吗? 若不相等,说明了什么? 应如何处理?

4. 试述竖直角观测的步骤。

5. 完成表 2-38 的计算(注:盘左视线水平时指标读数为 90°,仰起望远镜读数减小)

竖直角观测手簿 表 2-38

测站	目标	竖盘位置	竖盘读数 (° ′ ″)	半测回竖角 (° ′ ″)	指标差 (″)	一测回竖角 (° ′ ″)	备 注
O	A	左	78 18 18				
		右	281 42 00				
	B	左	91 32 36				
		右	268 27 30				

6. 观测水平角时,为什么要求竖盘指标水准管气泡要居中? 旋转竖盘指标水准管微动螺旋时,竖盘读数是否在变? 望远镜的十字丝是否移动? 为什么?

7. 何谓竖盘指标差? 观测竖直角时如何消除竖盘指标差的影响?

8. 竖盘自动归零装置有什么作用? 如何使用?

技能测试六　DJ_6 型光学经纬仪的检验与校正

【测试核心技能】

1. 经纬仪的正确使用。
2. 经纬仪的检验与校正。

【测试题目与内容】

经纬仪的检验与校正。

检验 DJ_6 型光学经纬仪各条轴线之间的关系是否满足要求，如不满足要求，进行校正，直到满足要求。

【测试时间】

120 分钟。

【测试条件（情景）】

1. 仪器、工具：DJ_6 型光学经纬仪 1 台、脚架 1 个、校正针 1 根、旋具 1 把、记录夹 1 个、花杆 2 根、三角板一对、皮尺 1 把。

2. 场地要求：选择一墙壁，墙面垂直、清洁以便于在墙上选择清晰高点和标志点位，墙体前有一定空地，便于安置仪器和安放照准标志。

【测试要求及评分标准】

1. 严格按操作规程作业。

2. 观测、记录、计算和相关叙述内容应完整、整洁，无错误，并按要求记录在相应的《测试报告》中，记录表以外的数据与文字不作为考核结果。

3. 对于 DJ_6 型光学经纬仪来说，i 角值不得大于 20″，如果超限，则需要校正。

4. 评分标准见表 2-39。

5. 评分奖罚说明

测试评分标准(百分制) 表 2-39

序号	测 试 内 容	评 分 标 准	配分
1	工作态度	仪器工具轻拿轻放,搬仪器动作规范,装箱正确,操作熟练、规范	10
2	安置经纬仪	脚架架头大致水平,仪器完成粗平	5
3	一般性检验	是否全面完整	5
4	照准部水准管检校	检验与校正方法、过程、记录是否正确	10
	(1)照准部水准管检验	是否需要校正,判断是否正确	
	(2)照准部水准管校正	校正结果如何	
5	十字丝竖丝检校	检验与校正方法、过程、记录是否正确	10
	(1)十字丝竖丝的检验	是否需要校正,判断是否正确	
	(2)十字丝竖丝的校正	校正结果如何	
6	视准轴与横轴的检校	场地选择是否合适,检验与校正方法、过程、记录计算是否正确	20
	(1)视准轴与横轴的检验	是否需要校正,判断正确	
	(2)视准轴与横轴的校正	校正结果如何	
7	横轴与竖轴的检验与校正	场地选择是否合适,检验与校正方法、过程、记录计算是否正确	10
	(1)横轴与竖轴的检验	是否需要校正,判断正确	
	(2)横轴与竖轴的校正	校正结果如何	
8	竖盘指标差的检验与校正	检验与校正方法、过程、记录计算是否正确	20
	(1)竖盘指标差的检验	是否需要校正,判断正确	
	(2)竖盘指标差的校正	校正结果如何	
9	结论及综合印象	结论是否正确;动作规范、熟练、文明作业	10
合计			100

(1)测试时间为评分的主要依据之一,提前完成者给予适当奖分,奖分参考标准分四个等级,如表 2-40 所示;测试时间不得超过规定时间(120 分钟)。

表 2-40

提前时间	40 分钟以上	30 分钟以上	20 分钟以上	10 分钟以上
参考奖分	30 分	20 分	10 分	5 分

(2)根据卷面整洁情况,扣 0~5 分。(数据记录划去 1 处扣 1 分,叙述部分酌情扣分,合计不超过 5 分)

(3)如发生仪器事故或严重违反操作规程等现象,停止测试,成绩以不合格论处。

【测试说明及注意事项】

1. 测试准备工作:自备计算用纸、笔(钢笔或圆珠笔)、计算器等必要工具,抽题。

2. DJ_6 型光学经纬仪的检验与校正技能测试将提供《DJ_6 型光学经纬仪的检验与校正技能测试报告》(表 2-41、表 2-42)给考生,测试结束后考生将该报告作为成果交回。

3. 测试过程中,派 2 名辅助人员配合考生完成测试任务。

4. 测试过程中任何人不得提示,考生应独立完成全部工作。

5. 主考人有权随时检查是否符合操作规程及技术要求,但应相应折减所影响的时间。

6. 若有作弊行为,一经发现一律按零分处理,不得参加补考。

7. 测试时间自领取仪器开始,至递交成果与仪器终止。

8. 评分标准参见表 2-44。

【测试报告】

DJ_6 型光学经纬仪的检验与校正技能测试报告 表 2-41

考评日期:______ 姓名:______ 成绩:______ 考评员:______

测试题目	DJ_6 型光学经纬仪的检验与校正		
主要仪器及工具			
天气		仪器号码	

竖直角测量及竖盘指标差检验手簿 表 2-42

1. 一般性检验结果是:三脚架(　　　　),水平制动与微动螺旋(　　　　),望远镜制动与微动螺旋(　　　　),照准部转动(　　　　),望远镜转动(　　　　),望远镜成像(　　　　),脚螺旋(　　　　),其他螺旋(　　　　)

续上表

2.水准管轴的检验	水准管平行一对脚螺旋时气泡位置图	照准部旋转 180 度后气泡的位置图	照准部旋转 180 度后气泡应有的正确位置图	是否需要校正

3.十字丝纵丝的检验	检验开始时望远镜视场图	检验终了时望远镜视场图	正确的望远镜视场图	是否需要校正

4.视准轴的检验		仪器安置点	目标	盘位	水平度盘读数	平均读数
	盘左盘右读数法	*A*	*G*	左		
				右		
		检验	计算 $2c=左-(右\pm180°)$			
			是否需要校正			

5.横轴的检验	仪器安置点	目标	盘位	竖直度盘读数	平均读数
	A （竖直角大于 30 度）	*M*	左		
			右		
	检验	计算 $i=\frac{\Delta\cot\alpha}{2S}\rho$　式中：$\alpha=\frac{1}{2}(\alpha_{左}-\alpha_{右})$			
		是否需要校正			

6.竖盘指标差检验	仪器安置点	目标	盘位	竖盘读数	竖直角
	A	*G*	左		
			右		
	检验	计算指标差			
		是否需要校正			

续上表

7.校正方法简述	水准管轴	
	十字丝纵丝	
	视准轴	
	横轴	
	指标差	
8.结论		

【测试成绩评定表】

表2-43用于考评员给考生评定成绩,最后连同考生《测试报告》归档保存。

测试成绩评定表　　表2-43

考生姓名:________ 考评日期:________ 开始时间:________ 结束时间:________

测 试 内 容	配分	操作要求及评分标准	扣分	得分	监考教师评分依据记录
工作态度	10	仪器工具轻拿轻放,取放、搬动仪器动作规范,操作熟练、规范			
安置经纬仪	5	脚架架头大致水平,仪器粗平			
一般性检验	5	是否全面完整			

续上表

测 试 内 容	配分	操作要求及评分标准	扣分	得分	监考教师评分依据记录
照准部水准管检校	10	检验与校正方法、过程、记录是否正确			
(1)照准部水准管检验		是否需要校正,判断是否正确			
(2)照准部水准管校正		校正结果如何			
十字丝竖丝检校	10	检验与校正方法、过程、记录是否正确			
(1)十字丝竖丝的检验		是否需要校正,判断是否正确			
(2)十字丝竖丝的校正		校正结果如何			
视准轴与横轴的检校	20	场地选择是否合适,检验与校正方法、过程、记录计算是否正确			
(1)视准轴与横轴的检验		是否需要校正,判断正确			
(2)视准轴与横轴的校正		校正结果如何			
横轴与竖轴的检验与校正	10	场地选择是否合适,检验与校正方法、过程、记录计算是否正确			
(1)横轴与竖轴的检验		是否需要校正,判断正确			
(2)横轴与竖轴的校正		校正结果如何			
竖轴指标差的检验与校正	20	检验与校正方法、过程、记录计算是否正确			
(1)竖轴指标差的检验		是否需要校正,判断正确			
(2)竖轴指标差的校正		校正结果如何			
结论及综合印象	10	结论是否正确;动作规范、熟练、文明作业			
合计		标准分:100			
总扣分及说明					
最后得分		考评员签字		主考人签字	

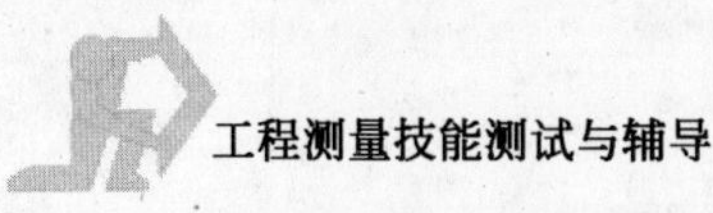

考评单项配分参考表 表2-44

项目	考核内容及时间		操作技术要求及评分标准	配分
水平轴垂直于竖轴的检验	场地选择(5分)	测点选择	便于安置仪器,周围应有一定余地,便于观测。合适得3分,不当扣1～1.5分	3
		墙壁选择	测点到墙体大约20～30m垂直距离,不当扣1分	3
		高点的选择	高点应清晰,仪器测得倾角在20°左右。合适得3分,不当扣1～1.5分	3
	仪器整置与操作(10分)	架腿安置	高度适中,架头粗平,架腿踩实。每缺一项或不适扣0.5～1分	3
		开箱取仪器	先松制动后取仪器,关箱。未做或不当扣1分	3
		整平	方法正确1分,熟练1分,整平精度高1分,不当扣1分	3
		卸仪器	开箱,松制动,卸仪器,仪器放置正确,关制动。缺项或不当扣1～2分	3
		各螺旋使用	使用中部,用力适度。操作不当扣1～2分	3
		爱护仪器	操作方法规范1.5分,文明作业1.5分,不当扣1分	3
	水平轴垂直于竖轴的检验(25分)	原理和方法	检验操作方法正确,过程熟练得18分。方法正确但不太熟练扣3～5分,方法不正确经提醒后方可完成检验扣5～8分;若提醒后仍无法正常检验不得分	18
		水平位置的选择	由高点投下来应在视线水平位置上,水平位置投下的高位正确得4分,若位置不水平或不当扣1～2分	4
		各量的观测	观测应先盘左后盘右,瞄得准确,投得正确,竖直角观测正确得18分,每缺一项扣3分	18
		丈量测站到墙壁距离	用皮尺量取测站到墙壁距离,取到分米即可。正确得4分,方法不当、数值有误扣2～3分,不丈量不得分	4
		记录	清晰、准确、美观。准确3分,清晰美观3分,不佳扣1～2分	6
		计算	通过观测数据进行i角计算。计算使用公式正确,计算数据准确得18分。计算方法有误扣4～6分,计算后果有误扣3～5分	18
		成果分析	与规范比较,有评价。正确得6分,有误扣2～3分	5
合计				100分

【其他变数与说明】

1.根据具体条件,降低测试难度方法:不要求校正操作,而改成填表叙述或面试口答校正过程。

2.测试过程中,如果测评员等资源条件有限,根据具体条件,也可以要求考生把检验过程描述于测试报告中。

3.本项技能的用途:每项测量工作开始前,检查判断所用仪器是否处于良好状态,即仪器误差是否处于规定允许范围之内,如超限,进行校正操作或送仪器检修校正单位校正,确保使用仪器处于良好状态。

4.一般规定,工程所用测量仪器每年要求至少检校一次,并由有仪器检修校正资质的单位出具检校证明,以备工程质量保证检查。

【测试辅导】

一 经纬仪的主要轴线及其应满足的几何关系

(一)经纬仪的主要轴线

如图2-31所示,经纬仪的主要轴线有:竖轴(VV)、横轴(HH)、视准轴(CC)和水准管轴(LL)。

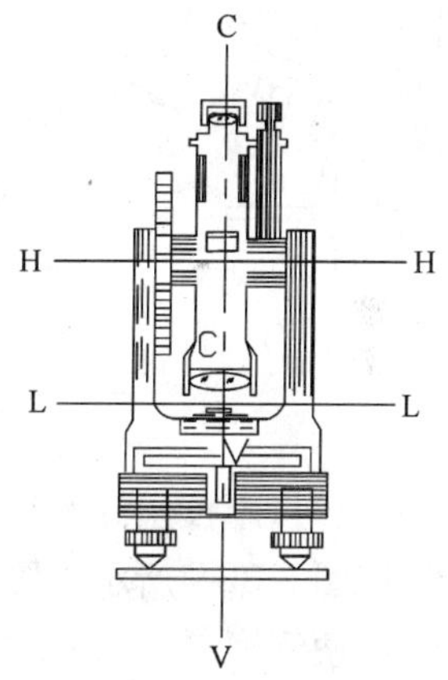

图2-31 经纬仪的主要轴线

(二)经纬仪各轴线间应满足的几何关系

1.水准管轴应垂直于竖轴(LL⊥VV);

2.十字丝纵丝应垂直于水平轴;

3.视准轴应垂直于水平轴(CC⊥HH);

4.水平轴应垂直于竖轴(HH⊥VV);

5.望远镜视准轴水平、竖盘指标水准管气泡居中时,指标读数应为90°的整倍数,即竖盘指标差为零。

经纬仪在出厂时,上述几何条件是满足的。但是,由于仪器长期使用或受到碰撞、震动等影响,均能导致轴线位置发生变化。所以,在正式作业前,应对经纬仪进行检验,如发现上述几何关系不满足,必须校正,直到满足为止。

二 经纬仪的检验与校正

一般检查按测试报告所列项目进行。

(一)照准部水准管轴的检验与校正

1. 检验

首先利用圆水准器粗略整平仪器,然后转动照准部使水准管平行于任意两个脚螺旋的连线方向,调节这两个脚螺旋使水准管气泡居中,再将仪器旋转180°,如水准管气泡仍居中,说明水准管轴与竖轴垂直;若气泡不再居中,则说明水准管轴与竖轴不垂直,需要校正。

2. 校正

如图 2-32a)所示,设竖轴与水准管轴不垂直,偏离了 α 角,则当仪器绕竖轴旋转 180°后,竖轴不垂直于水准管轴的偏角为 2α,如图 2-32b)所示。

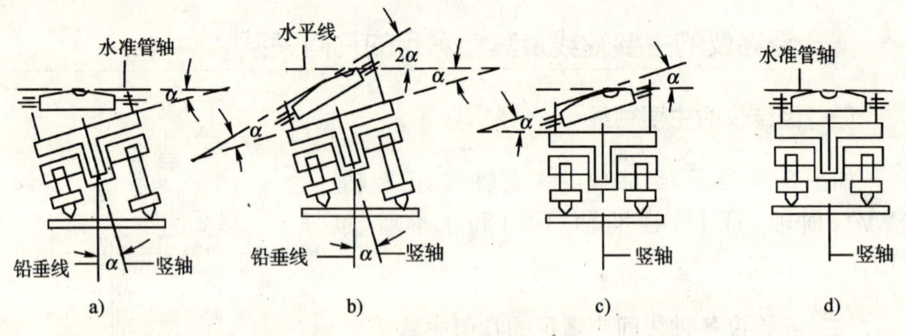

图 2-32 水准管轴的检验与校正

校正时,用校正针拨动水准管一端的校正螺丝,使气泡回到偏离中心位置的一半,即图 2-32c)所示位置,此时水准管轴与竖轴垂直,然后再相对转动这两只脚螺旋,使气泡居中,如图 2-32d)。

此项检校需要反复进行,直至仪器旋转到任意方向,气泡仍然居中或偏离零点不大于半格为止。

(二)十字丝纵丝的检验与校正

1. 检验

首先整平仪器,用十字丝纵丝的上端或下端精确照准远处一明显的目标点,如图 2-33 所示,然后制动照准部和望远镜,转动望远镜微动螺旋使望远镜绕横轴作微小俯仰，如果目标点始终在纵丝上移动，说明条件满足，如图 2-33a)所示；否则需要校正，如图 2-33b)所示。

2. 校正

常见结构如图 2-34 所示，是将装有十字丝环的目镜筒用压环和四个压环螺丝与望远镜筒相连接。校正时，先旋下目镜分划板护盖，松开四个压环螺丝，转动目镜筒，使目标点在望远镜上下俯仰时始终在十字丝纵丝上移动为止，最后将压环螺丝拧紧，拧上护盖。

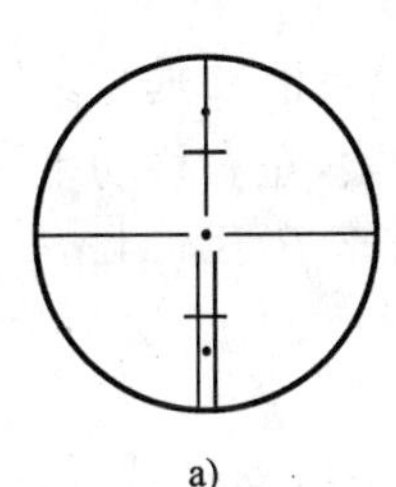

a)

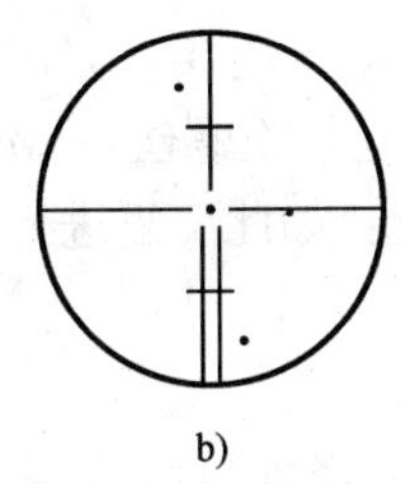

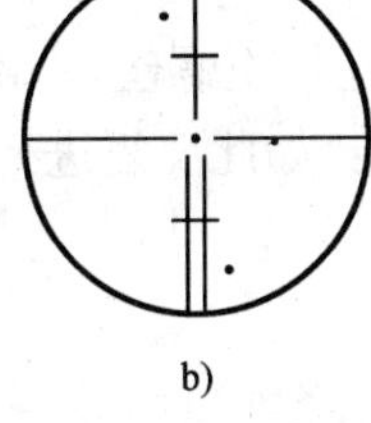

b)

图 2-33 十字丝纵丝的检验

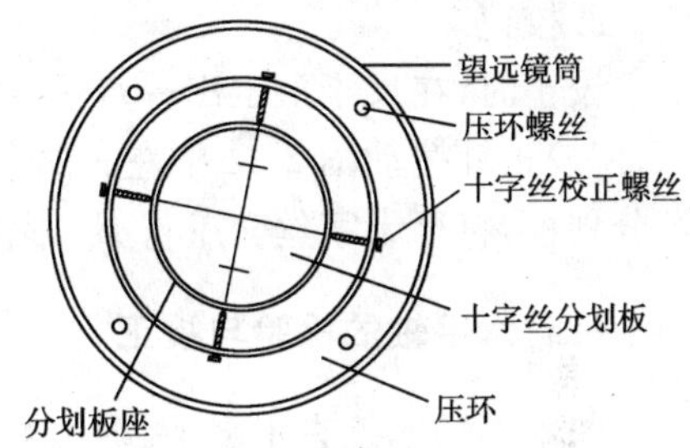

图 2-34 十字丝纵丝的校正

(三)望远镜视准轴的检验与校正

这个误差通常认为是由于十字丝交点在望远镜筒内的位置不正确而产生的。

检校方法一：

1. 检验

整平仪器后，盘左瞄准远处与仪器同高的目标点 A，读取水平度盘度数 L_A；再盘右瞄准 A 点，读取水平度盘度数 R_A，若 $R_A=L_A\pm180°$，则说明视准轴垂直于横轴，否则，存在视准轴误差 c。视准轴误差 $c=\frac{1}{2}[R_A-(L_A\pm180°)]$，若 c 大于 $1'$，则必须校正。

2. 校正

先计算盘右瞄准 A 时应有的正确读数 $R'_A=\frac{1}{2}[R_A+(L_A\pm180°)]$，转动水平微动螺旋，使水平度盘读数为 R'_A，此时十字丝纵丝将偏离目标点 A。然后旋下十字丝环护罩，用校正针拨动图 2-34 中左右两个十字丝校正螺丝，一松一紧，左右移动十字丝分划板，使十字丝纵丝精确瞄准目标 A。如此反复检校，直至视准轴误差 c 在 $\pm1'$之内。

检校方法二：

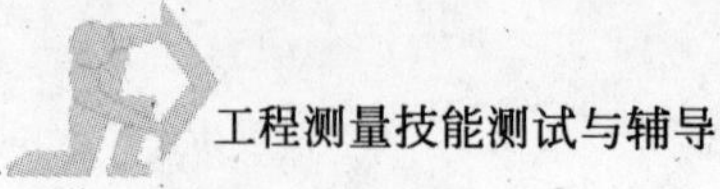

1. 检验

(1)在平坦地面上选择一条长约 100m 的直线 AB,将经纬仪安置在 A、B 两点的中点 O 处,并在 A 点设置一瞄准标志,在 B 点横放一根刻有毫米分划的尺子,使尺子与 OB 尽量垂直,标志、尺子应大致与仪器等高。

(2)用盘左瞄准 A 点,制动照准部,倒转望远镜在 B 点尺上定出 B_1 点。

(3)用盘右再瞄准 A 点,制动照准部,倒转望远镜再在 B 点尺上定出 B_2 点;若 B_1 点与 B_2 点重合,则说明条件满足。如果 $B_1B_2 > 4$cm,则必须校正。

2. 校正

校正时,在尺子上定出一点 B_3,使 $B_2B_3 = B_1B_2/4$,OB_3 便与横轴垂直。所以,用校正针拨动图 2-34 中左右两个十字丝校正螺丝,一松一紧,左右移动十字丝分划板,直至十字丝交点与 B_3 影像重合。如此反复进行,直至 $B_1B_2 \leqslant 4$cm。

(四)水平轴的检验与校正

若水平轴不垂直于竖轴,则仪器整平后竖轴虽已竖直,水平轴并不水平,因而视准轴绕倾斜的水平轴旋转所形成的轨迹是一个倾斜面。这样,当照准同一铅垂面内高度不同的目标点时,水平度盘的读数并不相同,从而产生测角误差,影响测角精度,因此必须进行检校,方法如下:

1. 检验

(1)在距一垂直墙面 20~30m 处,安置经纬仪,整平仪器,如图 2-35 所示。

(2)盘左位置,照准墙上部某一明显目标 P,仰角稍大于 30°为宜。

(3)然后制动照准部,放平望远镜在墙上标定 A 点。

(4)倒转望远镜成盘右位置,仍照准 P 点,再将望远镜放平,标定 B 点。

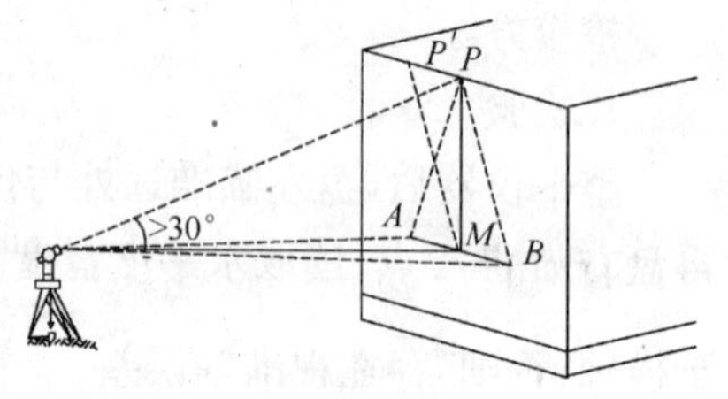

图 2-35 水平轴的检验

若 A、B 两点重合,说明水平轴是水平的,水平轴垂直于竖轴;否则,说明水平轴倾斜,水平轴不垂直于竖轴,需要校正。

2. 校正

(1)在墙上定出 A、B 两点连线的中点 M,仍以盘右位置转动水平微动螺旋,照准 M 点,转动望远镜,将望远镜上翘到和 P 点同高的位置,这时十字丝交点必然偏离 P 点,设为 P' 点。

(2)打开仪器支架的护盖,松开望远镜水平轴的校正螺丝,转动偏心轴承,升高或降低水平轴的一端，使十字丝交点准确照准 P 点，最后拧紧校正螺丝，盖上护盖。

由于光学经纬仪密封性好，仪器出厂时又经过严格检验，一般情况下水平轴不易变动。但测量前仍应加以检验，如有问题，最好送专业修理单位检修。

(五)竖盘指标差的检验与校正

1. 检验

安置仪器，用盘左、盘右两个镜位观测同一目标点，分别使竖盘指标水准管气泡居中，读取竖盘读数 L 和 R，用式(2-7)计算竖盘指标差 x，若 x 值超过 $1'$ 时，应进行校正。

2. 校正

先计算出盘右(或盘左)时的竖盘正确读数 $R_0=R-x$(或 $L_0=L-x$)，仪器仍保持照准原目标，然后转动竖盘指标水准管微动螺旋，使竖盘指标在 R_0(或 L_0)上，此时竖盘指标水准管气泡不再居中了，用校正针拨动水准管一端的校正螺丝，使气泡居中。

此项检校亦须反复进行，直至指标差小于规定的限度为止。

测量规范要求，在正式作业前，应对经纬仪进行检验和校正。仪器检校合格后方可使用。

(六)注意事项

1. 几个项目检验的顺序不能颠倒。各项校正后，校正螺丝应处于稍紧状态。
2. 选择测站时，最好应顾及视准轴与横轴两项检验。

思考与训练

1. 水平角观测采用盘左、盘右取平均值，是为了消除仪器的什么误差？能否消除仪器竖轴倾斜引起的误差？
2. 经纬仪有哪几条主要轴线？各轴线间应满足怎样的几何关系？
3. 检验视准轴应垂直于仪器竖轴时，为什么要选择一个与仪器水平视线同高的目标点？而检验仪器横轴应垂直于竖轴时，目标为什么要选高一点？
4. 用盘左校正指标差时，盘左的正确读数如何计？
5. 用盘右校正指标差时，盘右的正确读数如何算？
6. 当边长较短时，更要注意仪器的对中误差和瞄准误差对吗？为什么？

技能测试七 钢尺量距的一般方法

【测试核心技能】

1. 钢尺的正确使用。
2. 直线定线的方法。
3. 钢尺量距的方法与成果计算。

【测试题目与内容】

钢尺量距的一般方法。

目估定线，同时用钢尺进行两点之间水平距离的丈量，并完成外业测量与内业计算的全过程。

【测试时间】

30 分钟。

【测试条件（情景）】

1. 仪器与工具：30m 钢尺 1 把、花杆 3 根、测钎 1 束、木桩 3 个、斧头 1 把、记录板 1 块、书包 1 个。

2. 在实训场地相距 100～150m 的 A 点和 B 点各打一木桩，作为直线的端点桩，木桩上钉小铁钉或画十字线作为点位标志，木桩高出地面 2cm。A 点和 B 点之间场地以稍有起伏为好，但应该通视良好。

【测试要求及评分标准】

1. 严格按操作规程作业。
2. 记录、计算完整、整洁，无错误。
3. 数据记录、计算及成果计算均应填写在相应的《测试报告》中，记录表不可用橡皮擦修改，记录表以外的数据不作为考核结果。
4. 直线定线采用目估定线，精度要求：$K_{容} = 1/3\ 000$。
5. 评分标准见表 2-45。

测试评分标准(百分制)　　表 2-45

序　　号	测试内容	评分标准	配　　分
1	工作态度	仪器工具使用正确、团队协作意识等	10
2	操作过程	操作熟练、规范、方法步骤正确、不缺项	30
3	读数	读数正确、规范	10
4	记录	记录正确、规范	10
5	计算	计算快速准确、规范、齐全	10
6	精度	精度符合要求	20
7	综合印象	动作规范、熟练、文明作业	10
合计			100

6. 评分奖罚说明

(1)测试时间为评分的主要依据之一,提前完成者给予适当奖分,奖分参考标准分三个等级,如表 2-46 所示;测试时间不得超过规定时间(30 分钟)。

表 2-46

提前时间	20 分钟以上	10 分钟以上	5 分钟以上
参考奖分	30 分	15 分	5 分

(2)根据卷面整洁情况,扣 0～5 分(记录划去 1 处扣 1 分,合计不超过 5 分)。

【测试说明及注意事项】

1. 测试准备工作:自备计算用纸、铅笔、小刀、钢笔或圆珠笔、计算器等必要工具,抽题。

2. 钢尺量距的一般方法技能测试将提供《钢尺量距的一般方法技能测试报告》(表 2-47、表 2-48)给考生,测试结束后考生将该报告作为成果交回。

3. 测试过程中,派 2 名辅助人员配合考生完成测试任务。

4. 测试过程中任何人不得提示,考生应独立完成全部工作。

5. 主考人有权随时检查是否符合操作规程及技术要求,但应相应折减所影响的时间。

6. 若有作弊行为,一经发现一律按零分处理,不得参加补考。

7. 测试时间自领取测量器具开始,至递交成果与器具终止。

8. 评分标准参见表 2-49。

【测试报告】

钢尺量距的一般方法技能测试报告

表 2-47

考评日期：________ 姓名：________ 成绩：________ 考评员：________

测试题目	钢尺量距的一般方法		
主要测量器具			
天气		钢尺号码	

钢尺量距的一般方法记录与计算表

表 2-48

测量起止点	测量方向	整尺长（m）	整尺数	余长（m）	水平距离（m）	往返测较差（m）	平均距离（m）	精　度
A—B	往测							
	返测							
辅助计算备注								

【测试成绩评定表】

本表用于考评员给考生评定成绩，最后连同考生《测试报告》归档保存。

测试成绩评定表

表 2-49

考查姓名：________ 考评日期：________ 开始时间：________ 结束时间：________

测试内容	配　分	操作要求及评分标准	扣分	得分	监考教师评分依据记录
工作态度	10	仪器工具使用正确、团队协作意识等			
操作过程	30	操作熟练、规范、方法步骤正确、不缺项			
读数	10	读数正确、规范			
记录	10	记录正确、规范			
计算	10	计算快速准确、规范、齐全			

续上表

测试内容	配分	操作要求及评分标准	扣分	得分	监考教师评分依据记录
精度	20	精度符合要求			
综合印象	10	动作规范、熟练、文明作业			
合计		标准分:100			
总扣分及说明					
最后得分		考评员签字		主考人签字	

【其他变数与说明】

1. 一般采用边定线边丈量、整尺段加零尺段的方法，可视具体情况灵活掌握。

2. 根据测区难易程度，可以适当调整精度要求，如将 $K_{容}=1/3\ 000$ 调整为 $K_{容}=1/2\ 000$ 或 $K_{容}=1/5\ 000$。

3. 技能的用途：此方法为水平距离测量的基本方法。

【测试辅导】

一 丈量方法

丈量前，先清除直线上的障碍物后，一般由两人在两点间边定线边丈量，具体做法如下：

1. 如图 2-36 所示，量距时，先在 A、B 两点上竖立标杆（或测钎），标定直线方向，然后，后尺手持钢尺的零端位于 A 点的后面，前尺手持尺的末端并携带一束测钎，沿 AB 方向前进，至一尺段处时停止。

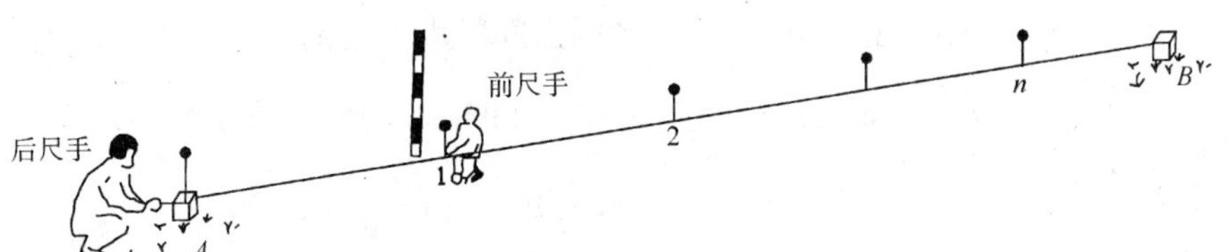

图 2-36　平坦地面的距离丈量

2. 后尺手以手势指挥前尺手将测钎插在 AB 方向上；后尺手以尺的零点对准 A 点，两人同时将钢尺拉紧、拉平、拉稳后，前尺手喊“预备”，后尺手将钢尺零点准确对准 A 点，并喊“好”，前尺手随即将测钎对准钢尺末端刻划竖直插入地面，得 1 点。这样便完成了第一尺段 A—1 的丈量工作。

3. 接着后尺手与前尺手共同持尺前进，后尺手走到 1 点时，即喊“停”。再用同样方法量出第二尺段 1—2 的丈量工作。然后后尺手拔起 1 点上的测钎，与前尺手共同持尺前进，丈量第三段。如此继续丈量下去，直到最后不足一整尺段 n—B 时，后尺手将钢尺零点对准 n 点测钎，由前尺手读 B 端点余尺读数，此读数即为零尺段长度 l'。这样就完成了由 A 点到 B 点的往测工作。从而得到直线 AB 水平距离的往测结果为

$$D_{往} = nl + l' \tag{2-8}$$

式中：n——整尺段数（即 A、B 两点之间所拔测钎数）；

l——钢尺长度；

l'——不足一整尺的零尺段长度。

为了校核和提高精度，一般还应由 B 点量至 A 点进行返测。最后，以往、返两次丈量结果的平均值作为直线 AB 最终的水平距离。以往、返丈量距离之差的绝对值 ΔD 与距离平均值 D 之比，并化为分子为 1 的分数，称为相对误差 K，作为衡量距离丈量的精度，即

AB 距离：

$$D_{平均} = \frac{1}{2}(D_{往} + D_{返}) \tag{2-9}$$

相对误差

$$K = \frac{|D_{往} - D_{返}|}{D_{平均}} = \frac{|\Delta D|}{D_{平均}} = \frac{1}{\dfrac{D_{平均}}{|\Delta D|}} \tag{2-10}$$

例如，由 30m 长的钢尺往返丈量 A、B 两点间的水平距离，丈量结果分别为：往测 4 个整尺段，零尺段长度为 9.98m，返测 4 个整尺段，零尺段长度为 10.02m。试校核丈量精度，并求出 A、B 两点间的水平距离。

$$D_{往} = nl + l' = 4 \times 30\text{m} + 9.98\text{m} = 129.98\text{m}$$

$$D_{返} = nl + l' = 4 \times 30\text{m} + 10.02\text{m} = 130.02\text{m}$$

AB 水平距离：

$$D_{平均} = \frac{1}{2}(D_{往} - D_{返}) = \frac{1}{2} \times (129.98 + 130.02) = 130.00\text{m}$$

相对误差：

$$K=\frac{|D_{往}-D_{返}|}{D_{平均}}=\frac{|129.98-130.02|}{130.00}=\frac{0.04}{130.00}=\frac{1}{3\,250}$$

相对误差分母愈大，则 K 值愈小，精度愈高；反之，精度愈低。量距精度取决于使用的要求和地面起伏情况，在平坦地区，钢尺量距一般方法的相对误差一般不应大于 1/3 000；在量距较困难的地区，其相对误差也不应大于 1/1 000。

二 钢尺量距注意事项

1. 钢尺量距的原理简单，但在操作上容易出错，要做到三清：

零点看清——尺子零点不一定在尺端，有些尺子零点前还有一段分划，必须看清；读数认清——尺上读数要认清 m，dm，cm 的注字和 mm 的分划数；尺段记清——尺段较多时，容易发生少记一个尺段的错误。

2. 钢尺容易损坏，为维护钢尺，应做到四不：不扭，不折，不压，不拖。用毕要擦净、涂油后才可卷入尺壳内。

3. 前、后尺手动作要配合好，定线要直，尺身要水平，尺子要拉紧，用力要均匀，待尺子稳定时再读数或插测钎。

4. 用测钎标志点位，测钎要竖直插下，前、后尺所量测钎的部位应一致。

5. 读数要细心，小数要防止错把 9 读成 6、或将 21.041 读成 21.014 等。

6. 记录应清楚，记好后及时回读，互相校核。

7. 量距越过公路时，不允许往来车辆碾压，以免损坏。

思考与训练

1. 哪些因素会对钢尺量距产生误差？应注意哪些事项？

2. 什么是直线定线？量距时为什么要进行直线定线？如何进行直线定线？

3. 丈量 A、B 两点水平距离，用 30m 长的钢尺，丈量结果为往测 4 尺段，余长为 10.250m，返测 4 尺段，余长为 10.210m，试进行精度校核，若精度合格，求出水平距离。（精度要求 $K_{容}=1/2\,000$）

技能测试八　钢尺量距的精密方法

【测试核心技能】

1. 钢尺的正确使用。
2. 尺长方程式的意义及其应用。
3. 钢尺量距的精密方法。
4. 钢尺量距的精密方法内业计算。

【测试题目与内容】

钢尺量距的精密方法。

采用经过检定以后的钢尺，通过三个改正数进行精密的钢尺量距，并完成外业测量与内业计算的全过程。

【测试时间】

90 分钟。

【测试条件（情景）】

1. 仪器与工具：30m 钢尺 1 把、木桩若干、小钉若干、斧头 1 把、水准仪一台、水准尺 2 根、经纬仪一台、温度计 1 支、记录板 1 块、书包 1 个、弹簧秤 1 个。

2. 在实训场地相距 60～80m 的 A 点和 B 点各打一木桩，作为直线的端点桩，木桩上钉小铁钉或画十字线作为点位标志，木桩高出地面 2cm。A 点和 B 点之间场地以稍有起伏为好，但应该通视良好。

【测试要求及评分标准】

1. 严格按操作规程作业。

2. 记录、计算完整、整洁，无错误。

3. 数据记录、计算及成果计算均应填写在相应的《测试报告》中，记录表不可用橡皮擦修改，记录表以外的数据不作为考核结果。

4. 直线定线采用经纬仪定线，精度要求：$K_{容} = 1/1\,000$ 。

5. 评分标准见表 2-50。

测试评分标准(百分制)　　表 2-50

序　号	测 试 内 容	评 分 标 准	配　分
1	工作态度	仪器工具轻拿轻放、动作规范、团队协作意识等	10
2	操作过程	操作熟练、规范、方法步骤正确、不缺项	20
3	读数	读数正确、规范	10
4	记录	记录正确、规范	10
5	计算	计算快速准确、规范、齐全	20
6	精度	精度符合要求	20
7	综合印象	动作规范、熟练、文明作业	10
合计			100

6. 评分奖罚说明

(1)测试时间为评分的主要依据之一,提前完成者给予适当奖分,奖分参考标准分三个等级,如表 2-51 所示;测试时间不得超过规定时间(90 分钟)。

表 2-51

提 前 时 间	30 分钟以上	20 分钟以上	10 分钟以上
参考奖分	30 分	20 分	10 分

(2)根据卷面整洁情况,扣 0～5 分(记录划去 1 处扣 1 分,合计不超过 5 分)。

(3)如发生仪器事故或严重违反操作规程等现象,停止测试,成绩以不合格论处。

【测试说明及注意事项】

1. 测试准备工作:自备计算用纸、铅笔、小刀、钢笔或圆珠笔、计算器等必要工具,抽题。

2. 钢尺量距的精密方法技能测试将提供《钢尺量距的精密方法技能测试报告》(表 2-52、表 2-53)给考生,测试结束后考生将该报告作为成果交回。

3. 测试过程中,派 3 名辅助人员配合考生完成测试任务。

4. 测试过程中任何人不得提示,考生应独立完成全部工作。

5. 主考人有权随时检查是否符合操作规程及技术要求,但应相应折减所影响的时间。

6. 若有作弊行为,一经发现一律按零分处理,不得参加补考。

7. 测试时间自领取测量器具开始，至递交成果与器具终止。

8. 评分标准参见表 2-54。

【测试报告】

钢尺量距的精密方法技能测试报告 表 2-52

考评日期：________ 姓名：________ 成绩：________ 考评员：________

测 试 题 目	钢尺量距的精密方法		
主要测量器具			
天气		钢尺号码	

钢尺量距的精密方法记录与计算表 表 2-53

钢尺号码：				钢尺膨胀系数：				钢尺检定时温度：		
钢尺名义长度 l_0：				钢尺检定长度 l'：				钢尺检定时拉力：		
尺段编号	实测次数	前尺读数(m)	后尺读数(m)	尺段长度(m)	温度(℃)	高差(m)	温度改正数(mm)	倾斜改正数(mm)	尺长改正数(mm)	改正后尺段长(m)
辅助计算										

【测试成绩评定表】

本表用于考评员给考生评定成绩，最后连同考生《测试报告》归档保存。

测试成绩评定表　　　　表 2-54

考生姓名:________　考评日期:________　开始时间:________　结束时间:________

测试内容	配　分	操作要求及评分标准	扣分	得分	监考教师评分依据记录
工作态度	10	仪器工具轻拿轻放、动作规范、团队协作意识等			
操作过程	20	操作熟练、规范、方法步骤正确、不缺项			
读数	10	读数正确、规范			
记录	10	记录正确、规范			
计算	20	计算快速准确、规范、齐全			
精度	20	精度符合要求			
综合印象	10	动作规范、熟练、文明作业			
合计		标准分:100			
总扣分及说明					
最后得分		考评员签字		主考人签字	

【其他变数与说明】

1. 根据使用要求,提出精度要求,如 $K_{容}=1/10\,000$、$K_{容}=1/18\,000$ 等。

2. 技能的用途:此方法为短距离水平距离丈量的基本方法,长距离水平距离测量目前一般采用光电测距法进行。

【测试辅导】

1. 准备工作

(1)清理场地

在欲丈量的两点方向线上,首先要清除影响丈量的障碍物,如杂物、树丛等,必要时要适当平整场地,使钢尺在每一尺段中不致因地面障碍物而产生挠曲。

(2)直线定线

精密量距用经纬仪定线。如图 2-37 所示,安置经纬仪于 A 点,照准 B 点,固定照准部,沿 AB 方向用钢尺进行概量,按稍短于一尺段长的位置,由经纬仪指挥打下木桩。桩顶高出地面约 10～20cm,并在桩顶钉一小钉,使小钉在 AB 直线上;或在木桩顶上包一铁皮(也可用铝片),并用小刀在铁皮上刻划十字线,

使十字线交点在 AB 直线上，小钉或十字线交点即为丈量时的标志。

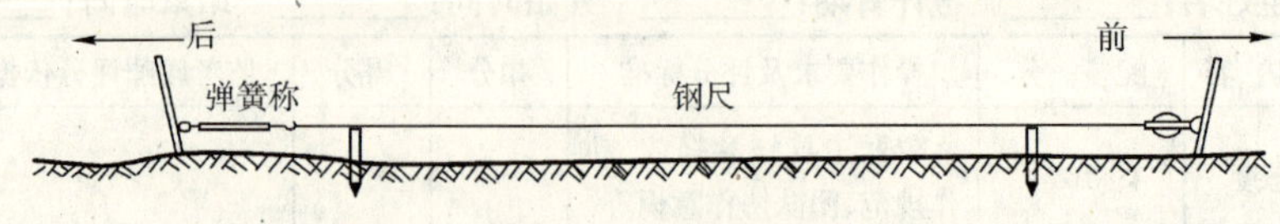

图 2-37 钢尺精密量距

(3)测桩顶间高差

利用水准仪，用双面尺法或往、返测法测出各相邻桩顶间高差。所测相邻桩顶间高差之差，相邻桩顶间两次高差不大于 10mm，可取两次高差的平均值作为相邻桩顶间的高差。以便将沿桩顶丈量的倾斜距离化算成水平距离。

2. 丈量方法

人员组成：两人拉尺，两人读数，一人测温度兼记录，共 5 人。

如图 2-37 所示，丈量时，后尺手挂弹簧秤于钢尺的零端，前尺手执尺子的末端，两人同时拉紧钢尺，把钢尺有刻划的一侧贴切于木桩顶十字线的交点，待弹簧秤指示钢尺检定时的标准拉力左右时，由后尺手发出“预备”口令，两人拉稳尺子，由前尺手喊“好”。在此瞬间，后尺手将弹簧秤指示准确调整为标准拉力，前、后读尺员同时读取读数，估读至 0.5mm，记录员依次记入手簿，见表 2-13，并计算尺段长度。

前、后移动钢尺一段距离，同法再次丈量。每一尺段测三次，读三组读数，由三组读数算得的长度之差要求不超过 2mm，否则应重测。如在限差之内，取三次结果的平均值，作为该尺段的观测结果。同时，每一尺段测量应记录温度一次，估读至 0.5℃。如此继续丈量至终点，即完成往测工作。完成往测后，应立即进行返测。为了校核，并使所量水平距离达到规定的精度要求，甚至可以往返若干次。

3. 成果计算

将每一尺段丈量结果经过尺长改正、温度改正和倾斜改正化算成水平距离，并求总和，得到直线往测、返测的全长。往、返测较差符合精度要求后，取往、返测结果的平均值作为最后成果。

(1)尺段长度计算

①尺长改正

$$\Delta l_{\mathrm{d}} = \frac{\Delta l}{l_0} l \tag{2-11}$$

式中：Δl_{d}——尺段的尺长改正数；

l——尺段的观测结果。

例如,表 2-55 中的 A—1 尺段,$l=29.3930\text{m}$,$\Delta l=+0.005\text{m}$,$l_0=30\text{m}$,故 A—1 尺段的尺长改正数为:

$$\Delta l_d=\frac{+0.005}{30}\times 29.3930=+0.0049\text{m}$$

②温度改正

$$\Delta l_t=\alpha(t-t_0)l \qquad (2\text{-}12)$$

例如,表 2-55 中的 A—1 尺段,$l=29.3930\text{m}$,$\alpha=1.20\times 10^{-5}$,$t=25.5℃$,$t_0=20℃$,故 A—1 尺段的温度改正数为:

$$\Delta l_t=1.20\times 10^{-5}\times(25.5-20)\times 29.3930=0.0019\text{m}$$

精密量距记录计算表 表 2-55

钢尺号码:No12　钢尺膨胀系数:0.000 012　钢尺检定时温度 t_0:20°C

钢尺名义长度 l_0:30m　钢尺检定长度 l':30.005m　钢尺检定时拉力:100N

尺段编号	实测次数	前尺读数(m)	后尺读数(m)	尺段长度(m)	温度(℃)	高差(m)	温度改正数(mm)	倾斜改正数(mm)	尺长改正数(mm)	改正后尺段长(m)
A—1	1	29.435 0	0.041 0	29.394 0	+25.5	+0.36	+1.9	−2.2	+4.9	29.397 6
	2	510	580	930						
	3	025	105	920						
	平均			29.393 0						
1—2	1	29.936 0	0.070 0	29.866 0	+26.0	+0.25	+2.2	−1.0	+5.0	29.871 4
	2	400	755	645						
	3	500	850	650						
	平均			29.865 2						
2—3	1	29.923 0	0.017 5	29.905 5	+26.5	−0.66	+2.3	−7.3	+5.0	29.905 7
	2	300	250	050						
	3	380	315	065						
	平均			299 057						
3—4	1	29.925 3	0.018 5	29.905 0	+27.0	−0.54	+2.5	−4.9	+5.0	29.908 3
	2	305	255	050						
	3	380	310	070						
	平均			29.905 7						

续上表

钢尺号码：No12				钢尺膨胀系数：0.000 012				钢尺检定时温度 t_0：20℃		
钢尺名义长度 l_0：30m				钢尺检定长度 l'：30.005m				钢尺检定时拉力：100N		
尺段编号	实测次数	前尺读数(m)	后尺读数(m)	尺段长度(m)	温度(℃)	高差(m)	温度改正数(mm)	倾斜改正数(mm)	尺长改正数(mm)	改正后尺段长(m)
4—B	1	15.975 5	0.076 5	15.899 0	+27.5	+0.42	+1.4	−5.5	+2.6	15.897 5
	2	540	555	985						
	3	805	810	995						
	平均			15.899 0						
总和				134.968 6			+10.3	−20.9	+22.5	134.980 5

③倾斜改正

如图 2-38 所示，l 为量得的倾斜距离；h 为尺段两端点间的高差；d 为水平距离；Δl_h 为倾斜改正数。

由图 2-38 中可知

$$\Delta l_h = d - l = (l^2 - h^2)^{\frac{1}{2}} - l = l\left[\left(1 - \frac{h^2}{l^2}\right)^{\frac{1}{2}} - 1\right]$$

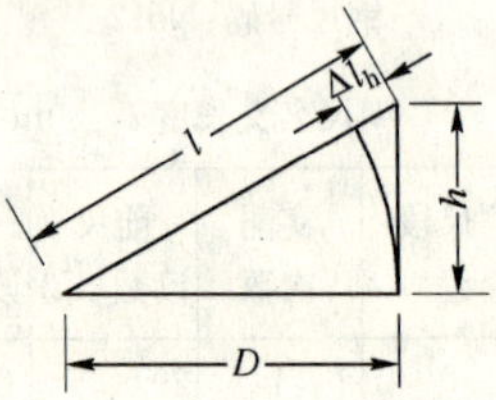

图 2-38　倾斜改正

将 $\left(1-\frac{h^2}{l^2}\right)^{\frac{1}{2}}$ 用级数展开并代人上式，则

$$\Delta l_h = l\left[\left(1 - \frac{h^2}{2l^2} - \frac{h^4}{8l^4} - \cdots\right) - 1\right] = -\frac{h^2}{2l} - \frac{h^4}{8l^3} \tag{2-13}$$

当高差 h 不大时，只可取式(2-13)的第一项。由式(2-13)中可见倾斜改正数恒为负值。

例如，表 2-13 中的 A—1 尺段，l=29.393 0m，h=0.36m，故 A—1 尺段的倾斜改正数为：

$$\Delta l_h = -\frac{0.36^2}{2 \times 29.393\,0} = -0.002\,2\text{m}$$

④改正后的水平距离

综上所述，改正后的水平距离为：

$$d = l + \Delta l_d + \Delta l_t + \Delta L_h \tag{2-14}$$

例如，表 2-13 中的 A—1 尺段，l=29.393 0m，Δl_d=+0.004 9m，Δl_t=+0.001 9m，Δl_h=−0.002 2m，故 A—1 尺段的水平距离为：

$$d = 29.393\,0\text{m} + 0.004\,9\text{m} + 0.001\,9\text{m} - 0.002\,2\text{m} = 29.397\,6\text{m}$$

(2)计算全长

将各个尺段改正后的水平距离相加，便得到直线的全长。如表 2-13 中为往测的总长为：

$$D_{往} = 134.9805\text{m}$$

同样，按返测记录，计算出返测的直线总长为：

$$D_{返} = 134.9868\text{m}$$

取平均值

$$D_{平均} = 134.9837\text{m}$$

其相对误差为

$$K = \frac{|D_{往} - D_{返}|}{D_{平均}} = \frac{0.0063}{134.9837} \approx \frac{1}{21000}$$

相对误差如果在限差以内，则取其平均值作为最后成果。若相对误差超限，应返工重测。

思考与训练

1. 比较一般量距与精密量距有何不同？

2. 下列情况对距离丈量结果有何影响？使大量结果比实际距离增大还是减小？

①钢尺比标准长；②定线不准；③钢尺不水平；④拉力忽大忽小；⑤温度比鉴定时低；⑥读数不准。

3. 将一根 50m 的钢尺与标准尺比长，发现此钢尺比标准尺长 13mm，已知标准钢尺的尺长方程式为 $L_t = 50\text{m} + 0.0032\text{m} + 1.20 \times 10^{-5} \times 50\text{m} \times (t - 20℃)$，钢尺比较时的温度为 11℃，求此钢尺的尺长方程式。

4. 请根据表 2-56 中直线 AB 的外业丈量成果，计算 AB 直线全长和相对误差。

[尺长方程式为：$30 + 0.005 + 1.25 \times 10^{-5} \times 30(t - 20℃)$　$k_{容} = 1/10000$]　表 2-56

线　段	尺　段	尺段长度 (mm)	温度 (℃)	高差 (m)	尺长改正 (mm)	温度改正 (mm)	倾斜改正 (mm)	水平距离 (m)
AB	*A*—1	29.391	10	+0.860				
	1—2	23.390	11	+1.280				
	2—3	26.680	11	−0.140				
	3—4	28.538	12	−1.030				
	4—*B*	17.899	13	−0.940				
	Σ往							

续上表

线 段	尺 段	尺段长度 (mm)	温度 (℃)	高差 (m)	尺长改正 (mm)	温度改正 (mm)	倾斜改正 (mm)	水平距离 (m)
AB	B—1	25.300	13	+0.860				
	1—2	23.922	13	+1.140				
	2—3	25.070	11	+0.130				
	3—4	28.581	11	−1.100				
	4—A	24.050	10	−1.060				
	Σ返							

技能测试九　罗盘仪定向与导线方位角的推算

【测试核心技能】

1. 用罗盘仪测定磁方位角。

2. 根据已知边的方位角和水平角推算未知边的方位角。

【测试题目与内容】

罗盘仪定向与导线方位角的推算。

每人对一直线进行正反方位角观测两次并记录。根据已知边的方位角和水平角推算未知边的方位角。

【测试时间】

30 分钟。

【测试条件（情景）】

1. 仪器与工具：罗盘仪 1 台、花杆 1 根、记录板 1 块、书包 1 个。

2. 在实训场地相距 60～80m 的 A 点和 B 点各打一木桩，作为直线的端点桩，木桩上钉小铁钉或画十字线作为点位标志。A 点和 B 点之间要求通视良好。

【测试要求及评分标准】

1. 严格按操作规程作业。

2. 记录、计算完整、整洁，无错误。

3. 数据记录、计算均应填写在相应的《测试报告》中，记录表不可用橡皮擦修改，记录表以外的数据不作为考核结果。

4. 评分标准见表 2-57。

测试评分标准（百分制）　　　　表 2-57

序　号	测试内容	评分标准	配　分
1	工作态度	仪器工具轻拿轻放、动作规范、团队协作意识等	10
2	操作过程	操作熟练、规范、方法步骤正确	30

续上表

序　　号	测试内容	评分标准	配　　分
3	读数、记录	读数记录正确、规范	10
4	计算	计算快速准确、规范、齐全	40
5	综合印象	动作规范、熟练、文明作业	10
合计			100

5.评分奖罚说明

(1)测试时间为评分的主要依据之一，提前完成者给予适当奖分，奖分参考标准分三个等级，如表2-58所示；测试时间不得超过规定时间(30分钟)。

表2-58

提前时间	20分钟以上	15分钟以上	10分钟以上
参考奖分	30分	20分	10分

(2)根据卷面整洁情况，扣0～5分(记录划去1处扣1分，合计不超过5分)。

(3)如发生仪器事故或严重违反操作规程等现象，停止测试，成绩以不合格论处。

【测试说明及注意事项】

1.测试准备工作：自备计算用纸、铅笔、小刀、钢笔或圆珠笔、计算器等必要工具，抽题。

2.罗盘仪定向与导线方位角的推算技能测试将提供《罗盘仪定向与导线方位角的推算技能测试报告》(表2-59、表2-60)给考生，测试结束后考生将该报告作为成果交回。

3.测试过程中，派2名辅助人员配合考生完成测试任务。

4.测试过程中任何人不得提示，考生应独立完成全部工作。

5.主考人有权随时检查是否符合操作规程及技术要求，但应相应折减所影响的时间。

6.若有作弊行为，一经发现一律按零分处理，不得参加补考。

7.测试时间自领取测量器具开始，至递交成果与器具终止。

8.评分标准参见表2-61。

【测试报告】

罗盘仪定向与导线方位角的推算 表 2-59

考评日期：__________ 姓名：__________ 成绩：__________ 考评员：__________

测 试 题 目	罗盘仪定向与导线方位角的推算		
主要测量器具			
天气		仪器号码	

罗盘仪测量记录表 表 2-60

测　站	测　点	磁方位角或磁象限角	平 均 值	备　注

导线坐标方位角的推算

如图 2-39 所示，已知，$\alpha_{12}=50°30'$，$\beta_2=125°36'$，$\beta_3=121°36'$，则其余各边的坐标方位角为：

$\alpha_{23}=$

$\alpha_{23}=$

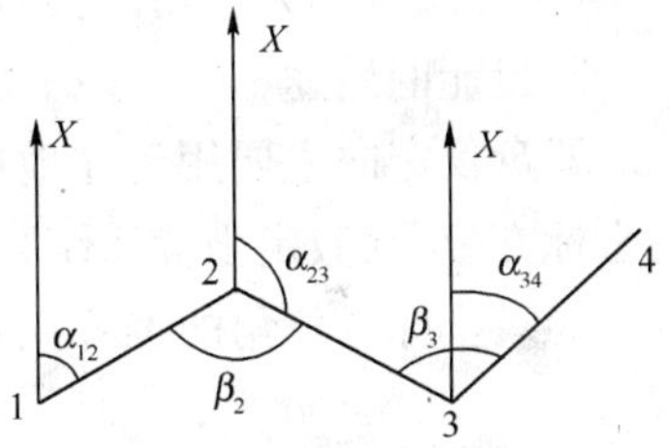

图 2-39　推算坐标方位角

【测试成绩评定表】

本表用于考评员给考生评定成绩，最后连同考生《测试报告》归档保存。

测试成绩评定表 表 2-61

考评姓名：________ 考评日期：________ 开始时间：________ 结束时间：________

测 试 内 容	配　分	操作要求及评分标准	扣分	得分	监考教师评分依据记录
工作态度	10	仪器工具轻拿轻放、动作规范、团队协作意识等			
操作过程	30	操作熟练、规范、方法步骤正确			

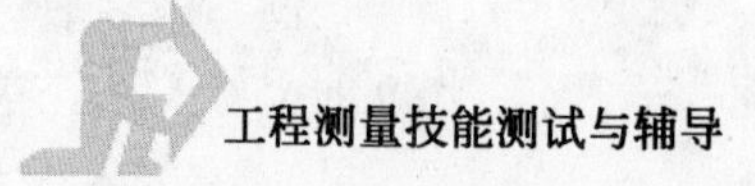

续上表

测试内容	配分	操作要求及评分标准	扣分	得分	监考教师评分依据记录
读数、记录	10	读数记录正确、规范			
计算	40	计算快速准确、规范、齐全			
综合印象	10	动作规范、熟练、文明作业			
合计		标准分:100			
总扣分及说明					
最后得分		考评员签字		主考人签字	

【其他变数与说明】

1. 其他变数

(1)罗盘仪有方位罗盘和象限罗盘之分,可要求用任意一种测量。

(2)导线坐标方位角的推算可给定水平角(左角或右角)。

(3)导线坐标方位角的推算可适当增加工作量。

2. 技能的用途

罗盘仪定向主要用于在地形图测绘中,测定某直线的磁方位角作为起始边的坐标方位角(假定坐标系统)。

导线坐标方位角的推算主要用于导线测量坐标计算(坐标正算)。

【测试辅导】

一 罗盘仪的构造

罗盘仪是测定磁方位角的仪器,如图 2-40 所示,其主要部件有:望远镜、刻度盘、磁针和三脚架等。

(一)望远镜

望远镜是瞄准目标用的照准设备,一般为外对光式,对光时转动对光螺旋,望远镜物镜前后移动,使物象与十字丝网平面重合,使目标清晰。望远镜一侧装有竖直度盘,用以测量竖直角。

(二)刻度盘

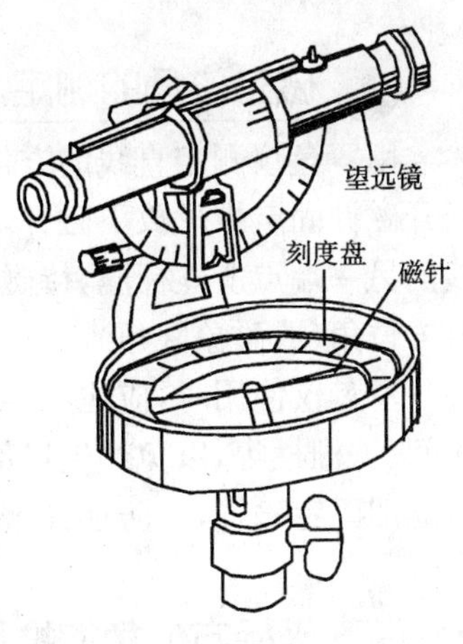

图 2-40　罗盘仪

由铜或铝制成的圆盘最小分划为 1°或 30′每 10°作一注记。注记形式有两种:一种是按逆时针方向从 0°～360°注记,如图 2-41a)所示,称为方位罗盘;一种是南、北两端为 0°,向东西两个方向注记到 90°,并注有北(N)、东(E)、南(S)、西(W)字样,如图 2-41b)所示,称为象限罗盘。由于使用罗盘测定直线方向时,刻度盘随着望远镜转动,而磁针始终指向南北不动,为了在度盘上读出象限角,所以东、西注记与实际情况相反。同样,方位角是按顺时针从北端起算的,而方位罗盘的注记是自北端按逆时针方向注记的。

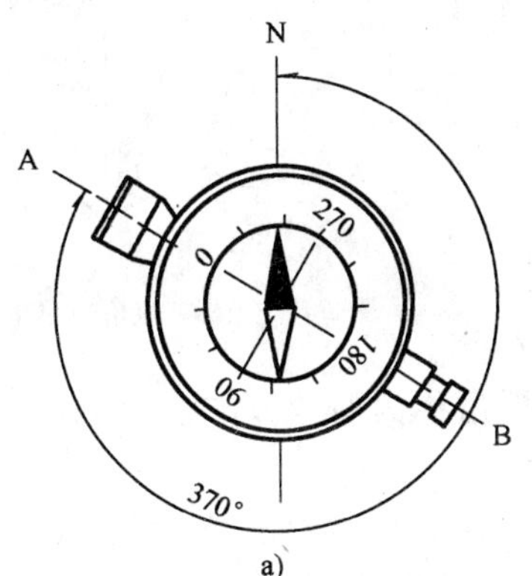

a)

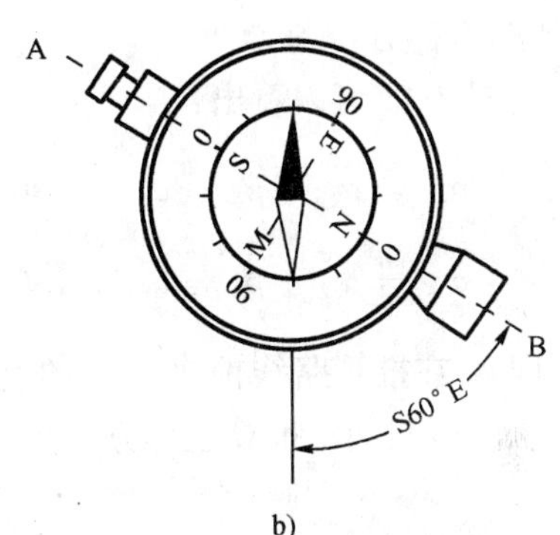

b)

图 2-41　磁方位角的测定
a)方位罗盘;b)象限罗盘

(三)磁针

磁针是用人造磁铁制成的,其中心装有镶着玛瑙的圆形球窝,在刻度盘的中心装有顶针,磁针球窝支在顶针上,可以自由转动。为了减少顶针的磨损和防止磁针脱落,不使用时应用固定螺丝将磁针固定。

罗盘盒内还装有互相垂直的两个水准器,用来整平罗盘仪。

(四)三脚架

由木或铝管制成,可伸缩,比较轻便。

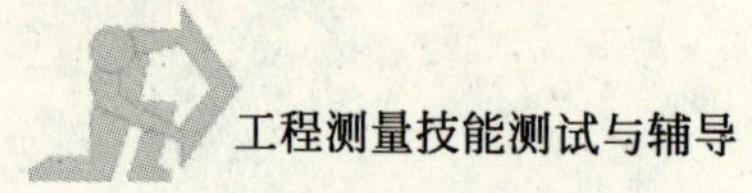

二 磁方位角的测定

用罗盘仪测定直线的方位角时，先将罗盘仪安置在直线的起点，对中、整平。松开磁针固定螺丝放下磁针，再松开水平制动螺旋，转动仪器，用望远镜照准直线的另一端点所立标志，待磁针静止后，其北端所指的度盘读数，即为该直线的磁方位角（或磁象限角）。

罗盘仪使用时，应注意避免任何磁铁接近仪器，选择测站点应避开高压线，车间、铁栅栏等，以免产生局部吸引，影响磁针偏转，造成读数误差。使用完毕，应立即固定磁针，以防顶针磨损和磁针脱落。

三 坐标方位角的推算

如图 2-42 所示，已知直线 12 的坐标方位角 α_{12}，观测了水平角 β_2 和 β_3，要求推算直线 23 和直线 34 的坐标方位角。

由图 2-42 可以看出：

$$\alpha_{23} = \alpha_{21} - \beta_2 = \alpha_{12} + 180° - \beta_2$$

$$\alpha_{34} = \alpha_{32} + \beta_3 = \alpha_{23} + 180° + \beta_3$$

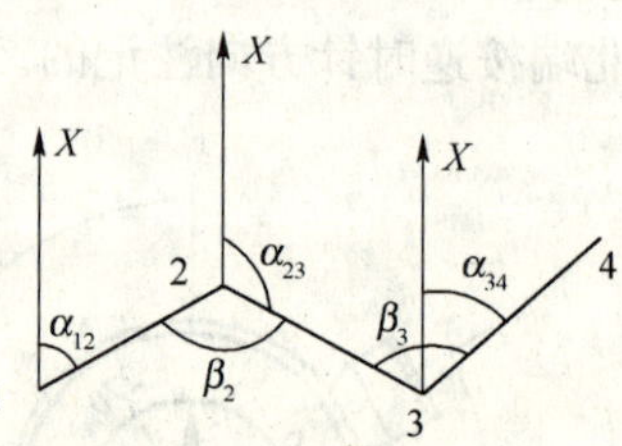

图 2-42 坐标方位角的推算

因 β_2 在推算路线前进方向的右侧，该转折角称为右角；β_3 在左侧，称为左角。从而可归纳出推算坐标方位角的一般公式为：

$$\alpha_{前} = \alpha_{后} + 180° + \beta_{左} \tag{2-15}$$

$$\alpha_{前} = \alpha_{后} + 180° - \beta_{右} \tag{2-16}$$

计算中，如果 $\alpha_{前} > 360°$，应自动减去 360°；如果 $\alpha_{前} < 0°$，则自动加上 360°。当然，当独立建立直角坐标系，没有已知坐标方位角时，起始坐标方位角一般用罗盘仪来测定。

思考与训练

1. 已知直线 AB 的坐标方位角为 255°00′，又推算得直线 BC 的象限角为南偏西 45°00′，试求小夹角∠ABC，并绘图表示之。

2. 如图 2-42 所示，已知 $\alpha_{12}=50°30'$，$\beta_2=125°36'$，$\beta_3=121°36'$，求其余各边的坐标方位角。

3. 设已知各直线的坐标方位角分别为 47°27′，177°37′，226°48′，337°18′，试分别求出它们的象限角和反坐标方位角。

4. 已知某直线的象限角为 SW78°36′，求它的坐标方位角。

5. 试述罗盘仪的作用及使用时的注意事项。

技能测试十　设计(已知)高程测设

【测试核心技能】

1. 水准仪的正确使用。

2. 利用水准仪进行设计高程的测设。

【测试题目与内容】

设计高程的测设。

1. 计算点的设计高程的放样数据。

2. 用普通水准测量方法放样该点,并实地标定所测设的点。

【测试时间】

30 分钟。

【测试条件(情景)】

1. 仪器、工具:水准仪 1 台、脚架 1 个、水准尺 1 根、计算器(自备)、记录夹 1 个、测伞 1 把。

2. 考核时在测试现场选定一已知的高程点 A,设 A 点高程 $H_A=140.359$ m。在测区附近墙上指定 I、II 两个未知待测点(平面位置),试用水准仪测设 I、II 两点,使 $H_1=141.000$m,$H_2=141.360$m。

【测试要求及评分标准】

1. 按所给定的条件和数据,先计算出放样元素,根据计算出的放样元素进行测设。

2. 测设完毕后,要进行必要的校核。

3. 严格按操作规程作业,所标定点的高程与其设计高程之差不超过 ±5mm。

4. 记录、计算完整、整洁、无错误;数据记录、计算以及必要的放样略图均应按要求填写在相应的《测试报告》中,记录表以外的数据不作为考核结果。

5.评分标准见表2-62。

测试评分标准(百分制)　　表2-62

序　号	测试内容	评分标准	配　分
1	工作态度	仪器工具轻拿轻放、动作规范、团队协作意识等	10
2	仪器操作	操作熟练、规范、方法步骤正确、不缺项	35
3	读数、记录	读数、记录正确、规范	15
4	地面标志点位	清晰、规范	10
5	精度	精度符合要求	20
6	综合印象	动作规范、熟练、文明作业	10
合计			100

6.评分奖罚说明

(1)测试时间为评分的主要依据之一,提前完成者给予适当奖分,奖分参考标准分四个等级,如表2-63所示;测试时间不得超过规定时间(30分钟)。

表2-63

提前时间	20分钟以上	15分钟以上	10分钟以上	5分钟以上
参考奖分	30分	20分	10分	5分

(2)根据卷面整洁情况,扣0～5分(记录划去1处扣1分,合计不超过5分)。

(3)依据实地标定的点位清晰、准确程度,酌情扣0～3分。

【测试说明及注意事项】

1.测试准备工作:自备计算用纸、铅笔、小刀、钢笔或圆珠笔、计算器等必要工具,抽题。

2.已知高程的测设技能测试将提供《已知高程的测设技能测试报告》(表2-64)给考生,测试结束后考生将该报告作为成果交回。

3.测试过程中,派2名辅助人员配合考生完成测试任务。

4.测试过程中任何人不得提示,考生应独立完成全部工作。

5.主考人有权随时检查是否符合操作规程及技术要求,但应相应折减所影响的时间。

6.若有作弊行为,一经发现一律按零分处理,不得参加补考。

7.测试时间自领取仪器开始,至递交成果与仪器终止。

8.评分标准参见相关表格。

【测试报告】

已知高程的测设技能测试报告 表 2-64

考评日期:________ 姓名:________ 成绩:________ 考评员:________

测 试 题 目	已知高程的测设		
主要仪器及工具			
天气		仪器号码	

测设过程相关记录:

1. 由水准仪读得 a=________ m,经计算得 b_1=________ m,b_2=________ m。
2. 请在下面空白处,列出 b 的计算过程:

3. 测设后经检查,点 1 和点 2 的高差 h_{12}=________ m,与已知值相差________ m。
4. 画出测设 1、2 点的略图。

【测试成绩评定表】

表 2-65 用于考评员给考生评定成绩,最后连同考生《测试报告》归档保存。

测试成绩评定表 表 2-65

考评姓名:________ 考评日期:________ 开始时间:________ 结束时间:________

测 试 内 容	配 分	操作要求及评分标准	扣 分	得 分	监考教师评分依据记录
工作态度	10	仪器工具轻拿轻放、动作规范、团队协作意识等			
仪器操作	35	操作熟练、规范、方法步骤正确、不缺项			
读数、记录	15	读数、记录正确、规范			
地面标志点位	10	清晰、规范			
精度	20	精度符合要求			
综合印象	10	动作规范、熟练、文明作业			
合计		标准分:100			
总扣分及说明					
最后得分		考评员签字		主考人签字	

【其他变数与说明】

1. 其他变数

(1)仪器可以变换成用自动安平水准仪。此时,要求补偿指标线不脱离小三角形,根据补偿指标线不脱离小三角形情况,扣 0～5 分。

(2)可以通过设置已知点和待测设点之间的距离,调整测试工作量的大小。

2. 技能的用途:高程测设的主要方法。

【测试辅导】

高程测设是根据已知水准点,在现场标定出某设计高程的位置。

如图 2-43 所示,设某建筑物室内地坪的设计高程为 $H_{B设}=31.495\text{m}$,附近一水准点 A 的高程为 $H_A=31.345\text{m}$,现将室内地坪的设计高程测设在木桩 A 上,则 B 点上应读的前视读数为:

$$b_{应}=(H_A+a)-H_{B设} \quad (2\text{-}17)$$

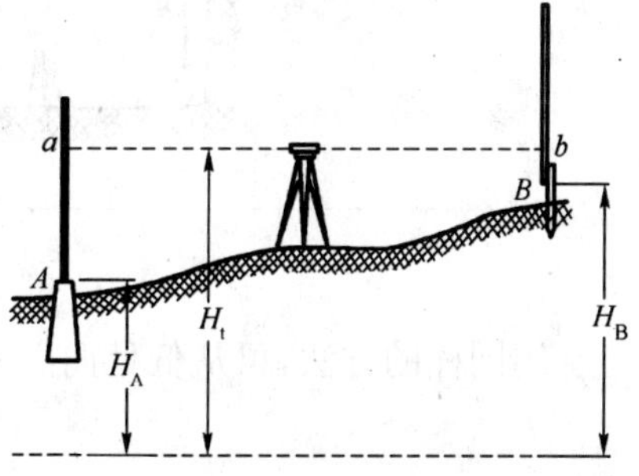

图 2-43　视线高法测设

测设步骤如下:

1. 安置水准仪于水准点 A 与木桩 B 之间,尽量使前后视距离相等(必要时还得设置转点),在水准点 A 上读取后视读数 $a=1.050\text{m}$。

2. 计算水准仪的视线高 H_i 及在木桩 B 点上的前视读数 $b_{应}$。

$$H_i=H_A+a=31.345\text{m}+1.050\text{m}=32.395\text{m}$$

$$b_{应}=H_i-H_{B设}=32.395\text{m}-31.495\text{m}=0.900\text{m}$$

3. 将水准尺靠在木桩 B 的一侧上下移动,当水准仪水平视线正好为 $b_{应}=0.900\text{m}$时,在木桩侧面沿水准尺底边划一横线,即为室内地坪设计高程的位置。

4. 检核:测量测设点和已知点,或测设点之间的高差,以作检核。

当向较深的基坑或较高的建筑物上测设已知高程点时,如果水准尺的长度不够,可利用钢尺向下或向上引测。

如图 2-44 所示,欲在深基坑内设置一点 B,使其高程为 $H_{设}$,附近一水准点

R 的高程为 H_R。施测时，用检定过的钢尺，挂一个与要求拉力相等的重锤，悬挂在支架上，零点一端向下，分别在高处和低处设站，读取图中所示水准尺读数 a_1、b_1 和 a_2、b_2，由此，可求得低处 B 点水准尺上的读数应为：

$$b_{应} = (H_A + a_1) - (b_1 - a_2) - H_{B设} \tag{2-18}$$

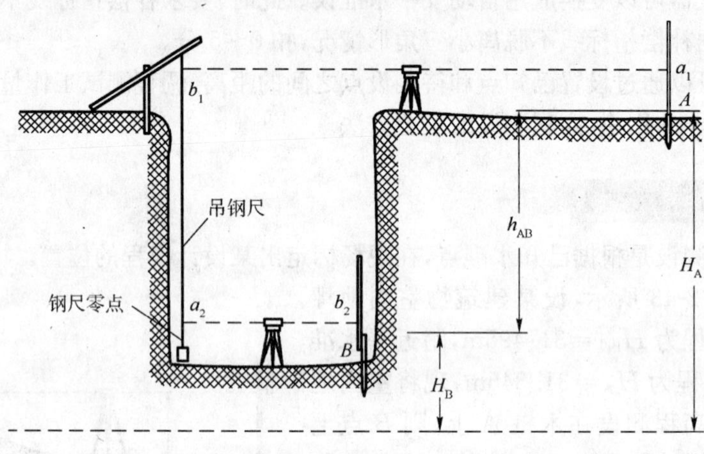

图 2-44　高程传递法

用同样的方法，可从低处向高处测设已知高程的点。

思考与训练

1.应用水准测量方法放样高程时，首先应将______控制点以必要的精度引测到施工区域，建立______水准点。

2.在此次测设中，放样 I 点的顺序是：

(1)先将水准仪安置在______与放样点 I 之间，尽量使前后视距离相等，在已知点 A 上竖立水准尺，水准仪______后，照准______水准尺，读取水准尺的中丝读数 a_1，并根据公式______计算出竖立在 I 点上的水准尺读数(中丝读数)b_1。

(2)水准仪转向前视，照准 I 点上的水准尺，将水准尺贴靠在 I 点的一侧。当______居中时，I 点上的水准尺______移动，当十字丝中丝读数为 b_1 时，此时水准尺的底部就是所需要放样的高程点。

3.建筑场地上水准点 A 的高程为 89.754m，欲在待建房近旁的电杆上测设出±0(±0 的设计高程为 90.000m)，作为施工过程中检测各项标高之用。设水准仪在水准点 A 所立水准尺上的读数为 1.847m，试绘图说明测设方法。

技能测试十一　已知水平距离测设

【测试核心技能】

1. 钢尺的正确使用。
2. 直线定线的方法。
3. 用钢尺进行已知水平距离的测设。

【测试题目与内容】

已知水平距离测设。

目估定线，同时用钢尺从起始点开始，沿着已知方向，进行已知水平距离的测设。并进行必要的检核。

【测试时间】

30 分钟。

【测试条件(情景)】

1. 仪器与工具：30m 钢尺 1 把、花杆 3 根、测钎 1 束、木桩 3 个、斧头 1 把、记录板 1 块、书包 1 个。

2. 在实训场地打一木桩钉小钉表示已知点 A 点，作为直线的端点，木桩高出地面 2cm。在 A 点的某一方向相距 150m 左右插一花杆，作为已知方向。A 点和花杆之间场地以稍有起伏为好，但应该通视良好。

【测试要求及评分标准】

1. 严格按操作规程作业。

2. 记录、计算完整、整洁，无错误。

3. 数据记录、计算及成果检核均应填写在相应的《测试报告》中，记录表以外的数据不作为考核结果。

4. 直线定线采用目估定线，精度要求：$K_{容} = 1/3\,000$ 。

5. 评分标准见表 2-66。

测试评分标准(百分制)

表 2-66

序号	测试内容	评分标准	配分
1	工作态度	仪器工具使用正确、团队协作意识等	10
2	操作过程	操作熟练、规范、方法步骤正确、不缺项	30
3	读数	读数正确、规范	10
4	记录	记录正确、规范	10
5	计算	计算快速准确、规范、齐全	10
6	精度	精度符合要求	20
7	综合印象	动作规范、熟练、文明作业	10
合计			100

6. 评分奖罚说明

(1)测试时间为评分的主要依据之一,提前完成者给予适当奖分,奖分参考标准分三个等级,如表 2-67 所示;测试时间不得超过规定时间(30 分钟)。

表 2-67

提前时间	20 分钟以上	10 分钟以上	5 分钟以上
参考奖分	30 分	15 分	5 分

(2)根据卷面整洁情况,扣 0～5 分(记录划去 1 处扣 1 分,合计不超过 5 分)。

【测试说明及注意事项】

1. 测试准备工作:自备计算用纸、铅笔、小刀、钢笔或圆珠笔、计算器等必要工具,抽题。

2. 已知水平距离测设技能测试将提供《已知水平距离测设技能测试报告》(表 2-68、表 2-69)给考生,测试结束后考生将该报告作为成果交回。

3. 测试过程中,派 2 名辅助人员配合考生完成测试任务。

4. 测试过程中任何人不得提示,考生应独立完成全部工作。

5. 主考人有权随时检查是否符合操作规程及技术要求,但应相应折减所影响的时间。

6. 若有作弊行为,一经发现一律按零分处理,不得参加补考。

7. 测试时间自领取测量器具开始,至递交成果与器具终止。

8. 评分标准参见相关表格。

【测试报告】

已知水平距离测设技能测试报告 表 2-68

考评日期:________ 姓名:________ 成绩:________ 考评员:________

测 试 题 目	钢尺量距的一般方法		
主要测量器具			
天气		钢尺号码	

用钢尺进行已知水平距离测设的记录与计算表 表 2-69

测量起止点	测量方向	整尺长(m)	整尺数	余长(m)	水平距离(m)	往返测较差(m)	平均距离(m)	精 度
A—已知方向	测设				(设计值)			
A—B′	往测							
	返测							
A—B	往测							
	返测							
辅助计算备注	1. 改正数 ΔD=______ mm,向______改正。 2. D_{AB}−设计值=______ mm。 3. $K=\frac{D_{AB}-设计值}{设计值}$=______,______精度要求							

【测试成绩评定表】

表 2-70 用于考评员给考生评定成绩,最后连同考生《测试报告》归档保存。

测试成绩评定表 表 2-70

考生姓名:______ 考评日期:______ 开始时间:______ 结束时间:______

测 试 内 容	配 分	操作要求及评分标准	扣 分	得 分	监考教师评分依据记录
工作态度	10	仪器工具使用正确、团队协作意识等			
操作过程	30	操作熟练、规范、方法步骤正确、不缺项			
读数	10	读数正确、规范			
记录	10	记录正确、规范			

续上表

测试内容	配分	操作要求及评分标准	扣分	得分	监考教师评分依据记录
计算	10	计算快速准确、规范、齐全			
精度	20	精度符合要求			
综合印象	10	动作规范、熟练、文明作业			
合计		标准分:100			
总扣分及说明					
最后得分		考评员签字		主考人签字	

【其他变数与说明】

1. 一般采用边定线边丈量、整尺段加零尺段的方法,可视具体情况灵活掌握。

2. 根据测区难易程度,可以适当调整精度要求,如将 $K_{容}=1/3\,000$ 调整为 $K_{容}=1/2\,000$ 或 $K_{容}=1/5\,000$。

3. 可改用光电测距仪进行测设。

4. 技能的用途:此方法为水平距离测设的基本方法。

【测试辅导】

测设已知水平距离是根据给定的起点和方向,按设计要求的水平距离,标定出这段距离的另一端点的工作。

(一)用钢尺测设

如图 2-45 所示,设 A 为地面上已知点,D 为设计的水平距离,要在地面上沿给定方向 AB 测设水平距离 D。具体做法是从 A 点开始,沿 AB 方向边定线边丈量,按设计长度 D 在地面上定出 B' 点的位置。为校核起见,然后往返丈量水平距离 AB',在精度符合要求的前提下,根据丈量结果 D' 将 B' 点进行调整,求得 B 点的最后位置。调整改正时,先求改正数 $\Delta D=D-D'$,若 ΔD 为正,向外改正;反之,向内改正。

(二)用光电测距仪测设

如图 2-46 所示,首先在 A 点安置光电测距仪,将反光棱镜在已知方向上前后移动，使仪器显示距离略大于测设值，定出 B'。然后在 B' 安置反光棱镜，测出竖直角 α 及斜距 L（必要时加气象改正），计算水平距离。

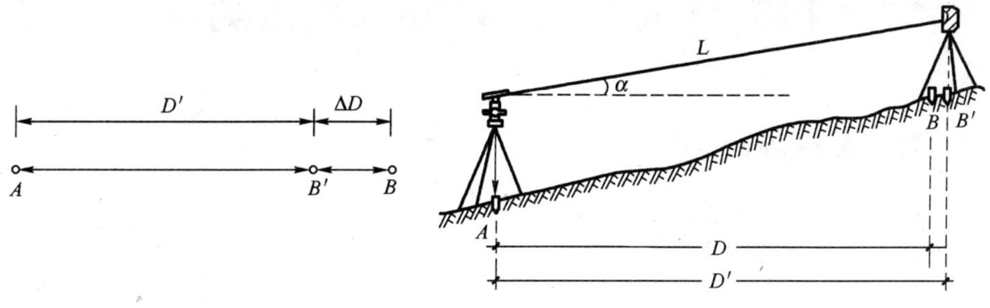

图 2-45　钢尺测设水平距离　　　图 2-46　测距仪测设水平距离

$$D' = L\cos\alpha \tag{2-19}$$

从而求出 D' 与应测设的水平距离 D 之差，即改正数 $\Delta D = D - D'$，根据 ΔD 将 B' 点改正到 B 点，并用木桩标定 B 点位置。最后将反光棱镜安置于 B 点，再实测 AB 水平距离，若精度达不到要求，再次进行调整改正，直到符合限差为止。

思考与训练

1. 试述水平距离测设的基本方法。

2. 在地面上要测设一段 84.200m 的水平距离 AB，现先用一般方法定出 B' 点，再精确丈量 $AB' = 84.248$m，丈量所用钢尺的尺长方程式为 $l_t = 30 + 0.007 + 1.25\times10^{-5}\times30\times(t - 20℃)$，作业时温度 $t = 11℃$，工作钢尺与检定钢尺的拉力相同，AB' 两点的高差 $h = -0.96$m。如何改正 B' 点才能得到 B 点的准确位置？

技能测试十二 已知水平角测设

【测试核心技能】

1. 经纬仪的正确使用。

2. 水平角测设的方法。

【测试题目与内容】

已知水平角测设。

从起始方向开始，根据设计给定的水平角值，用 DJ_2 型光学经纬仪进行测设，并在实地标定所测设的方向，并进行必要的检核。

【测试时间】

30 分钟。

【测试条件(情景)】

1. 仪器、工具：DJ_2 型光学经纬仪或全站仪 1 台、脚架 1 个、测钎 2 根、记录夹 1 个。

2. 如图 2-47，在测区地面上任意标定两个点 A、O，分别打入木桩，桩顶钉小钉表示点位。要求 A 点距离 O 点约 100m 左右，已知 $\angle AOB=160°20'30''$，测设出 OB 方向，在地面上标定 B 点。

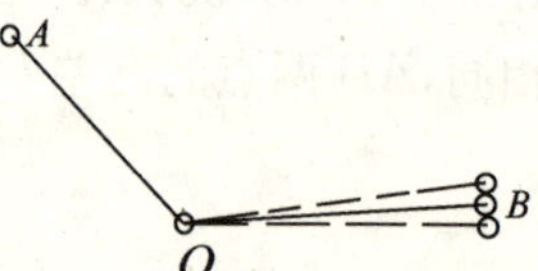

图 2-47 已知水平角的测设

【测试要求及评分标准】

1. 严格按观测程序作业，用盘左盘右各测设 1 个点位，当两点间距不大时(一般在离测站 100m 时，不大于 1cm)，取两者的平均位置作为结果。

2. 要求对中误差＜3mm，整平误差＜1 格，实地标定的点位清晰，所测设的水平角与所设计的水平角之差不超过 ±50″(即：标定点离测站 20m 时，横向误差不超过 ±5mm)。

3. 记录、计算完整、整洁，无错误；数据记录、计算均应按要求填写在相应的

《测试报告》中，记录表以外的数据不作为考核结果。

4. 评分标准见表 2-71。

测试评分标准（百分制）　　表 2-71

序　号	测试内容	评分标准	配　分
1	工作态度	仪器工具轻拿轻放，搬仪器动作规范，装箱正确	10
2	仪器操作	操作熟练、规范、方法步骤正确、不缺项	35
3	读数、记录	读数、记录正确、规范	10
4	地面标志点位	清晰、规范	10
5	精度	精度符合要求	25
6	综合印象	动作规范、熟练、文明作业	10
合计			100

5. 评分奖罚说明

(1)测试时间为评分的主要依据之一，提前完成者给予适当奖分，奖分参考标准分四个等级，如表 2-72 所示；测试时间不得超过规定时间（30 分钟）。

表 2-72

提前时间	20 分钟以上	15 分钟以上	10 分钟以上	5 分钟以上
参考奖分	30 分	20 分	10 分	5 分

(2)根据卷面整洁情况，扣 0～5 分（记录划去 1 处扣 1 分，合计不超过 5 分）。

(3)如发生仪器事故或严重违反操作规程等现象，停止测试，成绩以不合格论处。

(4)对中误差及整平误差如不符合要求，酌情扣 5～8 分。

【测试说明及注意事项】

1. 测试准备工作：自备计算用纸、笔（钢笔或圆珠笔）、计算器等必要工具，抽题。

2. 已知水平角测设技能测试将提供《已知水平角测设技能测试报告》（表 2-73、表 2-74）给考生，测试结束后考生将该报告作为成果交回。

3. 测试过程中，派 2 名辅助人员配合考生完成测试任务。

4. 测试过程中任何人不得提示，考生应独立完成全部工作。

5. 主考人有权随时检查是否符合操作规程及技术要求，但应相应折减所影响的时间。

6.若有作弊行为,一经发现一律按零分处理,不得参加补考。

7.测试时间自领取仪器开始,至递交成果与仪器终止。

8.评分标准参见相关表格。

【测试报告】

已知水平角测设技能测试报告 表 2-73

考评日期:________ 姓名:________ 成绩:________ 考评员:________

测试题目	已知水平角测设		
主要仪器及工具			
天气		仪器号码	
测设过程相关记录:			

检核:测回法水平角测量手簿 表 2-74

测站	测回数	竖盘位置	目标	水平度盘读数(°′″)	半测回角值(°′″)	一测回角值(°′″)	备注
O	1	左	A				
			B				
		右	A				
			B				

结果:测设的水平角与所设计的水平角之差为________,精度________要求。

【测试成绩评定表】

表 2-75 用于考评员给考生评定成绩,最后连同考生《测试报告》归档保存。

测试成绩评定表 表 2-75

考生姓名:________ 考评日期:________ 开始时间:________ 结束时间:________

测试内容	配 分	操作要求及评分标准	扣 分	得 分	监考教师评分依据记录
工作态度	10	仪器工具轻拿轻放,搬仪器动作规范,装箱正确			
仪器操作	35	操作熟练、规范、方法步骤正确、不缺项			
读数、记录	10	读数、记录正确、规范			
地面标志点位	10	清晰、规范			
精度	25	精度符合要求			
综合印象	10	动作规范、熟练、文明作业			
合 计		标准分:100			
总扣分及说明					
最后得分			考评员签字		主考人签字

【其他变数与说明】

1. 其他变数

(1)可以要求用钢尺进行已知水平角的测设(简易方法);精度要求高时,可以用精密方法测设。

(2)仪器可以变成电子经纬仪进行测试。

2. 技能的用途

水平角(方向)测设的主要方法。

【测试辅导】

测设已知水平角是根据水平角的一个已知方向和设计水平角角值,将水平角的另一个方向测设在地面上。

1. 一般方法

如图 2-48 所示,设 OA 为地面上已知方向线,要在 O 点以 OA 为起始方向,顺时针方向测设出给定的水平角 β。当测设精度要求不高时,可采用盘左、盘右取中数的方法。其测法是:将经纬仪安置于 O 点,盘左位置,将水平度盘配置为 $0°00'00''$,瞄准 A 点,然后顺时针旋转照准部,使水平度盘读数为 β,沿视线方向在地面上定出 C' 点;纵转望远镜为盘右位置,重复以上操作,沿视线方向标出 C''

点，若 C'、C'' 两点不重合，则取 C'、C'' 两点之中点 C，OC 即为测设方向。

2. 精密方法

如图 2-49 所示，若测设水平角的要求较高，可按如下步骤进行：

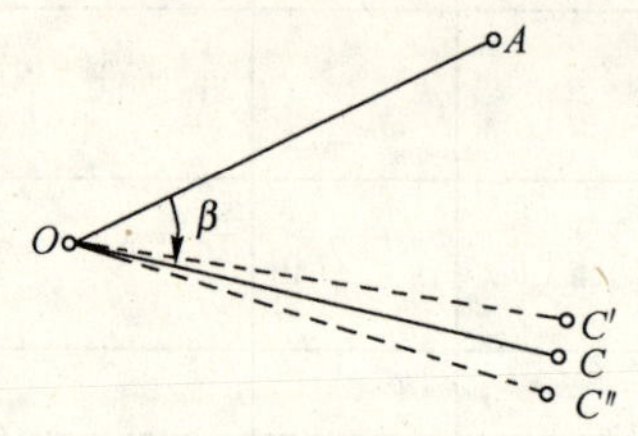

图 2-48　直接测设水平角

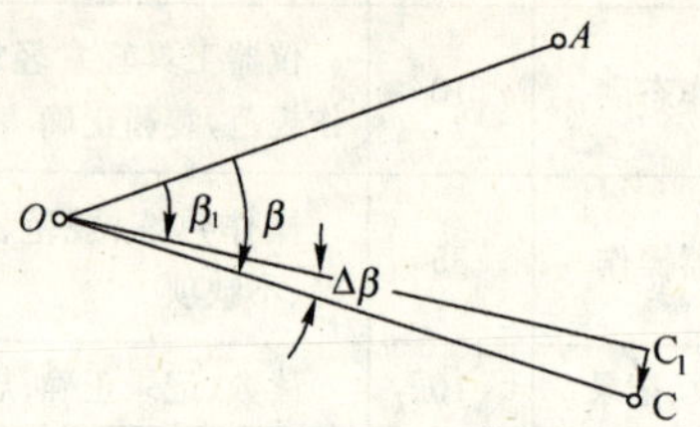

图 2-49　精确测设水平角

(1)用一般方法先定出 C_1 点；

(2)用测回法对 $\angle AOC_1$ 进行精密测量(测回数根据要求的精度而定)，观测结果为 β_1，并求出 $\Delta\beta=\beta-\beta_1$ 超过限差($\pm10''$)时，需进行改正。

(3)量取 OC_1 的水平距离，计算改正值 C_1C

$$C_1C = OC_1\tan\Delta\beta \approx OC_1 \cdot \Delta\beta/\rho \tag{2-20}$$

(4)过 C_1 点作 OC_1 的垂线，再从 C_1 点沿垂线方向量取 C_1C，定出 C 点。若 $\Delta\beta$ 为正，向外调整，反之，向内调整。OC 即为测设方向。

3. 简易方法

在施工现场，若测设精度要求较低，可以采用简易方法，即利用钢尺按勾股定理、等腰三角形等三角学原理测设已知水平角的方法。

思考与训练

1. 试述水平角测设的基本方法。

2. 欲测设∠AOB=135°00′00″。用一般方法测设后，又精确地测得其角值为 135°00′24″。设 OB=96.00m，问 B 点应在垂直于 OB 方向上移动多少距离？并画图标出 B 点的移动方向。

技能测试十三　全站仪基本测量工作

【测试核心技能】

1. 全站仪的认识:认识全站仪的构造、各部件的名称及作用。

2. 全站仪的操作使用,掌握全站仪的操作要领;掌握全站仪测量角度、距离、高差和坐标的方法。

【测试题目与内容】

全站仪基本测量工作。

利用全站仪进行角度、距离、高差和坐标的测量方法。

【测试时间】

30 分钟。

【测试条件(情景)】

1. 仪器和工具:全站仪 1 台、脚架 1 个、带三角架棱镜组 2 个、计算器(自备)、记录夹 1 个、测伞一把。

2. 测试现场视野开阔为好,有一定起伏为好。

【测试要求及评分标准】

1. 严格按观测程序作业。

2. 要求对中误差≤3mm,整平误差≤1 格。

3. 记录、计算完整、整洁,无错误;数据记录、计算均应按要求填写在相应的《测试报告》中,记录表以外的数据不作为考核结果。

4. 一站上的观测限差

(1)瞄准目标后读 5 个数:水平角读数、垂直角读数、斜距、平距、高差。

(2)水平角 1 测回,两个半测回同一方向(归零后)的较差 35″。

(3)垂直角 1 测回,两方向指标差互差≤25″。

(4)斜距、平距、高差各测一回。

(5)仪器高、反光镜高各量 1 次。

5. 评分标准见表 2-76。

测试评分标准(百分制)　　表 2-76

序号	测试内容	评分标准	配分
1	工作态度	仪器工具轻拿轻放，搬仪器动作规范，装箱正确	15
2	仪器操作	操作熟练、规范、方法步骤正确、不缺项	40
3	读数	读数正确、规范	10
4	记录	记录正确、规范	10
5	计算	计算快速准确、规范，计算检核正确	10
6	精度	精度符合要求	5
7	综合印象	动作规范、熟练、文明作业	10
合计			100

6. 评分奖罚说明

(1)测试时间为评分的主要依据之一，提前完成者给予适当奖分，奖分参考标准分四个等级，如表 2-77 所示；测试时间不得超过规定时间(30 分钟)。

表 2-77

提前时间	20 分钟以上	15 分钟以上	10 分钟以上	5 分钟以上
参考奖分	30 分	20 分	10 分	5 分

(2)根据卷面整洁情况，扣 0～5 分(记录划去 1 处扣 1 分，合计不超过 5 分)。

(3)如发生仪器事故或严重违反操作规程等现象，停止测试，成绩以不合格论处。

(4)对中误差及整平误差如不符合要求，酌情扣 5～8 分。

【测试说明及注意事项】

1. 测试准备工作：自备计算用纸、笔(钢笔或圆珠笔)、计算器等必要工具，抽题。

2. 全站仪基本测量工作技能测试将提供《全站仪基本测量工作技能测试报告》(表 2-78、表 2-80)给考生，测试结束后考生将该报告作为成果交回。

3. 测试过程中，派 2 名辅助人员配合考生完成测试任务。

4. 测试过程中任何人不得提示，考生应独立完成全部工作。

5. 主考人有权随时检查是否符合操作规程及技术要求，但应相应折减所影响的时间。

6. 若有作弊行为，一经发现一律按零分处理，不得参加补考。

7. 测试时间自领取仪器开始，至递交成果与仪器终止。
8. 评分标准参见相关表格。

【测试报告】

全站仪基本测量工作技能测试报告　　表 2-78

考评日期：________　姓名：________　成绩：________　考评员：________

测试题目	全站仪基本测量工作		
主要仪器及工具			
天气		仪器号码	

全站仪测量记录表见表 2-80。

【测试成绩评定表】

表 2-79 用于考评员给考生评定成绩，最后连同考生《测试报告》归档保存。

测试成绩评定表　　表 2-79

考生姓名：________　考评日期：________　开始时间：________　结束时间：________

测试内容	配分	操作要求及评分标准	扣分	得分	监考教师评分依据记录
工作态度	15	仪器工具轻拿轻放，搬仪器动作规范，装箱正确			
仪器操作	40	操作熟练、规范、方法步骤正确、不缺项			
读数	10	读数正确、规范			
记录	10	记录正确、规范			
计算	10	计算快速准确、规范，计算检核正确			
精度	5	精度符合要求			
综合印象	10	动作规范、熟练、文明作业			
合　计		标准分：100			
总扣分及说明					
最后得分		考评员签字		主考人签字	

【其他变数与说明】

技能的用途：作为测量的基本工具应熟练掌握。

全站仪测量记录表

表 2-80

测站	测回	仪器高(m)	棱镜高(m)	竖盘位置	水平角观测		竖直角观测		距离高差观测			坐标测量		
					水平度盘读数	方向值或角值	竖直度盘读数	竖直角	斜距(m)	平距(m)	高程(m)	x(m)	y(m)	H(m)

【测试辅导】

一 全站仪的认识

全站仪由照准部、基座、水平度盘等部分组成，采用编码度盘或光栅度盘，读数方式为电子显示。有功能操作键及电源，还配有数据通信接口。

二 全站仪的使用（以拓普康全站仪为例进行介绍）

1.测量前的准备工作

(1)电池的安装（注意：测量前电池需充足电）

①把电池盒底部的导块插入装电池的导孔。

②按电池盒的顶部直至听到“咔嚓”响声。

③向下按解锁钮，取出电池。

(2)仪器的安置

①在实验场地上选择一点 O，作为测站，另外两点 A、B 作为观测点。

②将全站仪安置于 O 点，对中、整平。

③在 A、B 两点分别安置棱镜。

(3)竖直度盘和水平度盘指标的设置。

①竖直度盘指标设置。

松开竖直度盘制动钮，将望远镜纵转一周（望远镜处于盘左，当物镜穿过水平面时），竖直度盘指标即已设置。随即听见一声鸣响，并显示出竖直角。

②水平度盘指标设置。

松开水平制动螺旋，旋转照准部 360°，水平度盘指标即自动设置。随即一声鸣响，同时显示水平角。至此，竖直度盘和水平度盘指标已设置完毕。注意：每当打开仪器电源时，必须重新设置新的指标。

(4)调焦与照准目标。

操作步骤与一般经纬仪相同，注意消除视差。

2.角度测量

(1)首先从显示屏上确定是否处于角度测量模式，如果不是，则按操作转换为距离模式。

(2)盘左瞄准左目标 A，按置零键，使水平度盘读数显示为 $0°00'00''$，顺时针旋转照准部，瞄准右目标 B，读取显示读数。

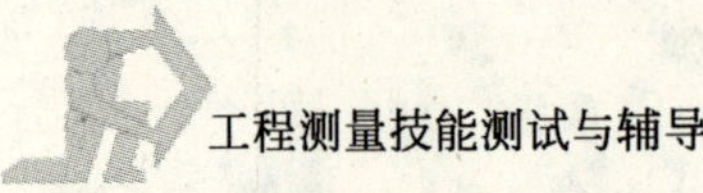

(3)同样方法可以进行盘右观测。

(4)如果测竖直角,可在读取水平度盘的同时读取竖盘的显示读数。

3.距离测量

(1)首先从显示屏上确定是否处于距离测量模式,如果不是,则按操作键转换为距离测量模式。

(2)照准棱镜中心,这时显示屏上能显示箭头前进的动画,前进结束则完成距离测量,得出距离,*HD* 为水平距离,*SD* 为倾斜距离。

4.坐标测量

(1)首先从显示屏上确定是否处于坐标测量模式,如果不是,则按操作键转换为坐标测量模式。

(2)输入测站点 *O* 点及后视点坐标,以及仪器高、棱镜高。

(3)瞄准棱镜中心,这时显示屏上能显示箭头前进的动画,前进结束则完成坐标测量,得出点的坐标。

5.注意事项

(1)运输仪器时,应采用原装的包装箱运输、搬动。

(2)近距离将仪器和脚架一起搬动时,应保持仪器竖直向上。

(3)拔出插头之前应先关机。在测量过程中,若拔出插头,则可能丢失数据。

(4)换电池前必须关机。

(5)仪器只能存放在干燥的室内。充电时,周围温度应在 10～30℃之间。

(6)全站仪是精密贵重的测量仪器,要防日晒、防雨淋、防碰撞震动。严禁仪器直接照准太阳。

思考与训练

1.简述全站仪的结构与原理。

2.衡量一台全站仪性能的主要指标有哪些?

3.简述全站仪测量水平角的主要步骤。

4.简述全站仪距离测量的主要步骤。

5.简述全站仪坐标测量的主要步骤。

6.简述全站仪使用时的注意事项。

技能测试十四　全站仪放样三维坐标点

【测试核心技能】

通过实训,使学生掌握测设点位三维坐标的方法。

【测试题目与内容】

全站仪放样三维坐标点。

1. 根据测站点的三维坐标及测站点至后视点的坐标方位角,放样一个给定三维坐标的空间点,并在实地标定该点的平面位置。

2. 对中误差≤±3mm,水准管气泡偏差<1格。

【测试时间】

30分钟。

【测试条件(情景)】

1. 仪器、工具:全站仪1套、三角架3套、对中杆1支、对讲机3个、记录板1块、小钢尺1把、温度计气压计各1。

2. 样题——考核时,现场任意标定两点为O、B,在O点设站,后视B点,放样出P点平面位置及填挖高度。已知$O(5678.231,2451.392)$,OB边的坐标方位角$\alpha_{OB}=221°37'45''$,点$P(5691.416,2453.664)$,放样时要输入以上已知量及仪器高和棱镜高。

【测试要求及评分标准】

1. 严格按全站仪的观测程序作业。

2. 要求对中误差≤3mm,整平误差≤1格,实地标定的点位清晰。

3. 记录、计算完整、整洁,无错误;数据记录、计算均应按要求填写在相应的《测试报告》中,记录表以外的数据不作为考核结果。

4. 评分标准见表2-81。

测试评分标准(百分制)　　表 2-81

序　号	测试内容	评分标准	配　分
1	工作态度	仪器工具轻拿轻放,搬仪器动作规范,装箱正确	10
2	仪器操作	操作熟练、规范、方法步骤正确、不缺项	35
3	读数、记录	读数、记录正确、规范	10
4	地面标志点位	清晰、规范	10
5	精度	精度符合要求	25
6	综合印象	动作规范、熟练、文明作业	10
合计			100

5. 评分奖罚说明

(1)测试时间为评分的主要依据之一,提前完成者给予适当奖分,奖分参考标准分四个等级,如表 2-82 所示;测试时间不得超过规定时间(30 分钟)。

表 2-82

提前时间	20 分钟以上	15 分钟以上	10 分钟以上	5 分钟以上
参考奖分	30 分	20 分	10 分	5 分

(2)根据卷面整洁情况,扣 0～5 分(记录划去 1 处扣 1 分,合计不超过 5 分)。

(3)如发生仪器事故或严重违反操作规程等现象,停止测试,成绩以不合格论处。

(4)对中误差及整平误差如不符合要求,酌情扣 5～8 分。

【测试说明及注意事项】

1. 测试准备工作:自备计算用纸、笔(钢笔或圆珠笔)、计算器等必要工具,抽题。

2. 全站仪放样三维坐标点技能测试将提供《全站仪放样三维坐标点技能测试报告》表给考生,测试结束后考生将该报告作为成果交回。

3. 测试过程中,派 2 名辅助人员配合考生完成测试任务。

4. 测试过程中任何人不得提示,考生应独立完成全部工作。

5. 主考人有权随时检查是否符合操作规程及技术要求,但应相应折减所影响的时间。

6. 若有作弊行为,一经发现一律按零分处理,不得参加补考。

7. 测试时间自领取仪器开始,至递交成果与仪器终止。

8. 评分标准参见相关表格。

【测试报告】

全站仪放样三维坐标点技能测试报告

表 2-83

考评日期:__________ 姓名:__________ 成绩:__________ 考评员:__________

<table>
<tr><td>测 试 题 目</td><td colspan="3">全站仪放样三维坐标点</td></tr>
<tr><td>主要仪器及工具</td><td colspan="3"></td></tr>
<tr><td>天气</td><td></td><td>仪器号码</td><td></td></tr>
<tr><td colspan="4">放样过程相关记录:</td></tr>
<tr><td colspan="4">检核:用全站仪测量所标定点的坐标
结果:所测设的点位与所已知的点位之差为__________,精度__________要求</td></tr>
</table>

【测试成绩评定表】

表 2-84 用于考评员给考生评定成绩,最后连同考生《测试报告》归档保存。

测试成绩评定表

表 2-84

考生姓名:__________ 考评日期:__________ 开始时间:__________ 结束时间:__________

<table>
<tr><td>测试内容</td><td>配 分</td><td>操作要求及评分标准</td><td>扣 分</td><td>得 分</td><td>监考教师评分依据记录</td></tr>
<tr><td>工作态度</td><td>10</td><td>仪器工具轻拿轻放,搬仪器动作规范,装箱正确</td><td></td><td></td><td></td></tr>
<tr><td>仪器操作</td><td>35</td><td>操作熟练、规范、方法步骤正确、不缺项</td><td></td><td></td><td></td></tr>
<tr><td>读数、记录</td><td>10</td><td>读数、记录正确、规范</td><td></td><td></td><td></td></tr>
<tr><td>地面标志点位</td><td>10</td><td>清晰、规范</td><td></td><td></td><td></td></tr>
<tr><td>精度</td><td>25</td><td>精度符合要求</td><td></td><td></td><td></td></tr>
<tr><td>综合印象</td><td>10</td><td>动作规范、熟练、文明作业</td><td></td><td></td><td></td></tr>
<tr><td colspan="2">合 计</td><td>标准分:100</td><td></td><td></td><td></td></tr>
<tr><td colspan="2">总扣分及说明</td><td colspan="4"></td></tr>
<tr><td colspan="2">最后得分</td><td>　　　　考评员签字</td><td></td><td>主考人签字</td><td></td></tr>
</table>

【其他变数与说明】

1. 其他变数

全站仪的种类、型号和规格各异,特别是换代产品较为频繁,使用的方便程度不一;为此考评员打分时可酌情根据仪器的方便程度做适当调节。

2. 技能的用途：施工放样的主要方法、先进方法。

【测试辅导】

下面以南方测绘公司的 NTS600 全站仪系列为例进行放样测量：

1. 按距离进行放样

该功能可显示测量的距离与预置距离之差，显示值＝观测值－标准（预置）距离，可进行各种距离测量模式如平距（HD）、高差（VD）或斜距（SD）的放样。

［示例：高差的放样（见表 2-85）］

表 2-85

操作步骤	按键	显示
①在距离测量模式下按［F6］（P1↓）键进入第 2 页功能	［F6］	【平距测重】 V： 87°56′09″ HR： 120°44′38″ HD： VD： PSM 30 PPM 0 (m) *F.R 测量 模式 角度 斜距 坐标 P1↓ 记录 放样 均值 m/ft P2↓
②按［F2］（放样）键	［F2］	【放样】 HD： VD： 退出 左移
③输入待放样的高差值并按［ENT］键。观测开始	输入放样值 ［ENT］	【平距测量】 V： 90°10′20″ HR： 120°30′40″ HD： dVD： PSM 30 PPM 0 (m)*F.R 记录 放样 均值 m/ft P2↓ 【平距测量】 V： 90°10′20″ HR： 120°30′40″ HD： 12.345 dVD： 0.009 PSM 30 PPM 0 (m)F.R 记录 放样 均值 m/ft P2↓

●一旦将标准距离重新设置为“0”或关机，即可返回到正常距离测量模式

2. 设置方向角和放样坐标点

如图 2-50 所示，方向角选项利用测站点和后视点坐标计算后视方向角，一旦设置了后视方向角，便可以进行坐标放样。

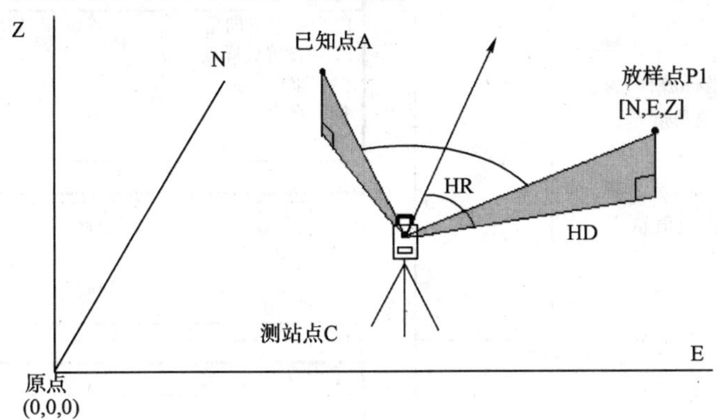

图 2-50　坐标放样示意图

操作步骤(见表 2-86)：

表 2-86

操作步骤	按　键	显　示
①在主菜单中按[F1](程序)键	[F1]	【程序】　5/9 F1　标准测量　P F2　设置方向　P F3　导线测量　P F4　悬高测量　P F5　对边测量　P 翻页
②按[F6]键进入该菜单的第 2 页	[F6]	【程序】　5/9 F1　角度复测　P F2　坐标放样　P F3　线高测量　P F4　偏心测量　P 翻页

续上表

操作步骤	按键	显示
③按[F3](坐标放样)键。 显示放样菜单屏幕。 如创建过作业,屏幕中会显示作业信息	[F3]	【放样】 F1 设置方向角 F2 设置放样点 F3 坐标数据 F4 选项 作业名 SOUTH 点 数 10 格网因子 1.000 000
④按[F1]键设置方向角	[F1]	【设置测站点】 记录号 1 点号:1 数字 空格 ← → ↑ ↓
⑤A 输入测站点点号。测站点号可以是数字或字符。 如点号以字符开头,按[F1](字母) 键便允许输入数字,参见3.12节"输入字符和数字" ⑤B 如仪器内存中没有该测站点的坐标值,便显示输入该点坐标的输入屏幕。 按[F1](输入)键进行输入测站点的坐标。 如需要零值,按[F6](确认)键。 如坐标值是其他数据,则输入坐标并按[ENT]键接受该数据。 ●注意:点号和坐标值在输入完后,不存储在内存中	[F1] 输入点号 [F1] 输入坐标 [F6]	A 【设置测站点】 记录号 1 点号:1 数字 空格 ← → ↑ ↓ B 【设置方向值】 测站点 N: 0.000 m E: 0.000 m Z: 0.000 m 输入 确认

续上表

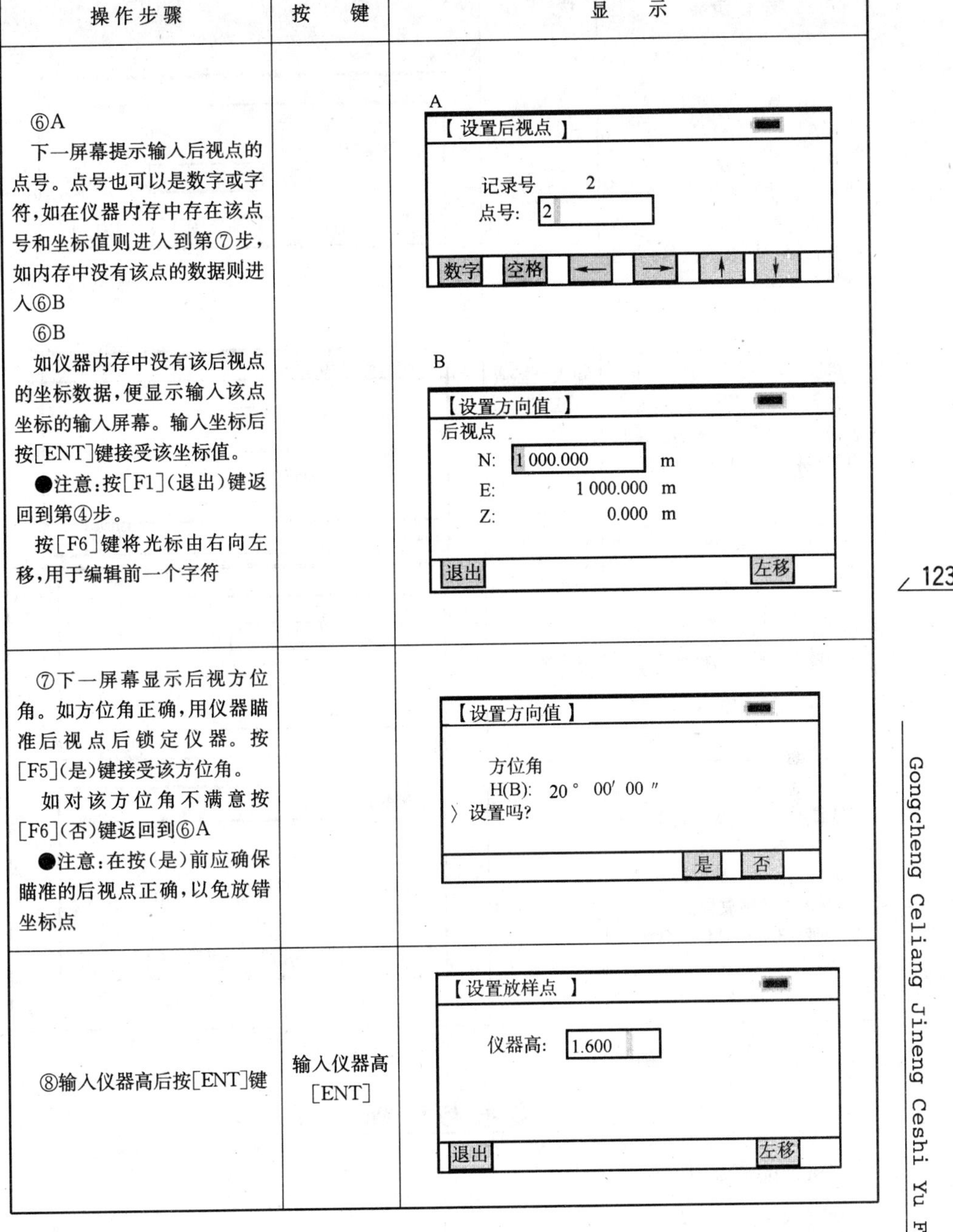

操作步骤	按　　键	显　　示
⑥A 下一屏幕提示输入后视点的点号。点号也可以是数字或字符,如在仪器内存中存在该点号和坐标值则进入到第⑦步,如内存中没有该点的数据则进入⑥B ⑥B 如仪器内存中没有该后视点的坐标数据,便显示输入该点坐标的输入屏幕。输入坐标后按[ENT]键接受该坐标值。 ●注意:按[F1](退出)键返回到第④步。 按[F6]键将光标由右向左移,用于编辑前一个字符		A 【设置后视点】 记录号　2 点号:　2 数字　空格　←　→　↑　↓ B 【设置方向值】 后视点 N:　1 000.000 m E:　1 000.000 m Z:　0.000 m 退出　左移
⑦下一屏幕显示后视方位角。如方位角正确,用仪器瞄准后视点后锁定仪器。按[F5](是)键接受该方位角。 如对该方位角不满意按[F6](否)键返回到⑥A ●注意:在按(是)前应确保瞄准的后视点正确,以免放错坐标点		【设置方向值】 方位角 H(B):　20° 00′ 00″ 〉设置吗? 是　否
⑧输入仪器高后按[ENT]键	输入仪器高 [ENT]	【设置放样点】 仪器高:　1.600 退出　左移

续上表

操作步骤	按键	显示
⑨A 输入放样点的点号。 如内存中存在该点的坐标，便进入到第⑩步。 如内存中没有该点号，便进入到第⑨B。	输入点号	A 【设置放样点】 记录号 1 点号: 3 数字 空格 ← → ↑ ↓
⑨B 输入放样点的坐标值，并在输入完每一坐标值后按[ENT]键。继续进行第⑩步	输入坐标值 [ENT]	B 【设置放样点】 后视点 N: 1 000.000 m E: 0.000 m Z: 0.000 m 退出 左移
⑩输入放样点的棱镜高	输入棱镜高	【设置放样点】 棱镜高: 1.750 退出 左移
⑪显示待放样点的放样角度和放样距离。 从后视点，仪器应旋转 45°23′45″才能转到放样点的方向上，平距 23.901 是仪器到放样点的距离		【放样】 dHR: 45° 23′ 45″ dHD: 23.901 m 角度 距离 精粗 坐标 指挥 继续 [F1] [F2] [F3] [F4] [F5] [F6]

思考与训练

同技能测试十三。

第三章 测量基本技能

技能测试一　四等水准测量

【测试核心技能】

1. 掌握四等水准测量的观测、记录、计算、校核方法及成果计算方法。
2. 熟悉四等水准测量的主要技术要求、水准路线的布设方法。

【测试题目与内容】

四等水准测量。

1. 观测一条闭合水准路线，用四等水准测量的方法根据已知点高程测出未知点高程。

2. 完成该工作的观测、记录和计算校核，并完成高差闭合差的调整与高程计算，求出未知点的高程。

3. 读数时符合水准管气泡影像错动 < 1mm，若使用自动安平水准仪时，要求补偿指标线不脱离小三角形。

【测试时间】

90 分钟。

【测试条件(情景)】

1. 仪器、工具：DS_3 型微倾式水准仪 1 台、脚架 1 个、双面水准尺 1 对、尺垫 1

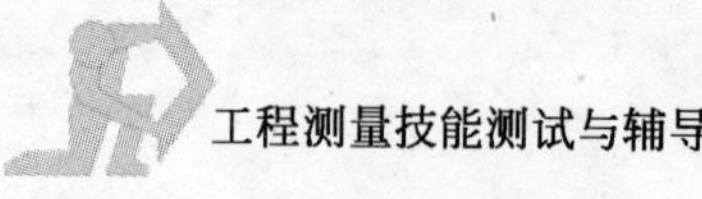

对、记录夹1个、皮尺1把。

2. 在测试现场选定一已知高程的点BM_A，其高程为1 000.000m。指定两个未知待测点，分别打入木桩表示Ⅰ、Ⅱ两点，桩顶钉圆帽钉。Ⅰ点距离BM_A点约300～500m，Ⅱ点距离Ⅰ点约100～200m，Ⅱ点距离BM_A点约400～600m。

【测试要求及评分标准】

1. 严格按操作规程作业；观测顺序按"后前前后"（黑黑红红）进行。

2. 记录、计算完整、整洁、无错误。

3. 数据记录、计算、校核及成果计算均应填写在相应的《测试报告》中，记录表以外的数据不作为考核结果。

4. 每站前后视距差不超过5m，前后视距累计差不超过10m，红黑面读数差不大于3mm，红黑面高差之差不大于5mm。

四等水准测量的精度要求：高差闭合差的容许值$f_{h容}=\pm 20\sqrt{L}$mm或$f_{h容}=\pm 6\sqrt{n}$mm。

5. 评分标准见表3-1。

测试评分标准（百分制）　　表3-1

序号	测试内容	评分标准	配分
1	工作态度	仪器工具轻拿轻放，搬仪器动作规范，装箱正确	10
2	仪器操作	操作熟练、规范、方法步骤正确、不缺项	20
3	读数	读数正确、规范	10
4	记录	记录正确、规范	10
5	计算	计算快速准确、规范，计算检核齐全	20
6	精度	精度符合要求	20
7	综合印象	动作规范、熟练、文明作业	10
合计			100

6. 评分奖罚说明

(1)测试时间为评分的主要依据之一，提前完成者给予适当奖分，奖分参考标准分三个等级，如表 3-2 所示；测试时间不得超过规定时间(90 分钟)。

表 3-2

提前时间	30 分钟以上	20 分钟以上	10 分钟以上
参考奖分	30 分	20 分	10 分

(2)根据水准管气泡偏差情况，酌情扣 0～5 分。

(3)根据卷面整洁情况，扣 0～5 分(记录划去 1 处扣 1 分，合计不超过 5 分)。

(4)如发生仪器事故或严重违反操作规程等现象，停止测试，成绩以不合格论处。

【测试说明及注意事项】

1. 测试准备工作：自备计算用纸、笔(钢笔或圆珠笔)、计算器等必要工具，抽题。

2. 四等水准测量技能测试将提供《四等水准测量技能测试报告》(表 3-3、表 3-4、表 3-5)给考生，测试结束后考生将该报告作为成果交回。

3. 测试过程中，安排 2 名辅助人员配合考生完成测试任务。

4. 测试过程中任何人不得提示，考生应独立完成全部工作，包括仪器操作、记录、计算及校核工作。

5. 主考人有权随时检查是否符合操作规程及技术要求，但应相应折减所影响的时间。

6. 若有作弊行为，一经发现一律按零分处理，不得参加补考。

7. 测试时间自领取仪器开始，至递交成果与仪器终止。

8. 评分标准参见相关表格。

【测试报告】

四等水准测量技能测试报告　　表 3-3

考评日期:＿＿＿＿＿　姓名:＿＿＿＿＿　成绩:＿＿＿＿＿　考评员:＿＿＿＿＿

测试题目	四等水准测量		
主要仪器及工具			
天气		仪器号码	

四等水准测量记录表 表 3-4

测站编号	测点编号	后尺 上丝 / 下丝 / 后距 / 视距差	前尺 上丝 / 下丝 / 前距 / 累加差	方向及尺号	标尺读数 黑面（m）	标尺读数 红面（m）	K＋黑减红（mm）	高差中数（m）	备注
				后					已知 BM_1 的高程为 10.000m
				前					
				后一前					
				后					
				前					
				后一前					
				后					
				前					
				后一前					
				后					
				前					
				后一前					
				后					
				前					
				后一前					
				后					
				前					
				后一前					

水准测量成果计算表

表 3-5

点号	水准路线长 L_i(m)	测站数 n_i(m)	实测高差 h_i(m)	高差改正数 v_i(m)	改正后高差 $h_{i改}$(m)	高程 H_i(m)	备注
A						1 000.000	已知
I							
II							
A							
Σ							
辅助计算	$f_h=$　　　$f_{h容}=$ 高差改正数 $v_i=$						

【测试成绩评定表】

表 3-6 用于考评员给考生评定成绩，最后连同考生《测试报告》归档保存。

测试成绩评定表

表 3-6

考生姓名:________ 考评日期:________ 开始时间:________ 结束时间:________

测试内容	配　分	操作要求及评分标准	扣　分	得　分	监考教师评分依据记录
工作态度	10	仪器工具轻拿轻放，搬仪器动作规范，装箱正确			
仪器操作	20	操作熟练、规范、方法步骤正确、不缺项			
读数	10	读数正确、规范			
记录	10	记录正确、规范			
计算	20	计算快速准确、规范，计算检核齐全			
精度	20	精度符合要求			
综合印象	10	动作规范、熟练、文明作业			
合计		标准分:100			
总扣分及说明					
最后得分		考评员签字		主考人签字	

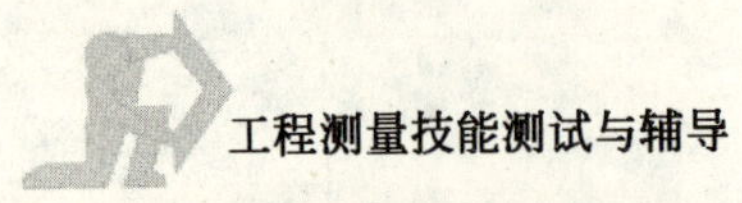

【其他变数与说明】

1. 其他变数

(1)任务可以变换成符合水准路线。

(2)仪器如用自动安平水准仪，测试用时可以适当减少。

(3)外业观测可以根据水准路线长度调整测试工作量或测试用时。

2. 技能的用途：用于较高精度高程测量的一种方法。

【测试辅导】

一 三等、四等水准测量的技术要求

三、四等水准测量，除用于国家的高程控制加密外，还可直接用于地形测图和各种工程建设的高程控制。根据条件和用途，水准路线可布设成附合水准路线和闭合水准路线。三、四等水准测量的主要技术要求见表 3-7。

三、四等水准测量技术指标　　表 3-7

等级	水准仪	水准尺	视线离地高度	视线长度(m)	前后视距差(m)	前后视距差累积值(m)	红黑面读数差(m)	红黑面高差之差(mm)	检测间歇高差之差(mm)	观测次数		往返较差、附合或环形闭合差	
										与已知点连测的	附和或环形的	平地	山地
三	DS_3	双面	三丝能读数	65	3.0	6.0	2	3	3	往返各一次	往返各一次	$\pm12\sqrt{L}$	$\pm4\sqrt{n}$
四	DS_3	双面		80	5.0	10.0	3	5	5	往返各一次	往一次	$\pm20\sqrt{L}$	$\pm6\sqrt{n}$

注：L—单程路线长度，以 km 计；n—测站数(单程)。

二 一个测站的观测程序

四等水准测量的观测程序为：后、前、前、后(有时也可采用后、后、前、前)的观测程序。观测程序如下(见表 3-8)。

安置仪器、粗平；

后视黑面尺，精平，读上、下、中、三丝读数，记入表 3-8 中(1)、(2)、

(3)栏；

前视黑面尺，精平，读中、上、下、三丝读数，记入表中(6)、(4)、(5)栏；

前视红面尺，精平，读中丝读数，记入表中(7)栏；

后视红面尺，精平，读中丝读数，记入表中(8)栏。

三、四等水准测量手簿 表 3-8

测站编号	测点编号 后尺 上丝/下丝 后视距 视距差 Δd	前尺 上丝/下丝 前视距 $\sum\Delta d$	方向及尺号	中丝读数 黑面	中丝读数 红面	K+黑减红	高差中数	备注
	(1)	(4)	后	(3)	(8)	(13)		水准尺：No16 K16=4687 No17 K17=4787
	(2)	(5)	前	(6)	(7)	(14)		
	(9)	(10)	后一前	(15)	(16)	(17)	(18)	
	(11)	(12)						
1	2.121	2.196	后 16	1.934	6.621	0		
	1.747	1.821	前 17	2.008	6.796	−1		
	37.4	37.5	后一前	−0.074	−0.175	+1	−0.0745	
	−0.1	−0.1						
2	1.571	0.739	后 17	1.384	6.171	0		
	1.197	0.363	前 16	0.551	5.239	−1		
	37.4	37.6	后一前	+0.883	+0.932	+1	+0.8 325	
	−0.2	−0.3						
3	1.540	2.813	后 16	1.284	5.971	0		
	1.069	2.357	前 17	2.580	7.368	−1		
	47.1	45.6	后一前	−1.296	−1.397	+1	−1.2 965	
	+1.5	+1.2						
4	1.965	2.141	后 17	1.832	6.619	0		
	1.700	1.874	前 16	2.007	6.694	0		
	26.5	26.7	后一前	−0.175	−0.075	0	−0.1 750	
	−0.2	+1.0						

三 测站上的计算与检核

(一)视距部分

后视距离　　$d_{后}(9)=[(1)-(2)]\times100$

前视距离　　$d_{前}(10)=[(4)-(5)]\times100$

前后视距差 $\Delta d(11)=(9)-(10)$。四等水准测量不得大于5m。

视距差累积值$\sum\Delta d(12)=$上站$(12)+$本站(11),四等水准测量不得大于10m。因此在观测时安置仪器应尽可能做到$\sum d_{后}\approx\sum d_{前}$,使之不得超过上述限差。

(二)高差部分

先进行同一标尺的黑红读数检核,然后进行高差计算。

后视尺黑红读数差　　$(13)=k_{16}+(3)-(8)$

前视尺黑红读数差　　$(14)=k_{17}+(6)-(7)$

(13)、(14)栏应等于零,不符值四等水准测量不得大于3mm,否则应重新观测。满足上述要求后,即可进行黑红高差的计算和检核,即:

黑面高差　　$(15)=(3)-(6)$

红面高差　　$(16)=(8)-(7)$

黑红高差之差　　$(17)=(15)-[(16)\pm100\text{mm}]$

作为测量检核,(17)栏应为零。对于四等水准测量,不符值不应大于5mm。式中的100mm是前视尺的$k_{前}$与后视尺的$k_{后}$之差,即$k_{前}-k_{后}=\pm100\text{mm}$,$k_{前}>k_{后}$取正,反之为负。

作为计算检核,$(17)=(13)-(14)$。若不等,表示计算有误。检核时应注意它们的符号。在满足上述要求后,则可计算黑红高差的平均值。即:

平均高差　　$(18)=[(15)+(16)\pm100\text{mm}]$

以上各项限差经检核无误后,方可迁入下一测站。否则,不许搬站,应重测,直至达到要求为止。

四 观测结束后的计算与检核

检核时,可按测段或每页记录进行。

高差的检核　　$\sum(15)=\sum(3)-\sum(6)$

$\sum(16)=\sum(8)-\sum(7)$

对于偶数站　　　$\sum(18)=1/2[\sum(15)+\sum(16)]$

或　　　$2\sum(18)=\sum[(3)+(8)]-\sum[(6)+(7)]$

对于奇数站　$\sum(18)=1/2[\sum(15)+\sum(16)\pm100\text{mm}]$

或　　　$2\sum(18)\pm100=\sum[(3)+(8)]-\sum[(6)+(7)\pm100\text{mm}]$

视距的检核 末站　　　$(12)=\sum(9)-\sum(10)$

检查无误后，即可计算路线长度 L_i，即：

$$L_i=(9)+(10)$$

式中，i 为测段的编号，路线的总长 $L=\sum L_i=\sum[(9)+(10)]$。

五 成果检核与高程计算

水准测量结束后，应立即进行成果检核，计算出路线的高差闭合差是否在表3-7的容许值范围内。符合要求后，应进行闭合差调整。最后按调整的高差计算各水准点的高程。

六 注意事项

1. 在观测的同时，记录员应及时进行测站的计算与检核工作，符合要求方可迁站，否则应重测。

2. 仪器未迁站时，后视尺不得移动；仪器迁站时，前视尺不得移动。

思考与训练

1. 简述四等水准测量一测站的观测顺序。

2. 四等水准测量为何限制前后视距差？

技能测试二　闭合导线角度测量

【测试核心技能】

1. 水平角测量的方法；

2. 闭合导线角度测量的精度要求及平差方法。

【测试题目与内容】

闭合导线角度测量。

1. 用测回法完成一个三角形三个内角的观测。

2. 完成必要记录和计算，并求出三角形闭合差。

3. 进行精度评定并进行角度平差。

【测试时间】

60 分钟。

【测试条件(情景)】

1. 仪器、工具：DJ_6 型光学经纬仪 1 台、脚架 1 个、测钎 2 根、记录夹 1 个、测伞 1 把。

2. 在测区地面上任意选择三个点 A、B、C(如图 3-1，A、B、C 是地面上相互通视的三点)，分别打入木桩，桩顶钉小钉表示点位。要求三条边长均在百米以上。用测回法测出三角形三个内角 A、B、C 的角值，每个角测一个测回。

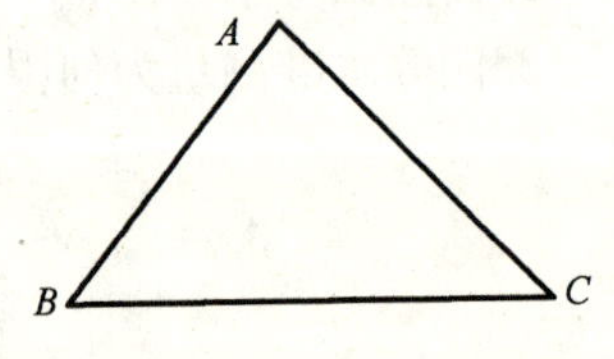

图 3-1　闭合导线角度测量示意图

【测试要求及评分标准】

1. 严格按操作规程作业。

2. 要求对中误差＜3mm，整平误差＜1 格，上、下半测回角值差不超过 36″，各测回角值差不超过 24″。

3. 记录、计算完整、整洁，无错误；数据记录、计算均应填写在相应的《测试报告》中，记录表不可用橡皮擦修改，记录表以外的数据不作为考核结果。

4. 三角形闭合差 $f_\beta \leqslant \pm 60''\sqrt{3}$。

5. 评分标准见表 3-9。

测试评分标准（百分制）　　表 3-9

序　号	测 试 内 容	评 分 标 准	配　分
1	工作态度	仪器工具轻拿轻放，搬仪器动作规范，装箱正确	10
2	仪器操作	操作熟练、规范、方法步骤正确、不缺项	25
3	读数、记录	读数、记录正确、规范	15
4	计算	计算快速准确、规范，计算检核正确	10
5	精度	精度符合要求	20
6	平差计算	正确、规范	10
7	综合印象	动作规范、熟练、文明作业	10
合计			100

6. 评分奖罚说明

（1）测试时间为评分的主要依据之一，提前完成者给予适当奖分，奖分参考标准分三个等级，如表 3-10 所示；测试时间不得超过规定时间（60 分钟）。

表 3-10

提 前 时 间	20 分钟以上	15 分钟以上	10 分钟以上
参考奖分	20 分	10 分	5 分

（2）根据卷面整洁情况，扣 0～5 分（记录划去 1 处扣 1 分，合计不超过 5 分）。

（3）如发生仪器事故或严重违反操作规程等现象，停止测试，成绩以不合格论处。

（4）对中误差及整平误差如不符合要求，酌情扣 5～8 分。

【测试说明及注意事项】

1. 测试准备工作：自备计算用纸、笔（钢笔或圆珠笔）、计算器等必要工具，抽题。

2. 闭合导线角度测量技能测试将提供《闭合导线角度测量技能测试报告》（表 3-11、表 3-12）给考生，测试结束后考生将该报告作为成果交回。

3. 测试过程中，派 2 名辅助人员配合考生完成测试任务。

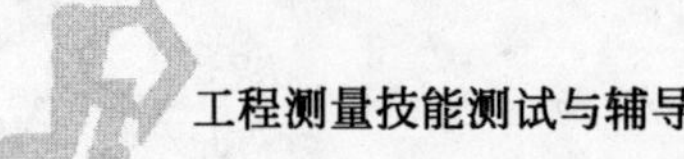

4.测试过程中任何人不得提示，考生应独立完成全部工作。

5.主考人有权随时检查是否符合操作规程及技术要求，但应相应折减所影响的时间。

6.若有作弊行为，一经发现一律按零分处理，不得参加补考。

7.测试时间自领取仪器开始，至递交成果与仪器终止。

8.评分标准参见相关表格。

【测试报告】

闭合导线角度测量技能测试报告 表3-11

考评日期：______ 姓名：______ 成绩：______ 考评员：______

测 试 题 目	闭合导线角度测量		
主要仪器及工具			
天气		仪器号码	

水平角测量手簿 表3-12

测站	竖盘位置	目标	水平度盘读数 (° ′ ″)	半测回角值 (° ′ ″)	一测回角值 (° ′ ″)	各角值改正数 (″)	改正后角值 (° ′ ″)
			Σ				
校核	三角形闭合差 $f_\beta=$______；$f_{\beta容}=\pm60''\sqrt{3}=\pm104''$；精度______要求						

【测试成绩评定表】

表 3-13 用于考评员给考生评定成绩，最后连同考生《测试报告》归档保存。

测试成绩评定表　　表 3-13

考生姓名：______　考评日期：______　开始时间：______　结束时间：______

测试内容	配分	操作要求及评分标准	扣分	得分	监考教师评分依据记录
工作态度	10	仪器工具轻拿轻放，搬仪器动作规范，装箱正确			
仪器操作	25	操作熟练、规范、方法步骤正确、不缺项			
读数、记录	15	读数、记录正确、规范			
计算	10	计算快速准确、规范，计算检核正确			
精度	20	精度符合要求			
平差计算	10	正确、规范			
综合印象	10	动作规范、熟练、文明作业			
合计		标准分：100			
总扣分及说明					
最后得分		考评员签字		主考人签字	

【其他变数与说明】

1. 其他变数

(1)闭合导线角的个数可以改变以调整测试工作量的大小，角度测量测回数或精度的不同要求也可以改变以调整测试工作量的大小。

(2)仪器可以变换成 DJ_2 型光学经纬仪，也可以变换成电子经纬仪进行测试，此时，测试用时可以适当调整。

(3)如条件具备，也可以测量符合导线的左角或右角。

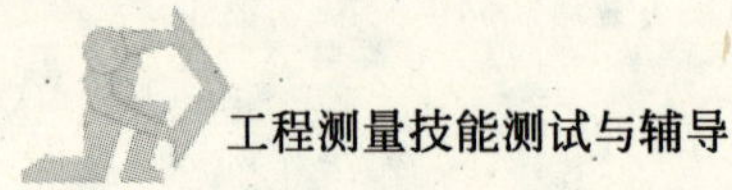

2. 技能的用途：用于导线测量中的角度测量。

【测试辅导】

一 仪器使用、测回法测量水平角的方法见第二部分技能测试三

二 精度要求见表 3-14

导线测量的主要技术要求 表 3-14

等级	测图比例尺	导线长度（m）	平均边长（m）	往返丈量较差相对误差	测角中误差（″）	导线全长相对闭合差	测回数		角度闭合差（″）
							DJ_2	DJ_6	
一级		2 500	250	1/20 000	±5	1/10 000	2	4	$\pm 10\sqrt{n}$
二级		1 800	180	1/15 000	±8	1/7 000	1	3	$\pm 16\sqrt{n}$
三级		1 200	120	1/10 000	±12	1/5 000	1	2	$\pm 24\sqrt{n}$
图根级	1∶500	500	75	1/3 000	±20	1/2 000		1	$\pm 60\sqrt{n}$
	1∶1 000	1 000	110						
	1∶2 000	2 000	180						

三 水平角测量手簿样本见表 3-15

水平角测量手簿 表 3-15

测站	竖盘位置	目标	水平度盘读数（° ′ ″）	半测回角值（° ′ ″）	一测回角值（° ′ ″）	各角值改正数（″）	改正后角值（° ′ ″）	示意图
A	左	C	00 00 05	76 20 47	76 20 50	2″	76 20 52	
		B	76 20 52					
	右	C	180 00 00	76 20 53				
		B	256 20 53					
B	左	A	00 01 00	65 06 22	65 06 23	2″	65 06 25	
		C	65 07 22					
	右	A	180 01 09	65 06 24				
		C	245 07 33					

续上表

测站	竖盘位置	目标	水平度盘读数 (° ′ ″)	半测回角值 (° ′ ″)	一测回角值 (° ′ ″)	各角值改正数 (″)	改正后角值 (° ′ ″)	示意图
C	左	*B*	00 00 28	38 32 37	38 32 42	1″	38 32 43	A, B, C
		A	38 33 05					
	右	*B*	180 00 31	38 32 46				
		A	218 33 17					
Σ						5″	180 00 00	
校核	三角形闭合差 $f_\beta=\underline{-5''}$；$f_{\beta容}=\pm60''\sqrt{3}=\pm104''$；精度符合要求							

思考与训练

1. 导线坐标计算时应满足哪些几何条件？
2. 闭合导线与附合导线角度闭合差如何计算？如何分配角度闭合差？

技能测试三　设计坡度线的测设

【测试核心技能】

1. 高程测设的方法。

2. 正确使用水准仪测设已知坡度线。

【测试题目与内容】

设计坡度线的测设。

根据设计坡度和已知端点的设计高程，用水准测量的方法将坡度线上各点的设计高程标定在地面上。

【测试时间】

30 分钟。

【测试条件(情景)】

1. 仪器、工具：DS_3 型水准仪 1 台、脚架 1 个、水准尺 1 根、皮尺 1 把、木桩若干、小钉若干、计算器 1 台、记录板 1 个。

2. 现场给定 A、B 两点相距 50m，假设起点为 A，其高程为 837.450m，需在 A、B 之间测设一条 $i=0.5\%$ 的坡度线。

【测试要求及评分标准】

1. 严格按操作规程作业。

2. 数据记录、计算、校核及成果计算均应填写在相应的《测试报告》中，记录表以外的数据不作为考核结果。

3. 按所给的条件和数据，测设出 B 点设计高程；测设限差不得大于 $\pm 6\sqrt{n}$mm，n 为测站数。

4. 在 AB 连线上测设中间点，使各中间点桩顶连线为欲测设的坡度线（从 A 点开始，每隔 10m 测设一个中间点）。

5. 评分标准见表 3-16。

操作要求及评分标准

表 3-16

序　　号	操作项目名称	评 分 标 准	满分	得分
1	工作态度	仪器、工具轻拿轻放，装箱正确，文明操作	10	
2	仪器使用	熟练、规范、正确	10	
3	*B* 点设计高程测设	计算、测设快速准确	20	
4	各中间点的测设	操作熟练，安排合理	40	
5	校核	含计算校核和测设校核	20	
合计			100	

6. 评分奖罚说明

(1)测试时间为评分的主要依据之一，提前完成者给予适当奖分，奖分参考标准分四个等级，如表 3-17 所示；测试时间不得超过规定时间(30 分钟)。

表 3-17

提 前 时 间	20 分钟以上	15 分钟以上	10 分钟以上	5 分钟以上
参考奖分	30 分	20 分	10 分	5 分

(2)根据卷面整洁情况，扣 0～5 分(记录划去 1 处扣 1 分，合计不超过 5 分)。

(3)如发生仪器事故或严重违反操作规程等现象，停止测试，成绩以不合格论处。

【测试说明及注意事项】

1. 测试准备工作：自备计算用纸、笔(钢笔或圆珠笔)、计算器等必要工具，抽题。

2. 设计坡度线的测设技能测试将提供《设计坡度线的测设技能测试报告》(表 3-18)给考生，测试结束后考生将该报告作为成果交回。

3. 测试过程中，安排 2 名辅助人员配合考生完成测试任务。

4. 测试过程中任何人不得提示，考生应独立完成全部工作。

5. 主考人有权随时检查是否符合操作规程及技术要求，但应相应折减所影

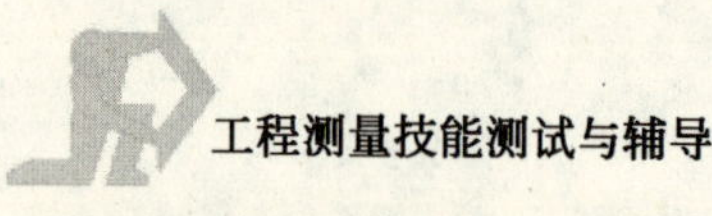

响的时间。

6. 若有作弊行为，一经发现一律按零分处理，不得参加补考。

7. 测试时间自领取仪器开始，至递交成果与仪器终止。

8. 评分标准参见表 3-20。

【测试报告】

设计坡度线的测设技能测试报告　　　　表 3-18

考评日期：________　姓名：________　成绩：________　考评员：________

测试题目	设计坡度线的测设		
主要仪器及工具			
天气		仪器号码	
测试场地布置草图			
计算过程			
测试主要步骤			
放样成果检核			

【测试成绩评定表】

表 3-19 用于考评员给考生评定成绩，最后连同考生《测试报告》归档保存。

测试成绩评定表 表 3-19

考生姓名:________ 考评日期:________ 开始时间:________ 结束时间:________

测试内容	配分	操作要求及评分标准	扣分	得分	监考教师评分依据记录
工作态度	10	仪器、工具轻拿轻放,装箱正确,文明操作			
仪器使用	10	熟练、规范、正确			
B 点设计高程测设	20	计算、测设快速准确			
各中间点的测设	40	操作熟练,安排合理			
校核	20	含计算校核和测设校核,要求精度符合要求			
合计		标准分:100			
总扣分及说明					
最后得分		考评员签字		主考人签字	

考评单项配分参考表 表 3-20

项目	考核内容		操作要求及评分标准	单项配分值
抄平测量	仪器整置与操作(20分)	架腿安置	高度适中,架腿粗平,架腿踩实,每缺一项或不当扣1~2分	4
		开箱,取仪器	先松制动后取仪器,关箱。未做或不当扣 1 分	2
		整平	粗略整平方法正确,熟练性好 3 分,精确整平方法正确,精度高 1 分	4
		卸仪器	开箱,松制动,卸仪器,仪器放置正确,关制动,缺项或不当扣 1 分	3
		各螺旋使用	使用中部,用力适度,操作不当扣 2 ~ 1 分	4
		爱护仪器	操作方法规范 2 分,文明作业 1 分	3
	水准测量(40分)	观测方法	正确性 6 分,熟练性 2 分,精确整平 2 分	10
		照准标尺	使用粗瞄器 2 分,照准方法正确熟练 2 分,消除视差 2 分,每项不当扣 1 分	6
		标尺读数	读数正确 2 分,熟练性 2 分	5
		成果精度	符合限差 5 分,超限不得分	5
		记录	记录正确规范 5 分,计算正确 2 分,复诵读数 1 分,成果评价 1 分,记录计算熟练性 1 分	10
		立尺	标尺直立,扶尺稳定。立尺不当 1~4 分	4

续上表

项目	考核内容		操作要求及评分标准	单项配分值
坡度放样	坡度放样(30分)	水准仪的安置	方法正确4分,位置恰当2分	6
		仪器高的量取	量测熟练2分,精度高3分	3
		点位的选定	正确规范2分,记录熟练性1分	3
		点位高程测量	计算正确5分,熟练1分	6
		视线坡度的确定	水准尺读数、正确各2分	4
		坡度线的放样	正确6分,检核2分	8
职业素质	(5分)	协作精神	与其他成员协作好,配合默契,集体观念强	3
		劳动态度	热爱测绘劳动,肯吃苦,职业道德高尚	2
安全文明作业	安全(3分)	作业规程	严格遵守作业规程和国家有关劳动安全条例	2
		安全意识	安全意识强	1
	文明(2分)	文明作业	文明作业意识强,效果好	2
合计				100

【其他变数与说明】

1.其他变数

(1)根据某已知水准点测设一水平面、坡度面。

(2)可以设计较大坡度,配合经纬仪用倾斜视线法进行测设。

2.技能的用途:广泛用于道路等线路工程测量中。

【测试辅导】

在平整场地、敷设上、下水管道及修建道路等工程中,需要在地面上测设给定的坡度线。坡度线的测设是根据附近水准点的高程、设计坡度和坡度线端点的设计高程,用高程测设的方法将坡度线上各点的设计高程标定在地面上。测设方法有水平视线法和倾斜视线法两种。

一 水平视线法

如图 3-2 所示，A、B 为坡度线的两端点，其水平距离为 D，设 A 点的高程为 H_A，要沿 AB 方向测设一条坡度为 i_{AB} 的坡度线，具体施测方法如下。

1. 沿 AB 方向，桩定出间距为 d 的中间点 1、2、3 点的位置。

2. 计算各桩点的设计高程。

第 1 点的设计高程为：　　$H_1 = H_A + id$

第 2 点的设计高程为：　　$H_2 = H_1 + id$

第 3 点的设计高程为：　　$H_3 = H_2 + id$

B 点的设计高程为：　　$H_B = H_3 + id$

检核：　　$H_B = H_A + iD$

坡度 i 有正有负，计算设计高程时，坡度应连同符号一并运算。

3. 安置水准仪于水准点 BM_1 附近，后视读数 a，得仪器视线高 $H_i + H_1 + a$，然后根据各点的设计高程计算测设各点的应读前视读数 $b_{应} = H_i - H_{设}$。

4. 将水准尺分别靠在各木桩的侧面，上、下移动尺子，直至尺读数为 $b_{应}$ 时，沿水准尺底面在木桩上画一红线，则各桩红线的连线就是 AB 的设计坡度线；或立尺于桩顶，读得前视读数 b，再根据 $b_{应}$ 与 b 之差，自桩顶向下画线。

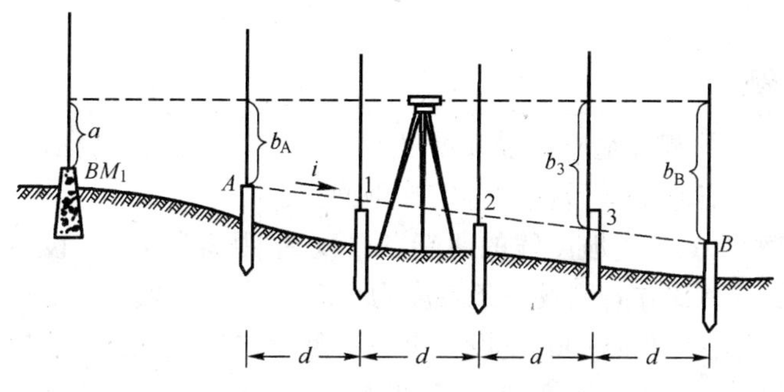

图 3-2　水平视线法测设坡度线

倾斜视线法

如图 3-3 所示，A、B 为坡度线的两端点，其水平距离为 D，设 A 点的高程为 H_A，要沿 AB 方向测设一条坡度为 i_{AB} 的坡度线，则先根据 A 点的高程 H_A、坡度 i_{AB} 及 A、B 两点的距离 D 计算 B 点的设计高程 H_B，即：

$$H_B = H_A + iD$$

再按测设已知高程的方法，将 A、B 两点的高程测设在相应的木桩上。然后将水准仪安置在 A 点上，使基座上一个脚螺旋在 AB 方向上，其余两个脚螺旋的连线与 AB 方向垂直，量取仪器高 i，再转动 AB 方向上的脚螺旋和微倾螺旋，使十字丝横丝对准 B 点水准尺上等于仪器高 i 处，此时仪器的视线与设计坡度线平行。然后在 AB 方向的中间各点 1、2、3、4 的木桩侧面立尺，上、下移动水准尺，直至尺上读数等于仪器高 i 时，沿尺子底面在木桩上画一红线，则各桩红线的连线就是设计坡度线。

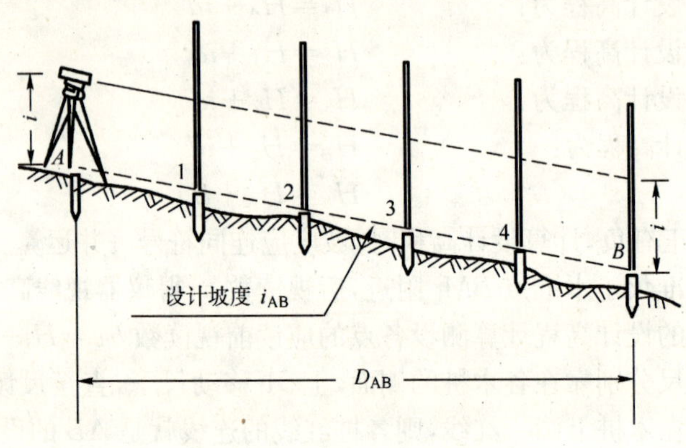

图 3-3　倾斜视线法测设坡度线

 三 样例

已知坡度线的测设是根据设计坡度和坡度端点的设计高程，用水准测量的方法将坡度线上各点的设计高程标定在地面上。

在地表确定 A、B 为坡度线的两端点，其水平距离为 40m，设 A 点的高程为 660.300m，要沿 AB 方向测设一条坡度为 0.5%的坡度线。

用水平视线法（每隔 10m 测设一个点），测设方法如下：

1. 根据 A 点的高程、坡度和 A、B 两点间的水平距离 D，计算出 B 点的设计高程为 $H_{B设}=H_{A设}+40\times0.5\%=660.500\text{m}$。

2. 计算各中间点高程：

$$H_{1设}=H_{A设}+10\times0.5\%=660.350\text{m}$$
$$H_{B设}=H_{A设}+20\times0.5\%=660.400\text{m}$$
$$H_{B设}=H_{A设}+30\times0.5\%=660.450\text{m}$$

3. 按水平视线法测设各高程点：

安置水准仪于坡度一侧，后视水准点，求出视线高程，依次计算各高程点

$b_{应}=H_i-H_{设}$,然后测设各高程点。

思考与训练

1. 已知坡度线的测设有哪两种方法？可以使用什么仪器？

2. 在地面是确定 P、Q 为坡度线的两端点,其水平距离为 50m,设 A 点的高程为 768.352m,要沿 AB 方向测设一条坡度为 1%的坡度线。要求每隔 10m 测设一个点,试计算测设数据并简述测设过程。

技能测试四　用直角坐标法放样平面点位

【测试核心技能】

1. 测设数据的内业计算能力。

2. 用直角坐标法测设点的平面位置的方法。

【测试题目与内容】

用直角坐标法放样平面点位。

1. 根据已有建筑基线上的两点，用经纬仪和钢尺在实地测设出某建筑物的4个角桩点的平面位置，并在实地标定，包括测设数据的计算和测设的全过程。

2. 检核：测设后，在其中的1个角点上测量其水平角作为检核。

【测试时间】

90分钟。

【测试条件（情景）】

1. 仪器、工具：DJ_2型光学经纬仪1台、脚架1个、测钎1根、花杆1根、钢尺1把、木桩若干、计算器（自备）、记录板1个。

2. 在现场假定出两点A、B在一条直线上，A(100.00，100.00)，B(100.00，150.00)；

3. 设计建筑物轴线上点1和点2相距20.000m，设计坐标为：1(110.00，110.00)，2(110.00，130.00)。

样题——如图3-4所示，考核时现场任意标定两点为O、M，O点设站，后视M点，用直角坐标法在实地标定P、Q、R、S，再在测设各点设站检查其垂直度和长宽度。

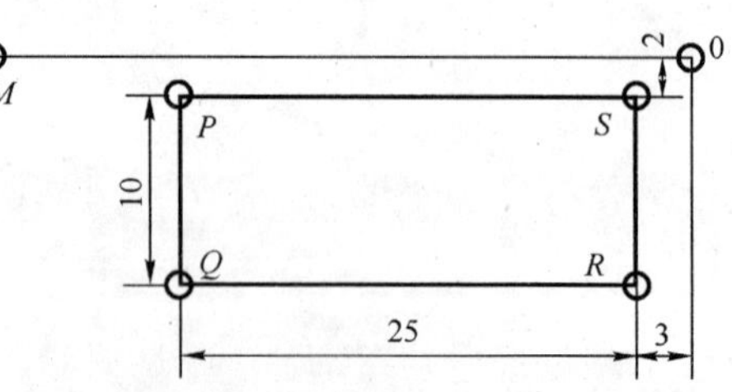

图3-4　用直角坐标法放样平面点位示意图

【测试要求及评分标准】

1. 按所给的条件和数据，计算出放样元素。

2. 根据计算出的放样元素进行测设，测设时对中误差<±3mm，水准管气泡偏差<1格。

3. 测设完毕后，要进行必要的校核，要求所测设直角与90°之差≤±30″，边长相对误差≤1/2 000。

4. 操作仪器严格按观测程序作业，记录、计算完整、清洁、字体工整，无错误。

5. 数据记录、计算及校核均应填写在相应的《测试报告》中，记录表不可用橡皮擦修改，记录表以外的数据不作为考核结果。

6. 评分标准见表3-21。

操作要求及评分标准 表3-21

序号	操作项目名称	评 分 标 准	满分	得分
1	工作态度	仪器、工具轻拿轻放，装箱正确	10	
2	放样元素计算	计算快速、正确	20	
3	根据放样元素进行测设	方法正确，步骤合理	30	
4	校核	含计算校核和测设校核	10	
5	测设精度	点位测设精度是否满足要求	20	
6	综合印象与仪器使用	仪器使用正确、熟练、规范，文明操作	10	
合计			100	

7. 评分奖罚说明

(1)测试时间为评分的主要依据之一，提前完成者给予适当奖分，奖分参考标准分三个等级，如表3-22所示；测试时间不得超过规定时间(90分钟)。

表3-22

提前时间	30分钟以上	20分钟以上	10分钟以上
参考奖分	30分	20分	10分

(2)根据对中误差情况，扣0～3分。

(3)根据标定的点位的清晰情况扣0～2分。

(4)根据水准管气泡偏差情况，扣0～2分。

(5)根据卷面整洁情况，扣0～5分(记录划去1处扣1分，合计不超过5分)。

【测试说明及注意事项】

1.测试准备工作:自备计算用纸、笔(钢笔或圆珠笔)、计算器等必要工具,抽题。

2.用直角坐标法放样平面点位技能测试将提供《用直角坐标法放样平面点位技能测试报告》(表 3-23)给考生,测试结束后考生将该报告作为成果交回。

3.测试过程中,安排 2 名辅助人员配合考生完成测试任务。

4.测试过程中任何人不得提示,考生应独立完成全部工作。

5.主考人有权随时检查是否符合操作规程及技术要求,但应相应折减所影响的时间。

6.若有作弊行为,一经发现一律按零分处理,不得参加补考。

7.测试时间自领取仪器开始,至递交成果与仪器终止。

8.评分标准参见相关表格。

【测试报告】

用直角坐标法放样平面点位技能测试报告 表 3-23

考评日期:________ 姓名:________ 成绩:________ 考评员:________

<table>
<tr><td>测试题目</td><td colspan="3">用直角坐标法放样平面点位</td></tr>
<tr><td>主要仪器及工具</td><td colspan="3"></td></tr>
<tr><td>天气</td><td></td><td>仪器号码</td><td></td></tr>
<tr><td>测试场地布置草图</td><td colspan="3"></td></tr>
<tr><td>计算过程</td><td colspan="3">一、测设数据的计算
$\Delta X_{A1}=$ $\Delta Y_{A1}=$
$\Delta X_{A2}=$ $\Delta Y_{A2}=$</td></tr>
<tr><td>测试主要步骤</td><td colspan="3"></td></tr>
<tr><td>放样成果检核</td><td colspan="3">1.建筑物长、宽尺寸检查:
建筑物长______ m,与设计长度差______ m;相对误差______,$<\frac{1}{2\,000}$
建筑物宽______ m,与设计宽度差______ m;相对误差______,$<\frac{1}{2\,000}$
2.四大角检查,与 90°之差:
∠1=______,<±30″;∠2=______,<±30″
∠3=______,<±30″;∠4=______,<±30″</td></tr>
</table>

【测试成绩评定表】

表 3-24 用于考评员给考生评定成绩，最后连同考生《测试报告》归档保存。

测试成绩评定表 表 3-24

考生姓名：________ 考评日期：________ 开始时间：________ 结束时间：________

测 试 内 容	配分	操作要求及评分标准	扣分	得分	监考教师评分依据记录
工作态度	10	仪器、工具轻拿轻放，装箱正确			
放样元素计算	20	计算快速、正确			
根据放样元素进行测设	30	方法正确，步骤合理			
校核	10	含计算校核和测设校核			
测设精度	20	点位测设精度是否满足要求			
综合印象与仪器使用	10	仪器使用正确、熟练、规范，文明操作			
合计	标准分：100				
总扣分及说明					
最后得分		考评员签字		主考人签字	

【其他变数与说明】

1. 其他变数

(1)经纬仪可以改用 J_6 仪器，此时测设角度误差可以放宽到 $\pm 1'$。

(2)也可以考虑用全站仪。

2. 技能的用途：主要应用于工程测量放线中。

【测试辅导】

直角坐标法是根据直角坐标原理，利用纵横坐标之差，测设点的平面位置。以本测试题为例，说明用直角坐标法放样平面点位的方法。

1. 计算测设数据

1 号点测设元素：$\Delta X_{A1}=10.00\text{m}$ $\Delta Y_{A1}=10.00\text{m}$

2 号点测设元素：$\Delta X_{A2}=10.00\text{m}$ $\Delta Y_{A2}=30.00\text{m}$

2.点位测设方法

(1)在 A 点安置经纬仪，瞄准 B 点，沿视线方向测设距离 10.00m，定出 m 点，继续向前测设 20.00m，定出 n 点。

(2)在 m 点安置经纬仪，瞄准 B 点，按逆时针方向测设 90°角，由 m 点沿视线方向测设距离 10.00m，定出 1 点。

(3)在 n 点安置经纬仪，瞄准 A 点，按逆时针方向测设 90°角，由 n 点沿视线方向测设距离 10.00m，定出 2 点，作出标志。

(4)检查建筑物 1、2 长是否等于设计长度，计算相对误差。

注：测设上述距离和角度时，采用一般方法。

思考与训练

1.直角坐标法适用于________。在此次测设中，放样 1 点的顺序是：先在______点上安置经纬仪，以______点定向，沿此方向量取______m，得______点，然后将经纬仪搬至______点，以______点为起始方向，拨转 90°角，沿此方向量取______即得______点。

2.在现场选定两点 A、B 在一条直线上，将经纬仪安置在点 A(65.88, 70.33)处，控制边的方位角 $\alpha_{AB}=90°$。已知建筑物轴线上点 1 点和 2 点的设计坐标为：1(35.28, 70.33)，2(35.28, 187.33)。计算点 1 和 2 的放样数据并进行测设。

技能测试五　用极坐标法放样平面点位

【测试核心技能】

1. 测设数据的内业计算能力。

2. 用极坐标法测设点的平面位置的方法。

【测试题目与内容】

用极坐标法放样平面点位。

1. 根据 2 个已有控制点，用经纬仪和钢尺(或全站仪)在实地测设出某建筑物的 2 个角桩点的平面位置(已给定坐标)，并在实地标定，包括测设数据的计算和测设的全过程。

2. 检核：测设后，丈量所测设两点的水平距离作为检核。

【测试时间】

90 分钟。

【测试条件(情景)】

1. 仪器、工具：DJ_2 型光学经纬仪 1 台、脚架 1 个、花杆 1 根、测钎 1 根、钢尺 1 把、木桩若干、计算器(自备)、记录板 1 个。

2. 在现场选定 A、B 两点，令 A(100.00，100.00)，AB 对应方位角为 90°。

3. 设计建筑物轴线点 1 和点 2，设计坐标为：1(110.00，110.00)；2(130.00，130.00)。

样题——考核时，现场任意标定两点为 M、N，在 M 点设站后视 N 点，放样出一点 A。已知 M(14.265，87.375)，$\alpha_{MN}=90°00'00''$，A(29.476，85.208)，试在 M 点设站后视 N 点，放样出 A 点。

【测试要求及评分标准】

1. 按所给的条件和数据，分别计算 1、2 两点放样数据 β 和 S。

2. 根据计算出的放样数据用极坐标法分别测设 1、2 两点，测设时对中误差<

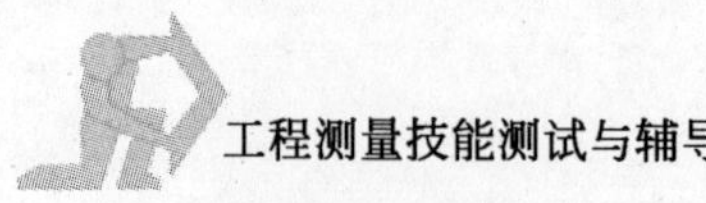

±3mm,水准管气泡偏差<1格。

3.计算和测设完毕后,都要进行认真的校核。

4.操作仪器严格按观测程序作业,记录、计算完整、清洁、无错误;要求用“不能编程的科学计算器”进行计算。

5.数据记录、计算及校核均应填写在相应的《测试报告》中,记录表不可用橡皮擦修改,记录表以外的数据不作为考核结果。

6.评分标准见表3-25。

操作要求及评分标准 表3-25

序号	操作项目名称	评分标准	满分	得分
1	工作态度	仪器、工具轻拿轻放,装箱正确	10	
2	放样元素计算	计算快速、正确	20	
3	根据放样元素进行测设	方法正确,步骤合理	30	
4	校核	含计算校核和测设校核	10	
5	测设精度	点位测设精度是否满足要求	20	
6	综合印象与仪器使用	仪器使用正确、熟练、规范,文明操作	10	
合计			100	

7.评分奖罚说明:

(1)测试时间为评分的主要依据之一,提前完成者给予适当奖分,奖分参考标准分三个等级,如表3-26所示;测试时间不得超过规定时间(90分钟)。

表3-26

提前时间	30分钟以上	20分钟以上	10分钟以上
参考奖分	30分	20分	10分

(2)根据对中误差情况,扣0～3分。

(3)根据标定的点位的清晰情况扣0～2分。

(4)根据水准管气泡偏差情况,扣0～2分。

(5)根据卷面整洁情况,扣0～5分(记录划去1处扣1分,合计不超过5分)。

【测试说明及注意事项】

1.测试准备工作:自备计算用纸、笔(钢笔或圆珠笔)、计算器等必要工具,抽题。

2. 用极坐标法放样平面点位技能测试将提供《用极坐标法放样平面点位技能测试报告》(表 3-27)给考生,测试结束后考生将该报告作为成果交回。

3. 测试过程中,安排 2 名辅助人员配合考生完成测试任务。

4. 测试过程中任何人不得提示,考生应独立完成全部工作。

5. 主考人有权随时检查是否符合操作规程及技术要求,但应相应折减所影响的时间。

6. 若有作弊行为,一经发现一律按零分处理,不得参加补考。

7. 测试时间自领取仪器开始,至递交成果与仪器终止。

8. 评分标准参见相关表格。

【测试报告】

用极坐标法放样平面点位技能测试报告 表 3-27

考评日期:________ 姓名:________ 成绩:________ 考评员:________

测试题目	用极坐标法放样平面点位		
主要仪器及工具			
天气		仪器号码	
测试场地布置草图			
计算过程	测设数据计算: $\tan\alpha_{A1}=$ $\alpha_{A1}=$ $\tan\alpha_{A2}=$ $\alpha_{A2}=$ $d_{A1}=$ $d_{A2}=$		
测试主要步骤			
放样成果检核	测设后经检查,点 1 与点 2 的距离 $d_{12}=$________, 与已知值________ m 相差________ mm		

【测试成绩评定表】

表 3-28 用于考评员给考生评定成绩，最后连同考生《测试报告》归档保存。

测试成绩评定表　　表 3-28

考生姓名：________　考评日期：________　开始时间：________　结束时间：________

测试内容	配分	操作要求及评分标准	扣分	得分	监考教师评分依据记录
工作态度	10	仪器、工具轻拿轻放，装箱正确			
放样元素计算	20	计算快速、正确			
根据放样元素进行测设	30	方法正确，步骤合理			
校核	10	含计算校核和测设校核			
测设精度	20	点位测设精度是否满足要求			
综合印象与仪器使用	10	仪器使用正确、熟练、规范，文明操作			
合计	标准分：100				
总扣分及说明					
最后得分		考评员签字		主考人签字	

【其他变数与说明】

1. 其他变数

(1)经纬仪可以改用 J_6 仪器。

(2)可以改用全站仪，此时测设元素不再计算，用时改为 30 分钟。

(3)可以改用距离交会法放样平面点位。

(4)可以改用角度交会法放样平面点位(前方交会法)。

2. 技能的用途：广泛应用于工程测量放线中。

【测试辅导】

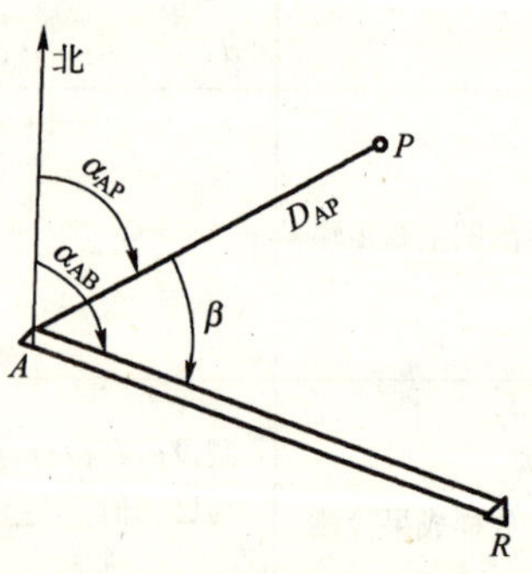

图 3-5　极坐标法示意图

极坐标法是根据一个水平角和一段水平距离测设地面点的平面位置的方法。它适用于欲测设的点距离控制点较近，且量距方便的地方。如图 3-5 所示，设 A、B 为地面上已有控制点，已知坐标分别 x_A、y_A 和 x_B、y_B，欲测设 P 点，其设计坐标为 x_P、y_P。测设前，先按下列坐标反算公式求出测设数据水平角 β 和水平距离 D。

$$\beta = \alpha_{AP} - \alpha_{AB} \tag{3-1}$$

$$D = \sqrt{(x_P - x_A)^2 + (y_P - y_A)^2} \tag{3-2}$$

式中：α_{AP}——AP 边的坐标方位角，$\alpha_{AP} = \arctan \dfrac{y_P - y_A}{x_P - x_A}$；(3-3)

α_{AB}——AB 边的坐标方位角，$\alpha_{AB} = \arctan \dfrac{y_B - y_A}{x_B - x_A}$。(3-4)

注意：反算坐标方位角时，应根据 Δ_x、Δ_y 的正负情况，判断该边所属象限。

测设时，在 A 点安置经纬仪，对中、整平后，瞄准 B 点，顺时针方向测设 β 角，得 AP 方向线，再沿该方向测设水平距离 D，即得 P 点的平面位置。

样题答案：计算出 $\beta = \alpha_{MA} - \alpha_{MN} = 351°53'31'' - 300°03'52'' = 51°49'39''$，$D_{MA} = 15.365$m，在 M 点架仪后视 N 点，拨角量边。

思考与训练

1. 极坐标法适用于________且便于量距的地方。当采用全站仪测量________时，________可适当延长。工业建设场地厂房之间的________常采用此法。

2. 在此次测设中，放样 1 点的顺序是：先在________点上安置经纬仪，瞄准________点，度盘读数________。然后，拨转角度________。倒转再拨一次，以平均方向作为________方向，沿此方向量取________，即得________点的位置。

3. 极坐标法放样的主要误差来源包括________：误差对放样点位的影响________，误差对放样点位的影响________，误差对放样点位的影响。

(以上三题可改为其他两种方法)

4. 在现场选定两点 A、B 在一条直线上，将经纬仪安置在点 A(65.88，70.33)处，控制边的方位角 $\alpha_{AB} = 90°$。已知建筑物轴线上点 1 点和 2 点的设计坐标为：1(35.28，70.33)，2(35.28，187.33)。用极坐标法计算点 1 和 2 的放样数据并进行测设。

技能测试六　导线测量内业成果计算

【测试核心技能】

导线坐标的内业计算能力。

【测试题目与内容】

导线测量内业成果计算。

测试内容为图根导线内业计算的全部步骤与过程,要求考生在规定时间内完成给定题目的导线计算,并做出精度评定和平差计算。

【测试时间】

90 分钟。

【测试条件(情景)】

如图 3-6,附合导线 I-II-1-2-3-III-IV 的已知数据和观测数据列于表 3-29 中(表中已知数据用双线表明),试计算各导线点的坐标。

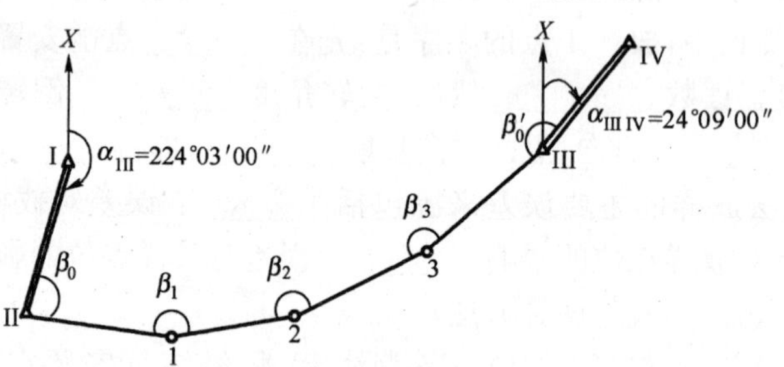

图 3-6　导线示意图

【测试要求及评分标准】

因导线计算前后步骤之间互相联系,前步计算结果错误导致后面所有结果全部错误。为了真实考核学生的实际内业计算能力,实际评分时,重点考查学生的计算方法和公式,若中间计算结果错误而后续计算方法正确,后续计算可按原配分值的95%给出各项得分。

附合导线数据表

表 3-29

点号	观测角(左角)(° ′ ″)	坐标方位角 α(° ′ ″)	距离 D(m)	坐标值(m) X	坐标值(m) Y	点号
I						
		224 03 00				
II	114 17 00(连接角)			640.930	1 068.440	
			82.178			
1	146 59 30					
			77.272			
2	135 11 30					
			89.643			
3	145 38 30					
			79.807			
III	158 00 00(连接角)			589.970	1 307.870	
		24 09 00				
IV						

评分标准见表 3-30。

表 3-30

项目	测试内容	测试要求及评分标准	单项配分值
导线内业计算	角度闭合差计算	完全计算正确得 20 分;计算方法正确而结果错误得 14 分;方法和公式错误不得分	20
	改正数	每个角度改正数计算正确 3 分,全部正确 15 分	15
	方位角推算	每条边方位角计算正确 3 分,全部正确 12 分	12
	角度容许闭合差	计算完全正确得 3 分;公式正确结果有误得 2 分;全部错误不得分	3
	坐标增量及闭合差计算	纵、横坐标增量计算每项 1 分,闭合差分别 3.5 分,全部正确 15 分	15
	导线全长闭合差	完全计算正确得 5 分,公式正确结果有误得 3 分,全错不得分	5
	相对闭合差 K	完全计算正确得 5 分,公式正确结果有误得 3 分,全错不得分	5

续上表

项目	测 试 内 容	测试要求及评分标准	单项配分值
导线内业计算	坐标增量改正数计算	纵、横坐标的坐标增量改正数每项 2 分，全部正确 16 分	16
	坐标计算	纵、横坐标的坐标计算每点 2 分，共计 6 分	6
检核计算		每步都有检核计算得 3 分，缺项扣 1～3 分	3
合计			100

1. 按图根导线的精度要求进行计算。

2. 每步计算完毕后，都要进行认真的校核。

3. 严格按规范程序计算完整、清洁、无错误。

4. 要求用“不能编程的科学计算器”进行计算。

5. 数据记录、计算及校核均应填写在相应的《测试报告》中，记录表以外的数据不作为考核结果。

6. 评分奖罚说明：

测试时间为评分的主要依据之一，提前完成且基本正确者给予适当奖分，奖分参考标准分三个等级，如表 3-31 所示；测试时间不得超过规定时间（90 分钟）。

表 3-31

提前时间	45 分钟以上	30 分钟以上	15 分钟以上
参考奖分	30 分	20 分	10 分

【测试说明及注意事项】

1. 测试准备工作：自备计算用纸、笔（钢笔或圆珠笔）、计算器等必要工具，抽题。

2. 导线测量内业成果计算技能测试将提供《导线测量内业成果计算技能测试报告》（表 3-32）给考生，测试结束后考生将该报告作为成果交回。

3. 测试过程中任何人不得提示，考生应独立完成全部工作。

4. 若有作弊行为，一经发现一律按零分处理，不得参加补考。

5. 测试时间自领取测试题开始，至递交成果终止。

6. 评分标准参见相关表格。

【测试报告】

导线测量内业成果计算技能测试报告 表 3-32

考评日期:________ 姓名:________ 成绩:________ 考评员:________

测试题目			导线测量成果的计算							
点号	观测角 (° ′ ″)	改正数 (″)	坐标方位角 (° ′ ″)	边长 (m)	Δ_x (m)	$v_{\Delta x}$ (mm)	Δ_y (m)	$v_{\Delta y}$ (mm)	x (m)	y (m)
1	2	3	4	5	6	7	8	9	10	11
I										
			224 03 00							
II	114 17 00 (连接角)								640.930	1068.440
				82.178						
1	146 59 30									
				77.272						
2	135 11 30									
				89.643						
3	145 38 30									
				79.807						
III	158 00 00 (连接角)								589.970	1 307.870
			24 09 00							
IV										
Σ										
辅助计算										

【测试成绩评定表】

表 3-33 用于考评员给考生评定成绩，最后连同考生《测试报告》归档保存。

测试成绩评定表 表 3-33

考生姓名:________ 考评日期:________ 开始时间:________ 结束时间:________

测试内容	配分	测试要求及评分标准	扣分	得分	监考教师评分依据记录
角度闭合差计算	20	完全计算正确的 20 分；计算方法正确而结果错误得 14 分；方法和公式错误不得分			
改正数	15	每个角度改正数计算正确 3 分，全部正确 15 分			

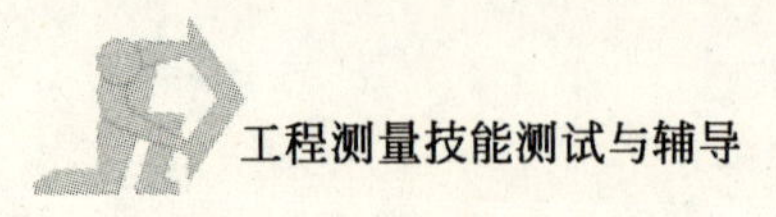

续上表

测试内容	配分	测试要求及评分标准	扣分	得分	监考教师评分依据记录
方位角推算	12	每条边方位角计算正确3分,全部正确12分			
角度容许闭合差	3	计算完全正确的3分,公式正确结果有误得2分,全部错误不得分			
坐标增量及闭合差计算	15	纵、横坐标增量计算每项1分,闭合差分别3.5分,全部正确15分			
导线全长闭合差	5	完全计算正确得5分,公式正确结果有误得3分,全错不得分			
相对闭合差 K	5	完全计算正确得5分,公式正确结果有误得3分,全错不得分			
坐标增量改正数计算	16	纵、横坐标的坐标增量改正数每项2分,全部正确16分			
坐标计算	6	纵、横坐标的坐标计算每点2分,共计6分			
检核计算	3	每步都有检核计算得3分,缺项扣1~3分			
合计		标准分:100			
总扣分及说明					
最后得分		考评员签字		主考人签字	

【其他变数与说明】

1.其他变数

(1)导线可以变化为闭合导线。

(2)导线角的个数可以改变以调整测试工作量的大小,从而调整测试用时。

2.技能的用途:用于导线测量的内业成果计算。

【测试辅导】

要求每位考生以起始边方位角 α_{AB} 和终止边方位角 α_{CD} 为起算数据,由观测所得的各导线的转折角 $\beta_{左}$ 或 $\beta_{右}$,完成角度闭合差 f_β 的计算并检查角度闭合差是否超限,并进行角度闭合差的调整和推算各边方位角。

要求每位考生分别计算出纵、横坐标增量闭合差 f_x、f_y,导线全长闭合差 K

并进行精度评定。进行纵、横坐标增量闭合差的配赋，计算改正后增量，最后计算各点坐标。

具体步骤如下：

一 闭合导线坐标计算

首先绘制导线草图，把起算数据与观测数据注于图上相应位置，以便进行导线计算。

闭合导线本身具有严密的几何条件：首先，闭合导线内角和理论值为$(n-2)\times 180°$，可检核测角精度；其次，依据起始点坐标依次推算各点坐标，推出的起始点坐标与已知坐标相比，即可检核各点坐标精度。如符合要求，可调整相应闭合差。由此思路，举例说明闭合导线内业坐标计算。

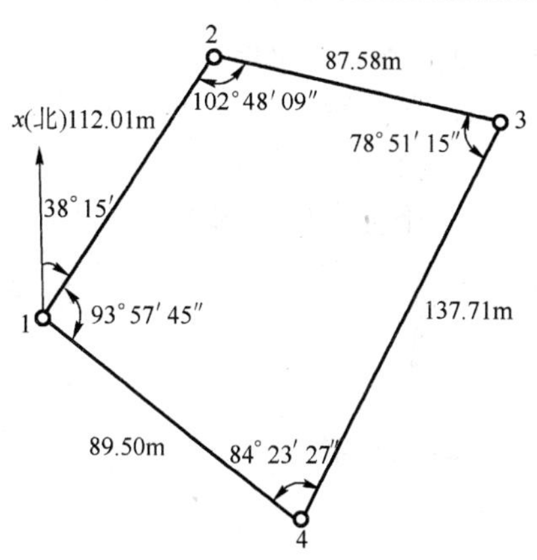

图 3-7 图根闭合导线略图

如图 3-7 所示，已知 $x_1=200.00\text{m}$，$y_1=500.00\text{m}$，求该闭合导线中 2、3、4 点的坐标。计算步骤如下：

1. 列表填写有关数据，其中起算数据用双线表明，见表 3-6。

2. 角度闭合差的计算与调整

(1)计算角度闭合差(实测内角之和与理论值的差值)，用 f_β 表示

$$f_\beta=\sum\beta_{测}-\sum\beta_{理}=\sum\beta_{测}-(n-2)\times 180° \tag{3-5}$$

(2)计算角度容许闭合差，用 $f_{\beta容}$ 表示

根据图根导线测量技术指标要求

$$f_{\beta容}=\pm 60''\sqrt{n} \tag{3-6}$$

(3)精度评定

若 $|f_\beta|\leqslant|f_{\beta容}|$，精度符合要求，可以进行角度闭合差的调整。

(4)计算角度改正数

将 f_β反号平均，取到秒位，把多余的整秒加在短边构成的角上，即

$$v_i=-\frac{f_\beta}{n} \tag{3-7}$$

计算检核： $\sum v=-f_\beta$

(5)计算改正后角值

$$\beta_{改} = \beta_{测} - \frac{f_\beta}{n} \tag{3-8}$$

计算检核：$\sum\beta_{改} = (n-2)\times 180°$

3.各边坐标方位角推算

根据起始边方位角和改正后各内角，根据左角和右角公式(2-15)、(2-16)，依次推算各边方位角。

计算检核：$\alpha_{始推} = \alpha_{始已知}$

4.坐标增量闭合差的计算与调整

(1)坐标增量计算

$$\left.\begin{aligned}\Delta x &= D\cdot\cos\alpha_{AB}\\ \Delta y &= D\cdot\sin\alpha_{AB}\end{aligned}\right\} \tag{3-9}$$

(2)坐标增量闭合差计算

$$\left.\begin{aligned}f_x &= \sum\Delta x\\ f_y &= \sum\Delta y\end{aligned}\right\} \tag{3-10}$$

(3)导线全长闭合差 f_D 的计算及精度评定

$$f_D = \sqrt{f_x^2 + f_y^2} \tag{3-11}$$

相对误差：
$$K = \frac{f_D}{\sum D} = \frac{1}{\sum D/f_D} \tag{3-12}$$

根据图根导线测量技术指标要求，$K_{容} = 1/2\,000$

若 $K \leqslant K_{容}$，精度符合要求，可以调整坐标增量闭合差 f_x、f_y。坐标增量闭合差 f_x、f_y 的调整原则：以相反符号按与边长成正比的原则分配到相应边纵横坐标增量中去。

(4)坐标增量改正数的计算

$$\left.\begin{aligned}\delta_{xi,i+1} &= -\frac{f_x}{\sum D}D_{i,i+1}\\ \delta_{yi,i+1} &= -\frac{f_y}{\sum D}D_{i,i+1}\end{aligned}\right\} \tag{3-13}$$

计算检核：
$$\left.\begin{aligned}\sum\delta_x &= -f_x\\ \sum\delta_y &= -f_y\end{aligned}\right\}$$

(5)改正后坐标增量计算

$$\left.\begin{aligned}\Delta x_{i,i+1改} &= \Delta x_{i,i+1} + \delta_{xi,i+1} \\ \Delta y_{i,i+1改} &= \Delta y_{i,i+1} + \delta_{yi,i+1}\end{aligned}\right\} \tag{3-14}$$

计算检核：
$$\left.\begin{aligned}\sum \Delta x_{改} &= 0 \\ \sum \Delta y_{改} &= 0\end{aligned}\right\}$$

5. 导线坐标计算

$$\left.\begin{aligned}x_i &= x_{i-1} + \Delta x_{i-1,i改} \\ y_i &= y_{i-1} + \Delta y_{i-1,i改}\end{aligned}\right\} \tag{3-15}$$

计算检核：
$$\left.\begin{aligned}x_{起推} &= x_{起已知} \\ y_{起推} &= y_{起已知}\end{aligned}\right\}$$

说明：在本例中，计算结果均填在表 3-34 中。在实际工作中列表计算即可，但在表中一般应写出精度评定及主要计算公式，另外计算检核也应在表中体现。

二 附合导线坐标计算

附合导线的坐标计算与闭合导线基本相同，但由于导线布置的形式不同，首先表现为二者的起算数据不同，因而在角度闭合差与坐标增量闭合差的计算上亦稍有差别，归纳如下：

1. 起算数据不同

闭合导线：起点坐标，起始边坐标方位角；

附合导线：起点与终点坐标，起边和终边的坐标方位角。

2. 角度闭合差的计算方法不同

闭合导线： $f_\beta = \sum \beta_{测} - (n-2) \times 180°$

附合导线： $f_\beta = \sum \beta_{左} - (\alpha_{始} - \alpha_{终}) - n \times 180°$ (3-16)

或 $f_\beta = \sum \beta_{右} - (\alpha_{终} - \alpha_{始}) - n \times 180°$ (3-17)

3. 坐标增量闭合差的计算方法不同

闭合导线：
$$\left.\begin{aligned}f_x &= \sum \Delta x \\ f_y &= \sum \Delta y\end{aligned}\right\}$$

附合导线：
$$\left.\begin{aligned}f_x &= \sum \Delta x - (x_{终} - x_{始}) \\ f_y &= \sum \Delta y - (y_{终} - y_{始})\end{aligned}\right\} \tag{3-18}$$

闭合导线内业成果计算表

表 3-34

点号	角度观测值 (° ′ ″)	改正后角度 (° ′ ″)	方位角 (° ′ ″)	水平距离 (m)	坐标增量		改正后增量		坐标	
					Δx(m)	Δy(m)	Δx(m)	Δy(m)	x(m)	y(m)
(1)	(2)	(3)	(4)	(5)	(6)	(7)	(8)	(9)	(10)	(11)
1									200.00	500.00
			38 15 00	112.01	+3 87.96	−1 69.34	87.99	69.33		
2	−9 102 48 09	102 48 00							287.99	569.33
			115 27 00	87.58	+2 −37.64	0 79.08	−37.62	79.08		
3	−9 78 51 15	78 51 06							250.37	648.41
			216 35 54	137.71	+4 −110.56	−1 −82.10	−110.52	−82.11		
4	−9 84 23 27	84 23 18							139.85	566.30
			312 12 36	89.50	+2 60.13	−1 −66.29	60.15	−66.30		
1	−9 93 57 45	93 57 36							200.00	500.00
			38 15 00							
2										
Σ	360 00 36	360 00 00		426.80	−0.11	+0.03	0.00	0.00		

$f_\beta=\sum\beta-(n-2)\times180°=+36''$　　$\sum D=426.80\text{m}$　　$f_x=\sum\Delta x=-0.11\text{m}$　　$f_y=\sum\Delta y=+0.03\text{m}$

$$f=\sqrt{f_x^2+f_y^2}=0.114\text{m}$$

$f_{\beta容}=\pm60''\sqrt{n}=\pm120''$　　$K=\frac{f}{\sum D}=\frac{1}{3\,700}<\frac{1}{2\,000}$(符合精度要求)

$f_\beta\leqslant f_{\beta容}$(合格)

4. 改正后坐标增量及导线坐标计算检核也作相应变化

三 支导线坐标计算

1. 根据观测的转折角推算各边的坐标方位角；

2. 根据各边的坐标方位角和边长计算坐标增量；

3. 根据各边的坐标增量计算各点的坐标。

由于支导线没有检核条件，所以不存在闭合差的计算与调整。为限制误差积累，导线点一般不应超过两个，且仅用于图根导线测量。

思考与训练

1. 导线坐标计算时应满足哪些几何条件？闭合导线与附合导线在计算中有哪些异同点？

2. 计算导线坐标时，需要哪些观测数据和起算数据？

3. 导线坐标计算中，角度闭合差如何调整？坐标增量闭合差又如何调整？

4. 设有导线 1-2-3-4-5-1，其已知数据和观测数据列于表 3-35 中（表中已知数据用双线标明），试计算各导线点的坐标。

闭合导线数据表 表 3-35

点号	观测角（右角）（° ′ ″）	坐标方位角 α（° ′ ″）	距离 D（m）	坐标值（m）		点号
				X	Y	
1				1 000.00	1 000.00	
		98 25 36	199.36			
2	128 39 34					
			150.23			
3	85 12 33					
			183.45			
4	124 18 54					
			105.42			
5	125 15 46					
			185.26			
1	76 34 13					

5. 设有附合导线 A-B-1-2-3-M-N，其已知数据和观测数据列于下表 3-36 中（表中已知数据用双线表明），试计算各导线点的坐标。

附合导线数据表 表 3-36

点号	观测角(左角) (° ′ ″)	坐标方位角 α (° ′ ″)	距离 D (m)	坐标值(m) X	坐标值(m) Y	点号
A						
		218 36 24				
B	63 47 26			875.44	946.07	
			267.22			
1	140 36 06					
			103.76			
2	235 25 24					
			154.65			
3	100 17 57					
			178.43			
M	267 33 17			930.76	1 547.00	
		126 17 49				
N						

技能测试七　场地平整的土方估算(图上)

【测试核心技能】

场地平整的土方工程量估算(图上)能力。

【测试题目与内容】

场地平整的土方估算(图上)。

测试内容为在给定的地形图上按照划定的场地平整范围估算施工土石方量,要求写出计算的全部步骤与过程。

【测试时间】

90 分钟。

【测试条件(情景)】

如图 3-8 所示,要求整理成水平场地。

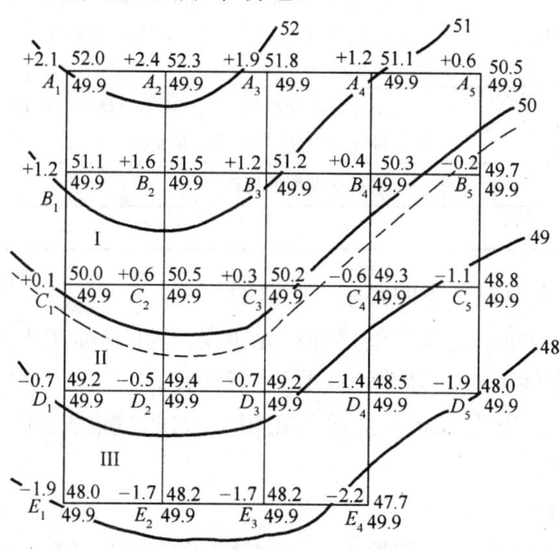

图 3-8　要求整理成水平场地

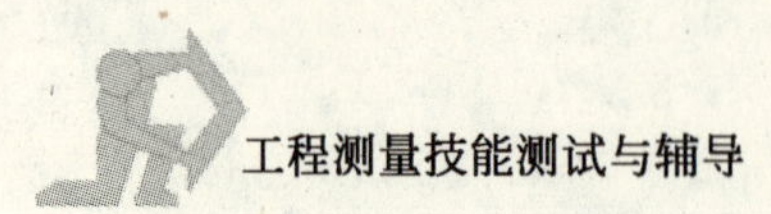

【测试要求及评分标准】

因场地平整的土方估算计算前后步骤之间互相联系，前步计算结果错误导致后面所有结果全部错误。为了真实考核学生的实际计算能力，实际评分时，重点考察学生的计算方法和公式，若中间计算结果错误而后续计算方法正确，后续计算可按原配分值的95%给出各项得分。

评分标准见表3-37。

表3-37

项目	测试内容	测试要求及评分标准	单项配分值
场地平整的土方估算(图上)	合理绘制方格网并在图上正确标注编号	方格网绘制及其标注合理、正确得10分；方格网绘制不合理扣5～7分；标注错误扣3分	10
	原地面高计算并在图上正确标注	一个方格网点原地面高计算有明显错误扣1分，标注错误扣3分，直到扣完为止	15
	计算设计高程	完全计算正确得20分，公式、方法正确结果有误得12～15分，全错不得分	20
	计算各方格网点填挖数值并在图上正确标注	各方格网点填挖数值及其标注合理、正确得10分；各方格网点填挖数值计算错误一个扣1分，标注错误扣3分，直到扣完为止	15
	确定填挖边界线	填挖边界线的确定及其标注正确、合理得10分；方法不正确或结果错误有一点扣1分，标注错误扣3分，直到扣完为止	10
	计算填、挖土(石)方量	完全计算正确得25分，公式正确结果有误得15分，全错不得分；部分结果正确酌情给分	25
	计算检核	填挖基本平衡的检核对比	5
合计			100

1. 按照填挖土石方平衡的要求进行计算。

2. 严格按规范程序计算完整、清洁、无错误，并正确标注于图上。

3. 可以用"不能编程的科学计算器"进行计算。

4. 数据记录、计算及校核均应填写在相应的《测试报告》中，记录表以外的数据不作为考核结果。

5. 评分奖罚说明：

测试时间为评分的主要依据之一，提前完成且基本正确者给予适当奖分，奖分参考标准分三个等级，如表3-38所示；测试时间不得超过规定时间(90分钟)。

表 3-38

提前时间	45 分钟以上	30 分钟以上	15 分钟以上
参考奖分	30 分	20 分	10 分

【测试说明及注意事项】

1. 测试准备工作：自备计算用纸、笔（钢笔或圆珠笔）、计算器等必要工具，抽题。

2. 场地平整的土方估算（图上）技能测试将提供《场地平整的土方估算（图上）技能测试报告》（表 3-39）给考生，测试结束后考生将该报告作为成果交回。

3. 测试过程中任何人不得提示，考生应独立完成全部工作。

4. 若有作弊行为，一经发现一律按零分处理，不得参加补考。

5. 测试时间自领取测试题开始，至递交成果终止。

6. 评分标准参见相关表格。

【测试报告】

场地平整的土方估算（图上）技能测试报告 表 3-39

考评日期：__________ 姓名：__________ 成绩：__________ 考评员：__________

测试题目	场地平整的土方估算（图上）
场地平整的土方估算草图	
设计高程计算	

续上表

测试题目	场地平整的土方估算(图上)
填挖土石方量计算过程	
计算检核	

【测试成绩评定表】

表 3-40 用于考评员给考生评定成绩,最后连同考生《测试报告》归档保存。

测试成绩评定表

表 3-40

考生姓名:__________考评日期:__________开始时间:__________结束时间:__________

测试内容	配分	测试要求及评分标准	扣分	得分	监考教师评分依据记录
合理绘制方格网并在图上正确标注编号	10	方格网绘制及其标注合理、正确得 10 分;方格网绘制不合理扣 5～7 分;标注错误扣 3 分			
原地面高计算并在图上正确标注	15	一个方格网点原地面高计算有明显错误扣 1 分,标注错误扣 3 分,直到扣完为止			
计算设计高程	20	完全计算正确得 20 分,公式、方法正确结果有误得 12～15 分,全错不得分			
计算各方格网点填挖数值并在图上正确标注	15	各方格网点填挖数值及其标注合理、正确得 10 分;各方格网点填挖数值计算错误一个扣 1 分,标注错误扣 3 分,直到扣完为止			
确定填挖边界线	10	填挖边界线的确定及其标注正确、合理得 10 分;方法不正确或结果错误有一点扣 1 分,标注错误扣 3 分,直到扣完为止			

续上表

测试内容	配分	测试要求及评分标准	扣分	得分	监考教师评分依据记录
计算填、挖土(石)方量	25	完全计算正确得25分,公式正确结果有误得15分,全错不得分;部分结果正确酌情给分			
计算检核	5	填挖基本平衡的检核对比			
合计		标准分:100			
总扣分及说明					
最后得分		考评员签字		主考人签字	

【其他变数与说明】

1. 其他主要变数

(1)在填挖土石方平衡的前提下,可以要求将给定场地平整成一定坡度的倾斜场地(以利排水)。

(2)可以在有一定起伏的实地划定场地平整范围,进行场地平整的土方估算,此时原地面高需要由水准仪来测定,此时测试用时要明显加大。

(3)可以在有一定起伏的实地(或地形图上)划定场地平整范围,在平整场地范围内选定三个点,要求按此三个点进行场地平整的土方估算。

2. 技能的用途:用于场地平整的土(石)方估算,并利于指导施工。

【测试辅导】

在各种工程建设中,除对建筑物要作合理的平面布置外,往往还要对原地貌作必要的改造,以便适宜于布置各类建筑物、排除地面水以及满足交通运输和敷设地下管线等。这种地貌改造称之为场地平整。

在平整土地工作中,常需预算土、石方的工程量,即利用地形图进行填挖土(石)方量的概算,或通过计算土石方工程量,使填挖土石方基本平衡。在地形图上进行场地平整测量方法有多种,其中方格法(或设计等高线法)是应用最广泛的一种。

如图3-8所示,该图为一幅1∶1 000比例尺的地形图,假设要求将原地貌按挖填土方量平衡的原则改造成平面,其步骤如下:

1. 在地形图上绘方格网

在地形图上拟建场地内绘制方格网。方格网的大小取决于地形复杂程度、地形图比例尺大小以及土方概算的精度要求，一般方格的边长为10m或20m为宜，图3-8中方格边长为20m。方格的方向尽量与边界方向、主要建筑物轴线方向或施工坐标方向一致。然后给各方格点编号，并将各方格点的点号注于方格点的左下角，如图中的A_1、A_2、…、E_3、E_4等。

2.求各方格网点的地面高程

根据地形图上的等高线，用内插法求出每一方格网点的地面高程，并注记在相应方格点的右上方，如图3-8所示。

3.计算设计高程

用加权平均法计算出原地形的平均高程，即为将场地平整成水平面时使填挖土(石)方量保持平衡的设计高程。具体方法如下：

先将每一方格顶点的高程加起来除以4，得到各方格的平均高程，再把每个方格的平均高程相加除以方格总数，就得到设计高程H设，即：

$$H_{设} = \frac{H_1 + H_2 + \cdots + H_i + \cdots + H_n}{n} \tag{3-19}$$

其中，H_i为每一方格的平均高程，n为方格总数。

从设计高程$H_{设}$的计算方法和图3-8可以看出：方格网的角点A_1、A_5、D_5、E_4、E_1的高程只用了一次，边点A_2、A_3、A_4、B_1、B_5、C_1、C_5、D_1、E_2、E_3等点的高程用了二次，拐点D_4的高程用了三次，而中间点B_2、B_3、B_4、C_2、C_3、C_4、D_2、D_3等点的高程都用了四次，若以各方格点对H设的影响大小(实际上就是各方格点控制面积的大小)作为“权”的标准，如把用过i次的点的权定为i，则设计高程的计算公式可写为：

$$H_{设} = \frac{\sum P_i H_i}{\sum P_i} \tag{3-20}$$

式中，P_i表示相应各方格点i的权。

现将图3-8各方格点的地面高程代入式(3-20)，即可计算出设计高程为：$H_{设}$=49.9m，并注于各方格点的右下角。

4.计算各方格点填、挖数值

根据设计高程和各方格顶点的高程，可以计算出每一方格顶点的挖、填高度，即：

$$挖、填高度 = 地面高程 - 设计高程 \tag{3-21}$$

将图中各方格顶点的挖、填高度写于相应方格顶点的左上方，如＋2.1、

−0.7等。正号为挖深，负号为填高。

5.确定填挖边界线

在地形图上根据等高线，用目估法内插出高程为49.9m的高程点，即填挖边界点，叫零点。连接相邻零点的曲线（图中虚线），称为填挖边界线。在填挖边界线一边为填方区域，另一边为挖方区域。零点和填挖边界线是计算土方量和施工的依据。

6.计算填、挖土（石）方量

计算填、挖土（石）方量有两种情况：一种是整个方格全填（或挖）方，如图中方格I、III；另一种是既有挖方，又有填方的方格，如图中的II。

现以方格I、II、III为例，说明计算方法：

方格I全为挖方，则

$$V_{1挖}=\frac{1}{4}(1.2+1.6+0.1+0.6)\times A_{1挖}=+0.875A_{1挖}\,\mathrm{m}^3$$

方格II既有挖方，又有填方，则

$$V_{2挖}=\frac{1}{4}(0.1+0.6+0+0)\times A_{2挖}=+0.175A_{2挖}\,\mathrm{m}^3$$

$$V_{2填}=\frac{1}{4}(0+0-0.7-0.5)\times A_{2填}=-0.3A_{2填}\,\mathrm{m}^3$$

方格III全为填方，则

$$V_{3填}=\frac{1}{4}(-0.7-0.5-1.9-1.7)\times A_{3填}=-1.2A_{3填}\,\mathrm{m}^3 \tag{3-22}$$

式中，$A_{1挖}$、$A_{2挖}$、$A_{2填}$、$A_{3填}$、分别为方格I、II、III中相应的填挖面积。

又如（如图3-9所示）：设每一方格面积为400m²，计算的设计高程是25.2m，每一方格的挖深或填高数据已分别按式(3-21)计算出，并已注记在相应方格顶点的左上方。于是，可按式(3-22)列表（见表3-41）分别计算出挖方量和填方量。从计算结果可以看出，挖方量和填方量基本是相等的，满足“挖、填平衡”的要求。

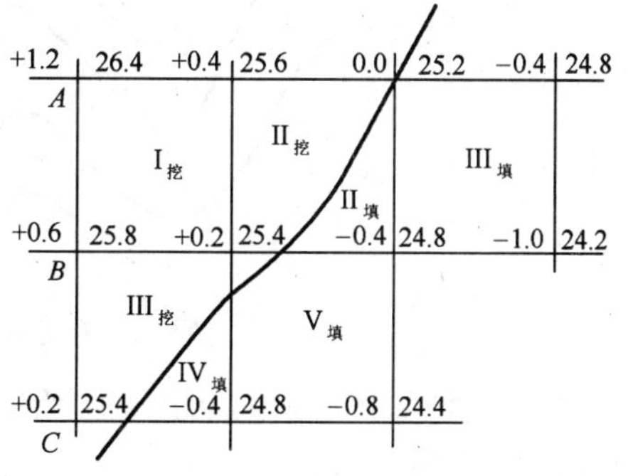

图3-9 方格法估算土方

土 方 量 计 算 表　　表 3-41

方格序号	挖填数值(m)	所占面积(m^2)	挖方量(m^3)	填方量(m^3)
$I_{挖}$	+1.2、+0.4、+0.6、+0.2	400	240	
$II_{挖}$	+0.4、0、+0.2、0	266.7	40	
$II_{填}$	0、0、-0.4	133.3		18
$III_{填}$	0、-0.4、-0.4、-1.0	400		180
$IV_{挖}$	+0.6、+0.2、+0.2、0、0	311.1	62	
$IV_{填}$	-0.4、0、0	88.9		12
$V_{挖}$	+0.2、0、0	22.2	2	
$V_{填}$	0、0、-0.4、-0.4、-0.8	377.8		121
			Σ:344	Σ:331

思考与训练

1. 填空

(1)在场地平整的土方估算中,其设计高程的计算是用__________。

(2)场地平整的方法很多,其中__________是应用最广泛的一种。

2. 在地形图上将高低起伏的地面设计为水平面或倾斜面时,如何计算场地的设计高程?如何确定填、挖边界线?

3. 图 3-10 为 1∶2 000 的地形图,欲作通过设计高程为 52m 的 a、b 两点,向下设计坡度为 4%的倾斜面,试绘出其填、挖边界线。

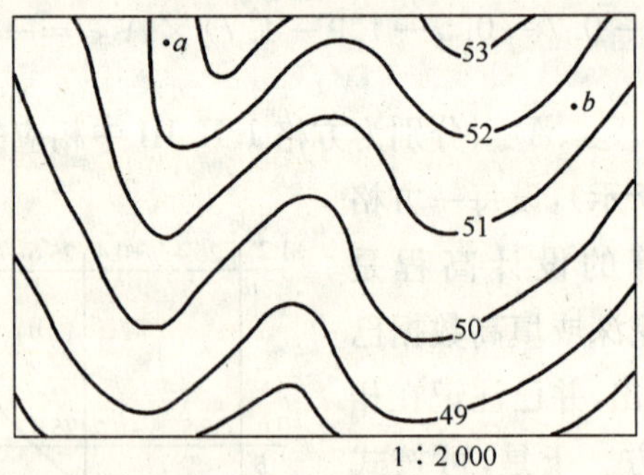

图 3-10　利用地形图进行场地平整

4. 欲在汪家凹(图 3-11,比例尺为 1∶2 000)村北进行土地平整,其设计要求如下:

(1)平整后要求成为高程为 44m 的水平面;

(2)平整场地的位置：以 533 导线点为起点向东 60m，向北 50m。根据设计要求绘出边长为 10m 的方格网，求出填、挖土方量。

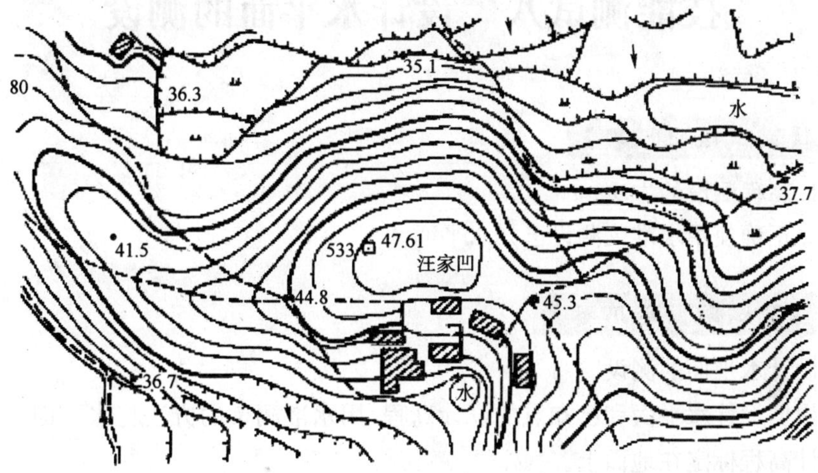

图 3-11　利用地形图进行方估算

技能测试八　设计水平面的测设

【测试核心技能】

1. 高程测设的方法。

2. 正确使用水准仪测设已知水平面。

【测试题目与内容】

设计水平面的测设。

根据设计水平面和已知点的设计高程，用水准测量的方法将水平面上各点的设计高程标定在地面上。

【测试时间】

30 分钟。

【测试条件（情景）】

1. 仪器、工具：DS_3 型水准仪 1 台、脚架 1 个、水准尺 1 根、经纬仪 1 台、脚架 1 个、花杆 1 根、测钎 1 根、钢尺 1 把、木桩若干、计算器 1 台、记录板 1 个。

2. 现场假设某一水准点 BM_A 高程为 999.875m，在地面上规定范围（距离已知点 BM_A 有一定距离）内用钢尺和经纬仪确定 20m×20m 的方格网，利用测设的方格网测设水平面，使高程为设计高程 $H_{设}$ = 1 000.000m。

【测试要求及评分标准】

1. 严格按操作规程作业。

2. 数据记录、计算、校核及成果计算均应填写在相应的《测试报告》中，记录表以外的数据不作为考核结果。

3. 评分标准见表 3-42。

操作要求及评分标准　　表 3-42

序号	操作项目名称	评 分 标 准	满分	得分
1	工作态度	仪器、工具轻拿轻放，装箱正确，文明操作	10	
2	仪器使用	熟练、规范、正确	20	
3	各方格网点的设置	方法、过程正确合理	15	
4	放样数据的计算	计算放样数据快速、准确	10	
5	各方格网点的测设	操作熟练，步骤安排合理，测设正确，明显错误的点有一处扣 2 分	35	
6	校核	包括计算检核和测设校核	10	
合　计			100	

4. 评分奖罚说明

(1)测试时间为评分的主要依据之一，提前完成者给予适当奖分，奖分参考标准分四个等级，如表 3-43 所示；测试时间不得超过规定时间(30 分钟)。

表 3-43

提前时间	20 分钟以上	15 分钟以上	10 分钟以上	5 分钟以上
参考奖分	30 分	20 分	10 分	5 分

(2)根据卷面整洁情况，扣 0～5 分(记录划去 1 处扣 1 分，合计不超过 5 分)。

(3)如发生仪器事故或严重违反操作规程等现象，停止测试，成绩以不合格论处。

【测试说明及注意事项】

1. 测试准备工作：自备计算用纸、笔(钢笔或圆珠笔)、计算器等必要工具，抽题。

2. 设计水平面的测设技能测试将提供《设计水平面的测设技能测试报告》(表 3-44)给考生，测试结束后考生将该报告作为成果交回。

3. 测试过程中，安排 2 名辅助人员配合考生完成测试任务。

4. 测试过程中任何人不得提示，考生应独立完成全部工作。

5. 主考人有权随时检查是否符合操作规程及技术要求，但应相应折减所影响的时间。

6. 若有作弊行为，一经发现一律按零分处理，不得参加补考。

7. 测试时间自领取仪器开始，至递交成果与仪器终止。

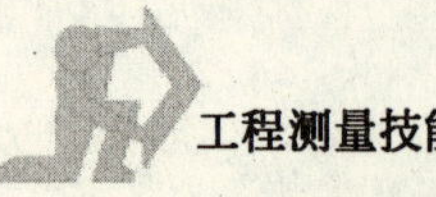

8. 评分标准参见相关表格。

【测试报告】

设计水平面的测设技能测试报告　　表 3-44

考评日期：________　姓名：________　成绩：　　考评员：________

<table>
<tr><td>测试题目</td><td colspan="3">设计坡度线的测设</td></tr>
<tr><td>主要仪器及工具</td><td colspan="3"></td></tr>
<tr><td>天气</td><td></td><td>仪器号码</td><td></td></tr>
<tr><td>测试场地
布置草图</td><td colspan="3"></td></tr>
<tr><td>计算过程</td><td colspan="3"></td></tr>
<tr><td>测试主要步骤</td><td colspan="3"></td></tr>
<tr><td>放样成果检核</td><td colspan="3"></td></tr>
</table>

【测试成绩评定表】

表 3-45 用于考评员给考生评定成绩，最后连同考生《测试报告》归档保存。

测试成绩评定表　　表 3-45

考生姓名:________ 考评日期:________ 开始时间:________ 结束时间:________

测试内容	配分	操作要求及评分标准	扣分	得分	监考教师评分依据记录
工作态度	10	仪器、工具轻拿轻放,装箱正确,文明操作			
仪器使用	20	熟练、规范、正确			
各方格网点的设置	15	方法、过程正确合理			
放样数据的计算	10	计算放样数据快速、准确			
各方格网点的测设	35	操作熟练,步骤安排合理,测设正确,明显错误的点有一处扣 2 分			
校核	10	包括计算检核和测设校核			
合　计		100			
总扣分及说明					
最后得分		考评员签字		主考人签字	

【其他变数与说明】

1. 其他变数

(1)根据某已知水准点测设一坡度面。

(2)可以设计较大坡度,配合经纬仪用倾斜视线法进行测设。

2. 技能的用途:广泛用于较大面积处于同一平面上的施工测量中。

【测试辅导】

测设简要步骤:

1. 在地面上规定范围内用钢尺和经纬仪确定 20m×20m 的方格网,分别测设出各方格网点并用木桩在地面上标定。

2. 根据方格网外给定的一已知点 BM_A,分别测设各方格网点。

3. 以 BM_A 点为后视点,各方格网点为前视点采用水平视线法进行测设。

思考与训练

建筑场地上水准点 A 的高程为 89.754m,欲在地面上规定范围内测设出设计高程为 88.242m 的水平面(设测设时水准仪在水准点 A 所立水准尺上的读数为 1.847m)。试说明测设方法。

技能测试九　用 GPS 建立测量控制网

【测试核心技能】

会用 GPS 建立测量控制网。

【测试题目与内容】

用 GPS 建立测量控制网。

用 GPS 根据两个已知点的坐标测量未知点的坐标(包括外业数据采集和内业解算)。

【测试时间】

90 分钟。

【测试条件(情景)】

1. 仪器、工具:GPS 接收机四台、记录板 1 块、木桩若干、小钉若干、斧子 1 把、气压计、温度计。

2. 在技能测试场地标定测量控制点 A、B、C、D,其中 A 点和 B 点为已知控制点,即其三维坐标是已知的。用 GPS 测出 C 点和 D 点的坐标。

【测试要求及评分标准】

1. 严格按操作规程作业。

2. 数据记录、计算、校核及成果计算均应填写在相应的《测试报告》中,记录表以外的数据不作为考核结果。

3. 评分标准见表 3-46。

操作要求及评分标准　　表 3-46

序号	操作项目名称	评 分 标 准	满分	得分
1	工作态度	仪器、工具轻拿轻放,装箱正确,文明操作	10	
2	仪器使用	熟练、规范、正确	20	

续上表

序号	操作项目名称	评 分 标 准	满分	得分
3	测量与记录	方法、过程正确合理	20	
4	内外业衔接与传输	方法正确、操作熟练、结果无误	10	
5	内业成果解算	方法正确、合理、操作熟练	30	
6	成果评定	方法和结果均正确	10	
合　计			100	

4. 评分奖罚说明

(1)测试时间为评分的主要依据之一，提前完成且基本正确者给予适当奖分，奖分参考标准分三个等级，如表 3-47 所示；测试时间不得超过规定时间(90 分钟)。

表 3-47

提前时间	30 分钟以上	20 分钟以上	10 分钟以上
参考奖分	30 分	20 分	10 分

(2)根据卷面整洁情况，扣 0～5 分(记录划去 1 处扣 1 分，合计不超过 5 分)。

(3)如发生仪器事故或严重违反操作规程等现象，停止测试，成绩以不合格论处。

【测试说明及注意事项】

1. 测试准备工作：自备计算用纸、笔(钢笔或圆珠笔)等必要工具，抽题。

2. 用 GPS 建立测量控制网技能测试将提供《用 GPS 建立测量控制网技能测试报告》(表 3-48、表 3-49、表 3-50)给考生，测试结束后考生将该报告作为成果交回。

3. 测试过程中，安排 2 名辅助人员配合考生完成测试任务。

4. 测试过程中任何人不得提示，考生应独立完成全部工作。

5. 主考人有权随时检查是否符合操作规程及技术要求，但应相应折减所影响的时间。

6. 若有作弊行为，一经发现一律按零分处理，不得参加补考。

7. 测试时间自领取仪器开始，至递交成果与仪器终止。

8. 评分标准参见相关表格。

【测试报告】

用 GPS 建立测量控制网技能测试报告 表 3-48

考评日期：__________ 姓名：__________ 成绩：__________ 考评员：__________

测试题目	用 GPS 建立测量控制网		
主要仪器及工具			
天气		仪器号码	

用 GPS 建立测量控制网测量记录 表 3-49

测点号		测点名		测点位置	
观测员		记录员		观测日/月/年	
接收设备		天气状况		测点近似位置坐标	
接收机类型及号码		气象		纬度	
天线号码		风向		经度	
存储介质编号		风力		高程	
天线高(m)	观测前		平均值		
	观测后				
观测时间			卫星信号开始/变化		
			总时段序号		
			日时段序号		
气象参数		外业观测记录及说明			
时间					
气压(Pa)					
干温(℃)					
湿温(℃)					

用 GPS 建立测量控制网测量成果表 表 3-50

点号(或点名)	x	y	高程	备注

续上表

点号(或点名)	x	y	高程	备注
测试场地布置图				

【测试成绩评定表】

表 3-51 用于考评员给考生评定成绩,最后连同考生《测试报告》归档保存。

测试成绩评定表 表 3-51

考生姓名:________考评日期:________开始时间:________结束时间:________

测试内容	配分	操作要求及评分标准	扣分	得分	监考教师评分依据记录
工作态度	10	仪器、工具轻拿轻放,装箱正确,文明操作			
仪器使用	20	熟练、规范、正确			
测量与记录	20	方法、过程正确合理			
内外业衔接与传输	10	方法正确、操作熟练、结果无误			
内业成果解算	30	方法正确、合理、操作熟练			
成果评定	10	方法和结果均正确			
合计		100			
总扣分及说明					
最后得分		考评员签字		主考人签字	

【其他变数与说明】

1. 其他变数

(1)改变已知点的个数,两个以上的控制点可以作为检核。

(2)改变未知点的个数,以调整测量工作量和测量用时。

2. 技能的用途:广泛应用于控制测量中。

【测试辅导】

1. 测量前的准备工作

(1)在技能测试场地进行测量控制点的标定(不少于三个点位)。

(2)检查接收机设备的各部件是否齐全、完好,紧固部件是否松动与脱落;通电后设备有关信号灯、按键、显示系统和仪表等工作是否正常;气象测量仪表、通风干湿温度计和空盒气压计是否齐全;对天线底座的圆水准器和光学对点器进行检验等。

(3)根据测试场地的位置,通过卫星可见预报选择满足测量的时段。明确观测卫星的高度截止角(5°或10°)。

2. GPS外业的观测

(1)在所选点上利用三脚架在测量标志点的中心上方安置GPS接收机,安置天线并量测天线高度,尽量采用直接对中观测,避免偏心观测。

(2)用接收机捕获GPS卫星信号,对其进行跟踪、接收和处理,获取所需的定位观测数据。

3. 基线解算与网平差

根据两测点同步观测的栽位相位观测值,进行相对定位解算,算出两点间的坐标差。

4. GPS在使用中的注意事项

(1)设定测量控制点时其周围应便于安置GPS接收机和天线,且视野开阔,周围障碍物高度角不应大于15°。

(2)点位要远离大功率无线电发射源、高压电线等,以免电磁场对信号的干扰。

(3)相同的精度情况下,卫星的几何图形强度越好,定位精度越高,即GDOP越小,定位精度会越高,所以应选择最佳观测时段。

(4)天线的定向标志应指向正北,并考虑当地磁偏角的影响,以减弱相对中心偏差的影响。定向的误差一般不应超过$-5°\sim-3°$和$3°\sim5°$。

(5)在各观测时段前后,精密量测两次天线高。两次量测结果相差不应超过3mm,并取其平均值。

(6)在确认外接电源电缆及天线等各项连接无误后,方可接通电源,在接收机预置状态正确时,方可启动接收机。

(7)开机后接收机的仪表数据显示正常时,才能进行自动测试和输入有关测站和时段控制信息。

(8)接收机开始记录数据后，观测员应使用功能键和选择菜单查看测站信息、接收卫星数量、卫星号、各通道信噪比、相位测量残差、实时定位结果及其变化和存储介质等情况。

(9)在一个观测段中，接收机不得关闭并重新启动；不准改变卫星高度角的限值和天线高；观测员应注意防止接收设备振动，更不能移动；不得碰动天线或阻挡信号。

(10)经检查所有作业项目均按规定完成并符合要求，方可迁站。

(11)雷雨天气安置天线时，应注意将其底盘接地，以防止雷击。

(12)天线底板上的圆水准气泡必须居中。

思考与训练

1. GPS 测量与传统测量方式有什么不同？

2. GPS 静态测量是什么方式？相应的动态测量是什么方式？

3. 高度截止角和高度角分别指什么？

4. GPS 测量的数据传输处理是如何实现的？

5. 为什么 GPS 定位点要选在地形开阔的地带？

第四章 测量综合技能

技能测试一 视距测量

【测试核心技能】

视距测量的观测、记录和计算。

【测试题目与内容】

视距测量。

用经纬仪配合视距尺根据测站点高程测定测站点至碎部点的水平距离和碎部点的高程；完成该工作的记录、计算及校核全部工作。

【测试时间】

45 分钟。

【测试条件(情景)】

1. 仪器、工具：DJ_6 型光学经纬仪一台、脚架 1 个、视距尺(水准尺)1 根、木桩若干、视距表 1 本或计算器(自备)1 台、小钢尺 1 把、记录夹 1 个、测伞一把。

2. 在测试现场选定一已知高程的点 BM_A，假定其高程为 1 000.000m。在 BM_A 点周围远近高低不同的地方指定 4 个未知待测点，分别打入木桩表示 1、2、3、4 四点。

【测试要求及评分标准】

1. 每人测量周围 4 个碎部点，将观察数据记录在《测试报告》中，并用计算器算出各点的高程及其与测站点的水平距离。

2. 严格按操作规程作业，记录规范整洁，计算完整准确。

3. 数据记录、计算、校核及成果计算均应填写在相应的《测试报告》中，记录表以外的数据不作为考核结果。

4. 对中误差＜±3mm，水准管气泡偏差＜1 格；竖直角读数到分，仪器高、上、中、下丝读数和高差计算精确到厘米，水平距离和高差均计算至分米。

5. 评分标准见表 4-1。

测试评分标准（百分制） 表 4-1

序号	测试内容	评分标准	配分
1	工作态度	仪器工具轻拿轻放，搬仪器动作规范，装箱正确	10
2	仪器操作	操作熟练、规范、方法步骤正确、不缺项	30
3	读数	读数正确、规范	15
4	记录	记录正确、规范	15
5	计算	计算快速准确、规范，计算检核齐全	20
6	综合印象	动作规范、熟练、文明作业	10
合计			100

6. 评分奖罚说明

(1)测试时间为评分的主要依据之一，提前完成者给予适当奖分，奖分参考标准分三个等级，如表 4-2 所示；测试时间不得超过规定时间（45 分钟）。

表 4-2

提前时间	20 分钟以上	15 分钟以上	10 分钟以上
参考奖分	30 分	20 分	10 分

(2)根据卷面整洁情况，扣 0～5 分（记录划去 1 处扣 1 分，合计不超过 5 分）。

(3)如发生仪器事故或严重违反操作规程等现象，停止测试，成绩以不合格论处。

(4)对中误差及整平误差如不符合要求，酌情扣 3～5 分。

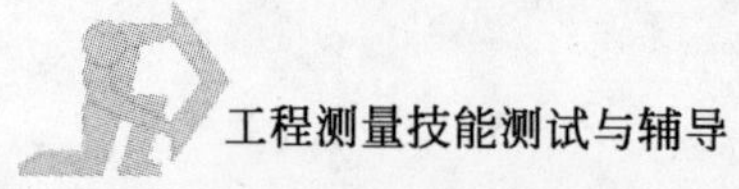

【测试说明及注意事项】

1. 测试准备工作：自备计算用纸、笔（钢笔或圆珠笔）、计算器等必要工具，抽题。

2. 视距测量技能测试将提供《视距测量技能测试报告》（表 4-3、表 4-4）给考生，测试结束后考生将该报告作为成果交回。

3. 测试过程中，安排 2 名辅助人员配合考生完成测试任务。

4. 测试过程中任何人不得提示，考生应独立完成全部工作。

5. 主考人有权随时检查是否符合操作规程及技术要求，但应相应折减所影响的时间。

6. 若有作弊行为，一经发现一律按零分处理，不得参加补考。

7. 测试时间自领取仪器开始，至递交成果与仪器终止。

8. 评分标准参见相关表格。

【测试报告】

视距测量技能测试报告 表 4-3

考评日期：__________ 姓名：__________ 成绩：__________ 考评员：__________

测试题目	视距测量		
主要仪器及工具			
天气		仪器号码	

视距测量手簿 表 4-4

测站名称：			测站高程：				仪器高：		
点号	视距读数		视距（m）	中丝读数（m）	竖盘读数（° ′ ″）	竖直角 α（° ′ ″）	水平距离（m）	高差（m）	高程（m）
	上丝	下丝							
1									
2									
3									
4									

【测试成绩评定表】

表 4-5 用于考评员给考生评定成绩，最后连同考生《测试报告》归档保存。

测试成绩评定表 表 4-5

考生姓名：＿＿＿＿＿考评日期：＿＿＿＿＿开始时间：＿＿＿＿＿结束时间：＿＿＿＿＿

测 试 内 容	配分	操作要求及评分标准	扣分	得分	监考教师评分依据记录
工作态度	10	仪器工具轻拿轻放，搬仪器动作规范，装箱正确			
仪器操作	30	操作熟练、规范、方法步骤正确、不缺项			
读数	15	读数正确、规范			
记录	15	记录正确、规范			
计算	20	计算快速准确、规范，计算检核齐全			
综合印象	10	动作规范、熟练、文明作业			
合计		标准分：100			
总扣分及说明					
最后得分		考评员签字		主考人签字	

【其他变数与说明】

1. 其他变数

(1)任务可以变换成经纬仪法测绘碎部点。

(2)仪器可以变换成水准仪，此时，碎部点起伏不宜太大。

2. 技能的用途：广泛应用于碎部测量中。

【测试辅导】

视距测量是利用望远镜中的视距丝装置，根据几何光学原理同时测定水平距离和高差的一种方法。虽然测距精度仅能达到 1/200～1/300，但由于具有操作简便、不受地形限制等优点，被广泛应用于对量距精度要求不高的碎部测量中。

一 视距测量的计算公式

1. 如图 4-1 所示，水平距离计算公式为：

$$D = Kl\cos^2\alpha \tag{4-1}$$

式中：K——视距乘常数，其值一般为100；

l——尺间隔，上、下丝读数之差，m；

α——竖直角。

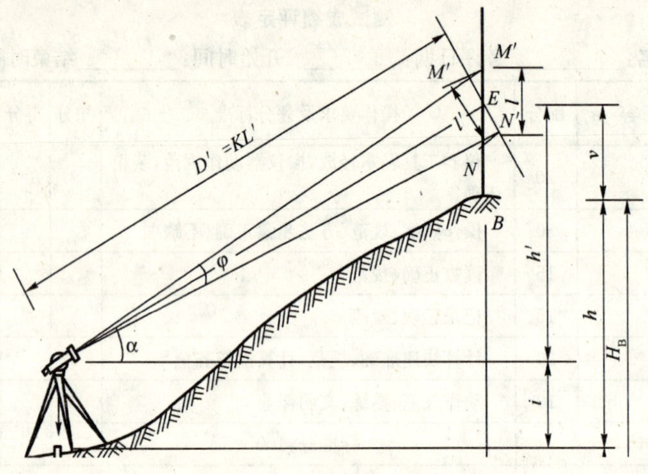

图4-1　视距测量示意图

显然，当视线水平时，竖直角为零。

$$D = Kl \tag{4-2}$$

2. 如图4-1所示，高差计算公式为：

$$h = \frac{1}{2}Kl\sin 2\alpha + i - \nu \tag{4-3}$$

式中：i——仪器高，m；

ν——十字丝中丝在视距尺(或水准尺)上的读数，m。

显然，当视线水平时，竖直角为零。

$$h = i - \nu \tag{4-4}$$

二　视距测量的观测与计算

如图4-1所示，欲求A、B两点之间的水平距离和高程，需观测四个量i、ν、l、α，然后代入公式计算，并记录成果。

1. 将经纬仪安置于A点，对中、整平后，量取仪器高i(精确到厘米)，在B点竖立视距尺。

2. 盘左(或盘右)位置，转动照准部精确瞄准B点视距尺，分别读取上、中、下丝在视距尺上的读数 M、ν、N，算出尺间隔 $l=M-N$。在实际操作中，为方便高差计算，可使中丝对准尺上仪器高（先做好标记）读数，即 $\nu=i$；还可以微动望远镜，将中丝对准拟读的读数 ν 附近，使上丝或下丝正好在视距尺某整刻度线上，从而直接读出尺间隔 l，但应注意读完后，将中丝对准拟读的读数 ν 处。

3. 转动竖盘指标水准管微动螺旋，使竖盘指标水准管气泡居中，读取竖盘读数，计算竖直角 α。

4. 将上述读数分别记入视距测量手簿。根据 i、ν、l、α，用计算器计算或查视距计算表，并记录计算成果。

三 视距测量注意事项

1. 作业前，应检验校正仪器，严格测定视距乘常数，应校正竖盘指标差不超过 $\pm 1'$。

2. 读数时注意消除视差，控制视距不要超过规范要求。

3. 观测时应尽可能使视线离开地面 1m 以上。

4. 标尺应竖直，尽量使用装有水准器的尺子。

思考与训练

1. 试述经纬仪“水准法”的实验步骤？

2. 观测时，视线距离地面多高？为什么？

3. 读竖盘读数时，为什么先使竖盘上的水准管气泡居中？

4. 观测过程中，为什么尽可能瞄准仪器高处或某一整数？

技能测试二　经纬仪测绘法测绘地形图

【测试核心技能】

1. 视距测量的观测、记录和计算。

2. 三角高程测量原理、极坐标法测量碎部点的方法。

3. 用视距测量方法测定碎部点，并绘制地形图的能力。

【测试题目与内容】

经纬仪法测绘地形图。

1. 竖直角观测、记录、计算。

2. 碎部点观测、记录、计算。

3. 测绘一地形较简单的小范围地形图。

(1)用经纬仪和视距尺(水准尺)测定测站点至碎部点的水平角、水平距离及碎部点的高程；

(2)完成该工作的记录和计算校核，求出水平距离及高程，并按1∶1 000比例尺绘出该碎部点；

(3)对中误差＜±3mm，水准管气泡偏差＜1格。

【测试时间】

90分钟。

【测试条件(情景)】

1. 仪器、工具：DJ_6型光学经纬仪一台、视距尺1根、皮尺1把、量角器1个、比例尺1根、分规1个、视距表1本(或自备计算器)、绘图板1副、三角板1副、小钢卷尺1个、小针1根、自备橡皮、铅笔、图纸(500mm×500mm坐标方格网纸)一张。

2. 在测试现场选定两个控制点A、B，在A点设站，后视B点，选择并测量周围碎部点。已知A(1 000.000，1 000.000)，H_A＝100.000m，AB边的坐标方位角α_{AB}＝270°00′00″。

【测试要求及评分标准】

1. 在 A 点周围选择地物地貌特征点,用视距测量的方法测出并展绘在图纸上,测绘成果要求不少于一个建筑物和三个高程点,绘图比例尺 1∶1 000。

2. 严格按操作规程作业,记录规范整洁,计算、展点绘图完整。

3. 数据记录、计算及成果均应填写在相应的《测试报告》中,记录表以外的数据不作为考核结果,展绘成果见图纸。

4. 对中误差<±3mm,水准管气泡偏差<1 格;竖直角读数到分,仪器高、上、中、下丝读数和高差计算精确到厘米,水平距离和高差均计算至分米。

5. 评分标准见表 4-6。

测试评分标准(百分制)　　表 4-6

序号	测试内容	评分标准	配分
1	工作态度	仪器工具轻拿轻放,搬仪器动作规范,装箱正确	10
2	仪器操作	操作熟练、规范、方法步骤正确、不缺项	10
3	读数	读数正确、规范	15
4	记录	记录正确、规范	15
5	计算	计算快速准确、规范,计算检核齐全	15
6	展点绘图	方法步骤正确、规范	25
7	综合印象	动作规范、熟练、文明作业	10
合　计			100

6. 评分奖罚说明

(1)测试时间为评分的主要依据之一,提前完成者给予适当奖分,奖分参考标准分三个等级,如表 4-7 所示;测试时间不得超过规定时间(90 分钟)。

表 4-7

提前时间	30 分钟以上	20 分钟以上	10 分钟以上
参考奖分	30 分	20 分	10 分

(2)根据卷面整洁情况,扣 0~5 分(记录划去 1 处扣 1 分,合计不超过 5 分)。

(3)如发生仪器事故或严重违反操作规程等现象,停止测试,成绩以不合格论处。

(4)对中误差及整平误差,如不符合要求,酌情扣 3~5 分。

【测试说明及注意事项】

1.测试准备工作:自备计算用纸、笔(钢笔或圆珠笔)、计算器等必要工具,抽题。

2.经纬仪法测绘地形图技能测试将提供《经纬仪法测绘地形图技能测试报告》(表4-8、表4-9)给考生,测试结束后考生将该报告作为成果交回。

3.测试过程中,安排2名辅助人员配合考生完成测试任务。

4.测试过程中任何人不得提示,考生应独立完成全部工作。

5.主考人有权随时检查是否符合操作规程及技术要求,但应相应折减所影响的时间。

6.若有作弊行为,一经发现一律按零分处理,不得参加补考。

7.测试时间自领取仪器开始,至递交成果与仪器终止。

8.评分标准参见相关表格。

【测试报告】

经纬仪法测绘地形图技能测试报告 表4-8

考评日期:________ 姓名:________ 成绩:________ 考评员:________

测试题目	经纬仪法测绘地形图		
主要仪器及工具			
天气		仪器号码	

碎部点观测记录与计算表 表4-9

测站点:________ 后视点:________ 仪器高:________ 测站高程:100.000m

点号	视距读数(m)			中丝读数v(m)	竖盘读数L(° ′)	竖直角α(° ′)	水平角读数β(° ′)	水平距离(m)	高差(m)	碎部点高程(m)
	上丝读数	下丝读数	上下丝之差l							

续上表

点号	视距读数(m)			中丝读数 v (m)	竖盘读数 L (° ′)	竖直角 α(° ′)	水平角读数 β (° ′)	水平距离 (m)	高差 (m)	碎部点高程 (m)
	上丝读数	下丝读数	上下丝之差 l							
主要计算公式 展绘成果见图纸										

【测试成绩评定表】

表 4-10 用于考评员给考生评定成绩，最后连同考生《测试报告》归档保存。

测试成绩评定表 表 4-10

考生姓名：__________考评日期：__________开始时间：__________结束时间：__________

测试内容	配分	操作要求及评分标准	扣分	得分	监考教师评分依据记录
工作态度	10	仪器工具轻拿轻放，搬仪器动作规范，装箱正确			
仪器操作	10	操作熟练、规范、方法步骤正确、不缺项			
读数	15	读数正确、规范			
记录	15	记录正确、规范			
计算	15	计算快速准确、规范，计算检核齐全			
展点绘图	25	方法步骤正确、规范			
综合印象	10	动作规范、熟练、文明作业			
合计		标准分：100			
总扣分及说明					
最后得分		考评员签字		主考人签字	

【其他变数与说明】

1.其他变数

(1)任务可以变换成经纬仪配合平板仪联合测图。

(2)任务可以变换成大平板仪测绘法。

2.技能的用途:广泛应用于地形图绘制的传统方法。

【测试辅导】

在控制测量结束后,以控制点为测站,测出各地物、地貌特征点的位置和高程,按规定的比例尺缩绘到图纸上,按《地形图图式》规定的符号,勾绘出地物、地貌的位置、大小和形状,即成地形图。地物、地貌特征点通称为碎部点;测定碎部点的工作称为碎部测量,也称地形图测绘。

测绘大比例尺地形图的方法很多,常用的有经纬仪测绘法、小平板仪和经纬仪联合测绘法、大平板仪测绘法及摄影测量方法等。经纬仪测绘法就是将经纬仪安置在控制点上,绘图板安置于经纬仪近旁,用经纬仪测定碎部点的方向与已知方向之间的夹角,再用视距测量方法测出测站点至碎部点的平距及碎部点的高程,然后根据实测数据,用量角器和比例尺把碎部点的平面位置展绘在图纸上,并在点的右侧注明其高程,最后对照实地描绘地物、地貌。

碎部测量前首先需要进行控制点的展绘,有时还需要绘制坐标方格网。

一 碎部点的选择

碎部点的正确选择是保证成图质量和提高测图效率的关键。碎部点应尽量选在地物、地貌的特征点上。

测量地物时,碎部点应尽量选择在决定地物轮廓线上的转折点、交叉点、弯曲点及独立地物的中心点等,如房屋的角点、道路的转折点、交叉点、河岸线及地界线的转弯点、井中心点等。这些点测定之后,将它们连接起来,即可得到与地面物体相似的轮廓图形。由于地物形状的不规则,所以一般规定主要地物凹凸部分在图上大于 0.4mm 均应表示出来,在地形图上小于 0.4mm,可用直线连接。

测量地貌时,碎部点应选择在最能反映地貌特征的山脊线、山谷线等地性线上,如山顶、鞍部、山脊、山脚、谷底、谷口、沟底、沟口、洼地、河川、湖泊等的坡度和方向变化处。根据这些特征点的高程勾绘等高线，就能得到与实际地貌一致的地形图。

二 一个测站上的测绘工作

1. 安置仪器

如图 4-2 所示，首先在测站点 A 上安置经纬仪（包括对中、整平），测定竖盘指标差 x（一般应小于 $1'$），量取仪器高 i，设置水平度盘读数为 $0°00'$，后视另一控制点 B，则 AB 称为起始方向，记入手簿，见表 4-11。

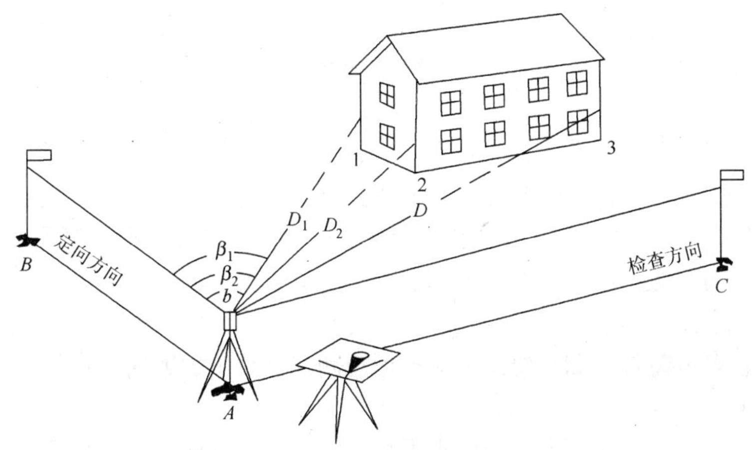

图 4-2　经纬仪测绘法示意图

碎 部 测 量 手 簿　　　　表 4-11

测站：A　后视点：B　仪器高 i=1.45m　指标差 x=0　测站点高程 H_A=264.34m
观测日期：　　观测者：　　记录者：

点号	视距 KL(m)	中丝读数 ν(m)	竖盘读数 L	竖直角 $\pm\alpha$	高差 $\pm h$(m)	水平角 β	水平距离 D(m)	高程 (m)	备注
1	45.0	1.45	92°25′	−2°25′	−1.90	36°44′	44.9	262.44	山脚
2	41.8	1.45	86°42′	+3°12′	+2.33	50°12′	41.7	266.67	山脊
3	35.2	2.45	90°08′	−0°08′	−0.08	167°25′	35.2	264.26	山脊
4	26.4	2.00	89°16′	+0°44′	+0.34	251°30′	26.4	264.68	排水沟

将图板（一般用小平板）安置在测站近旁，目估定向，以便对照实地绘图。连接图上相应控制点 A、B，并适当延长，得图上起始方向线 AB。然后，用小针通过量角器圆心的小孔插在 A 点，使量角器原心固定在 A 点上。

2. 立尺

立尺员应根据实地情况及本测站实测范围，与观测员、绘图员共同商定跑尺路线，然后依次将视距尺立在地物、地貌的特征点上。

3. 观测、记录与计算

观测员将经纬仪瞄准碎部点上的标尺，使中丝读数 ν 在 i 值附近，读取视距尺间隔 Kl，然后使中丝读数 ν 等于 i 值（如条件不允许，也可以随便读取中丝读数 ν），再读竖盘读数 L 和水平角 β，记入测量手簿，并依据下列公式计算水平距离 D 与高差 h：

$$D = Kl\cos^2\alpha \tag{4-5}$$

$$h = \frac{1}{2}Kl\sin 2\alpha + i - v \tag{4-6}$$

显然，(1)当时 $i=\nu$，$h=\frac{1}{2}Kl\sin 2\alpha$；(2)当视线水平时，竖直角 $\alpha=0°$，$D=Kl$，$h=i-\nu$；这两种情况将使计算简单化。竖直角与高程的计算不再详述。

另外，每测 20～30 个碎部点后，应检查起始方向变化情况。要求起始方向度盘读数不得超过 $4'$，如超出，应重新进行起始方向定向。

4. 展点、绘图

在观测碎部点的同时，绘图员应根据观测和计算出的数据，在图纸上进行展点和绘图。

转动量角器，将碎部点方向的水平角值对在起始方向线 AB 上，则量角器上零方向便是碎部点方向。然后沿零方向线，按测图比例尺和所测的水平距离定出碎部点的位置，并在点的右侧注明其高程。同法，将所有碎部点的平面位置及高程，绘于图上。

然后，参照实地情况，按《地形图图式》规定的符号及时将所测的地物和等高线在图上表示出来。在描绘地物、地貌时，应遵守以下原则：

(1)随测随绘，地形图上的线划、符号和注记一般在现场完成，并随时检查所绘地物、地貌与实地情况是否相符，有无漏测，及时发现和纠正问题，真正做到点点清、站站清。

(2)地物描绘与等高线勾绘，必须按《地形图图式》规定的符号和定位原则及时进行，对于不能在现场完成的绘制工作，也应在当日内业工作中完成，要求做到天天清。有些测完局部点无法完成的绘制工作，也应在一个整体完成后马上进行。

(3)为了相邻图幅的拼接，一般每幅图应测出图廓外 5mm。

三 注意事项

1. 测竖直角时一定要用中丝准确切准目标，读竖盘读数时注意竖盘指标水准管气泡居中。

2. 极坐标法施测碎部点，视距读数由观测员一次读出，读后不要忘记用中丝切住目标高。

3. 随时检查“0”方向，若“0”方向变动在 $4'$ 以内，允许重新配“0”；当“0”方向变动超过 $4'$，前区间的测点成果作废。

4. 随时整平仪器，但一经重新整平需重新检查“0”方向，当“0”方向变动超过 $4'$，前区间的测点成果作废。

5. 记录应保持干净、整洁，计算应准确、完整。

6. 当目标高，标志被遮住，可任意切目标高，按公式 $h=h'+i-\nu$ 计算高差。

7. 注意协调配合，视距尺要立直，特殊的碎部点应在备注栏加以说明。

8. 图上的点数应与记录的点数相当。

9. 测定碎部点只用竖盘盘左位置，故观测前需校正竖盘指标差，使其小于 $1'$。

思考与训练

1. 勾绘等高线时应注意哪些问题？
2. 测量地物时，比例符号、非比例符号、线性符号分别在什么情况下使用？
3. 测量一定数量碎部点后，为什么要检查图板的方向？应如何进行？
4. 碎部点的选择应遵循什么原则？
5. 测一个碎部点需观测哪些数据？
6. 简述在一个测站上进行碎部点测量的工作要点。
7. 什么叫地形图、地形图比例尺、地形图的精度？

技能测试三　建筑物定位放样

【测试核心技能】

施工定位放样基本技能。

【测试题目与内容】

建筑物定位放样。

根据已有建筑物和定位放样条件，用经纬仪和钢尺在现场测设拟建建筑物外轮廓各轴线交点的平面位置，标定在地面上，并做必要的校核工作。

【测试时间】

90 分钟。

【测试条件(情景)】

1. 仪器、工具：DJ_6 型光学经纬仪 1 台、脚架 1 个、花杆 1 根、测钎 1 根、钢尺 1 把、木桩若干、计算器 1 台、记录板 1 个。

2. 设计好已有建筑物和拟建建筑物的平面位置关系图，如图 4-3。

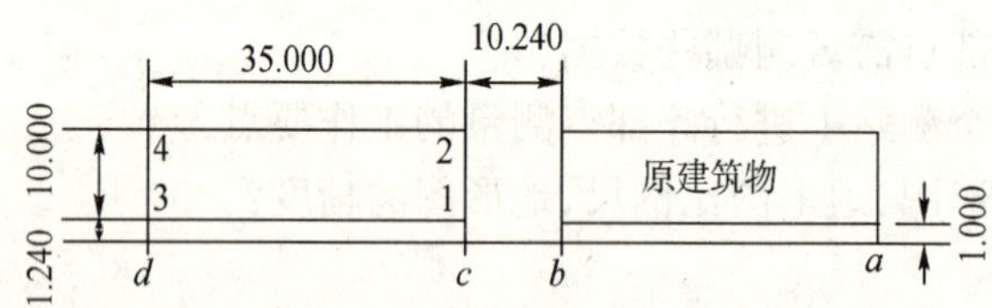

图 4-3　已有建筑物和拟建建筑物的平面位置关系图

【测试要求及评分标准】

1. 按所给的条件和数据，计算出放样数据；根据计算出的放样数据现场标定拟建建筑物。

2. 严格按操作规程作业，数据计算、测量记录及成果校核均应填写在相应的

《测试报告》中,记录表以外的数据不作为考核结果。

3. 检查拟建建筑物的各边和各角是否符合规范要求,误差应分别在 1/2 000 和 40″之内;经纬仪对中误差<±3mm,水准管气泡偏差<1 格。

4. 评分标准见表 4-12:

测试评分标准(百分制)　　表 4-12

序　号	测试内容	评分标准	配　分
1	工作态度	仪器、工具轻拿轻放,装箱正确	10
2	放样数据计算	计算快速、准确	10
3	根据放样数据进行测设	步骤合理,点位测设正确	40
4	校核	含计算校核和测设校核	15
5	测设精度	点位测设精度是否满足要求	15
6	综合印象	动作规范、熟练、文明作业	10
	合计		100

5. 评分奖罚说明:

(1)测试时间为评分的主要依据之一,提前完成者给予适当奖分,奖分参考标准分三个等级,如表 4-13 所示;测试时间不得超过规定时间(90 分钟)。

表 4-13

提前时间	30 分钟以上	20 分钟以上	10 分钟以上
参考奖分	30 分	20 分	10 分

(2)根据标定的点位的清晰情况扣 0～2 分。

(3)对中误差及整平误差如不符合要求,酌情扣 3～5 分。

(4)根据卷面整洁情况,扣 0～5 分(记录划去 1 处扣 1 分,合计不超过5 分)。

(5)如发生仪器事故或严重违反操作规程等现象,停止测试,成绩以不合格论处。

【测试说明及注意事项】

1. 测试准备工作:自备计算用纸、笔(钢笔或圆珠笔)、计算器等必要工具,抽题。

2. 建筑物定位放样技能测试将提供《建筑物定位放样技能测试报告》(表 4-14)给考生,测试结束后考生将该报告作为成果交回。

3. 测试过程中,安排 2 名辅助人员配合考生完成测试任务。

4. 测试过程中任何人不得提示，考生应独立完成全部工作。

5. 主考人有权随时检查是否符合操作规程及技术要求，但应相应折减所影响的时间。

6. 若有作弊行为，一经发现一律按零分处理，不得参加补考。

7. 测试时间自领取仪器开始，至递交成果与仪器终止。

8. 评分标准参见相关表格。

【测试报告】

建筑物定位放样技能测试报告 表 4-14

考评日期：________ 姓名：________ 成绩：________ 考评员：________

测 试 题 目	建筑物定位放样		
主要仪器及工具			
天气		仪器号码	
测试场地布置草图			
计算过程	一、测设数据的计算		
测试主要步骤			
放样成果检核	1. 建筑物长、宽尺寸检查： 建筑物长____m，与设计长度差____m；相对误差____，$<\frac{1}{2\,000}$ 建筑物宽____m，与设计宽度差____m；相对误差____，$<\frac{1}{2\,000}$ 2. 四大角检查，与 90°之差： ∠1=________，<±40″；∠2=________，<±40″ ∠3=________，<±40″；∠4=________，<±40″		

【测试成绩评定表】

表 4-15 用于考评员给考生评定成绩，最后连同考生《测试报告》归档保存。

测试成绩评定表 表 4-15

考生姓名：______ 考评日期：______ 开始时间：______ 结束时间：______

测试内容	配分	操作要求及评分标准	扣分	得分	监考教师评分依据记录
工作态度	10	仪器、工具轻拿轻放，装箱正确			
放样数据计算	10	计算快速、准确			
根据放样数据进行测设	40	步骤合理，点位测设正确			
校核	15	含计算校核和测设校核			
测设精度	15	点位测设精度是否满足要求			
综合印象	10	动作规范、熟练、文明作业			
合计		标准分：100			
总扣分及说明					
最后得分		考评员签字		主考人签字	

【其他变数与说明】

1. 其他变数

根据原有建筑物与拟建建筑物的关系定位，有多种不同的关系，常见比较典型的有如图 4-4 所示的几种情况。

2. 技能的用途：主要应用于建筑物定位放线中。

【测试辅导】

建筑物的定位

建筑物的定位就是在地面上确定建筑物的位置。即根据设计条件，将建筑物外廓的各轴线交点测设到地面上，如图4-4中的A、B、C、D各点，称为定位桩（又称角桩），作为基础和细部放样的依据。

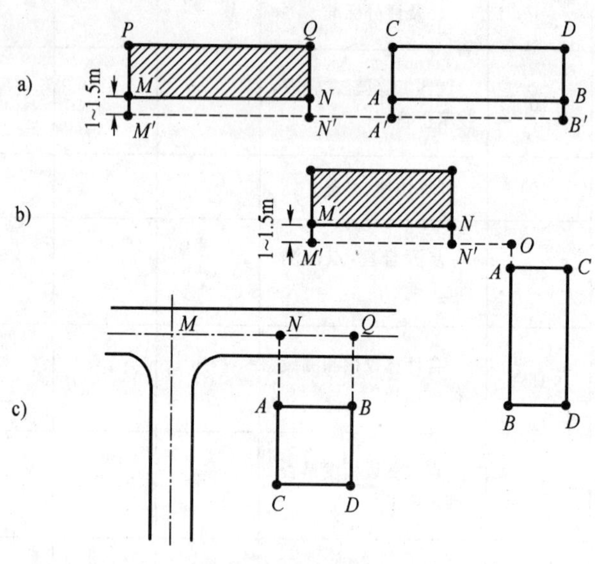

图4-4　建筑物的定位

一般步骤：

1. 根据建筑物设计总平面图计算出放样数据。

2. 根据计算出的放样数据按测设一般角度、测设一般距离的方法现场标定拟建建筑物。

3. 检查拟建建筑物的各边是否符合规范要求。误差应在1/ 2 000。

4. 检查拟建建筑物的各角是否符合规范要求。误差应40″之内。

放样定位点的方法很多，除了根据控制点、建筑基线、建筑方格网，用极坐标法或直角坐标法放样外，更常见的是根据与周围原有建筑物的关系放样。

如图4-4a）所示，首先沿原建筑物PM与QN墙面向外量出MM'及NN'，并使$MM'=NN'$（距离大小根据实地情况而定，一般为1～4m），在地面上定出

M'、N'两点，用小木桩(桩上钉小铁钉)标定。将经纬仪安置于M'点，瞄准N'点，并从N'点沿$M'N'$方向测设已知距离，定出A'点，用相同的方法测设出B'点，然后分别将经纬仪安置于A'、B'两点上，后视M'点测设水平角90°，沿视线测设已知距离即可定出A、C、B、D四点。最后检查A、B、C、D四点位置是否符合精度要求。

如图4-4b)、c)可用类似方法，用直角坐标法进行放样，在此不再详述。

思考与训练

1. 什么是建筑物的定位？
2. 常见建筑物的定位条件有哪些？分别简述其定位方法。

技能测试四　单圆曲线主点测设

【测试核心技能】

1. 路线交点转角的测定方法。
2. 单圆曲线主点测设要素计算。
3. 圆曲线主点里程桩的设置。
4. 单圆曲线主点的测设方法。

【测试题目与内容】

单圆曲线主点测设。

1. 根据给定的单圆曲线的转角，圆曲线的半径，计算出各测设元素（切线长 T、曲线长 L、外距 E、切曲差 D）。

2. 用经纬仪和钢尺或全站仪，在交点 JD 处进行 ZY、YZ、QZ 三个主点的测设。

3. 完成该工作的计算和放样全过程，并在实地标定所测设的点位，且完成校核工作。

【测试时间】

60 分钟。

【测试条件（情景）】

1. 仪器、工具：DJ_2 型光学经纬仪（或全站仪）1 台、脚架 1 个、花杆、测钎、木桩、记录夹 1 个、钢尺 1 把、斧头 1 把。

2. 样题——考核时，在现场任意标定一点为 JD（假定 JD 的里程桩为 K1＋150.20），给定前视方向 JD' 和 JD'' 点，采用测回法观测出 $\beta_右$，并计算出转角 $\alpha_右=180°-\beta_右$ 或 $\alpha_左=\beta_右-180°$，同时用经纬仪定出 $\beta_右/2$ 的方向线，参考半径 $R=50m$，试放样出 ZY、YZ、QZ 三点。

【测试要求及评分标准】

1. 操作仪器严格按观测程序作业；经纬仪对中误差＜±3mm，水准管气泡偏差<1格。

2.记录规范整洁、计算完整准确,用“不能编程的科学计算器”进行计算。

3.数据记录、计算及校核均应填写在相应的《测试报告》中,记录数据不可用橡皮擦修改,记录表以外的数据不作为考核结果。

4.评分标准见表4-16:

操作要求及评分标准　　表4-16

序　号	操作项目名称	评 分 标 准	满　分
1	工作态度	仪器、工具轻拿轻放,装箱正确	10
2	放样元素及里程计算	计算快速、正确	25
3	根据放样元素进行测设	方法正确,步骤合理	35
4	校核	含计算校核和测设校核	10
5	测设精度	点位测设精度是否满足要求	10
6	综合印象与仪器使用	仪器使用正确、熟练、规范,文明操作	10
100	合计		

5.评分奖罚说明:

(1)测试时间为评分的主要依据之一,提前完成者给予适当奖分,奖分参考标准分三个等级,如表4-17所示;测试时间不得超过规定时间(60分钟)。

表4-17

提 前 时 间	30分钟以上	20分钟以上	10分钟以上
参考奖分	30分	20分	10分

(2)根据对中误差情况,扣0~3分;根据水准管气泡偏差情况,扣0~2分。

(3)根据标定点位的清晰情况扣0~2分。

(4)根据卷面整洁情况,扣0~5分(记录划去1处扣1分,合计不超过5分)。

【测试说明及注意事项】

1.测试准备工作:自备计算用纸、笔(钢笔或圆珠笔)、计算器等必要工具,抽题。

2.单圆曲线主点测设技能测试将提供《单圆曲线主点测设技能测试报告》(表4-18)给考生,测试结束后考生将该报告作为成果交回。

3.测试过程中,安排2名辅助人员配合考生完成测试任务。

4.测试过程中任何人不得提示,考生应独立完成全部工作。

5.主考人有权随时检查是否符合操作规程及技术要求,但应相应折减所影响的时间。

6.若有作弊行为，一经发现一律按零分处理，不得参加补考。

7.测试时间自领取仪器开始，至递交成果与仪器终止。

8.评分标准参见相关表格。

【测试报告】

单圆曲线主点测设技能测试报告 表 4-18

考评日期：________ 姓名：________ 成绩：________ 考评员：

测 试 题 目	单圆曲线主点测设		
主要仪器及工具			
天气		仪器号码	
已知数据及测试场地布置草图	1.已知数据： JD 里程＝ K1＋150.20　路线右角 $\beta_{右}$＝　路线转向＝(左、右) 路线转角＝　圆曲线半径 R＝ 50m 2.草图：		
计算过程	曲线测设元素及主点里程桩号计算： 切线长 T＝　ZY 里程＝JD 里程－T＝ 曲线长 L＝　YZ 里程＝ZY 里程＋L＝ 外矢距 E＝　QZ 里程＝YZ 里程－$L/2$＝ 切曲差 D＝　JD 里程＝QZ 里程＋$D/2$＝		
测设主要步骤	叙述主点测设方法与步骤		
放样成果检核	成果检核与评价 1. 2.		

【测试成绩评定表】

表4-19用于考评员给考生评定成绩，最后连同考生《测试报告》归档保存。

测试成绩评定表 表4-19

考生姓名:______ 考评日期:______ 开始时间:______ 结束时间:______

测试内容	配分	操作要求及评分标准	扣分	得分	监考教师评分依据记录
工作态度	10	仪器、工具轻拿轻放，装箱正确			
放样元素及里程计算	25	计算快速、正确			
根据放样元素进行测设	35	方法正确，步骤合理			
校核	10	含计算校核和测设校核			
测设精度	10	点位测设精度是否满足要求			
综合印象与仪器使用	10	仪器使用正确、熟练、规范，文明操作			
合计	标准分:100				
总扣分及说明					
最后得分		考评员签字		主考人签字	

【其他变数与说明】

1. 其他变数：

(1)单圆曲线可以改成一般缓和曲线。

(2)有条件可以考虑用全站仪。

2. 技能的用途：广泛应用于道路(线路)工程测量放线中。

【测试辅导】

当道路由一个方向转到另一个方向时，必须用一段圆曲线来衔接，以确保行车的安全。另外，现代办公楼、宾馆、医院等建筑物外轮廓也常被设计成圆弧形，有的整个建筑为圆弧形，有的建筑物是由一组或数组圆弧曲线与其他平面线形组合而成，也须测设圆曲线。

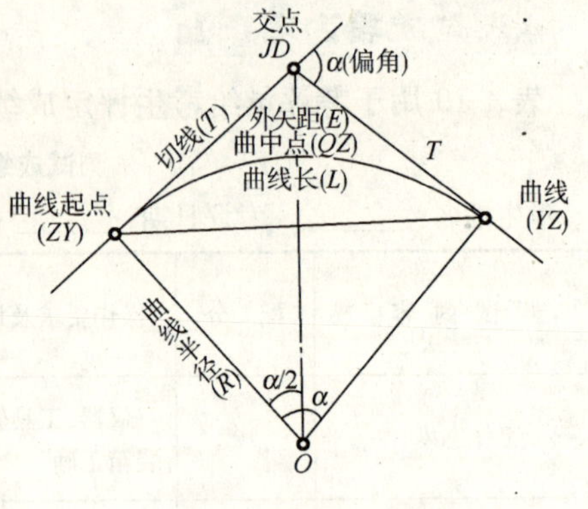

图 4-5　圆曲线元素图

圆曲线的测设工作一般分两步进行，如图 4-5 所示。先定出圆曲线的主点，包括曲线的起点 ZY（亦称直圆点）、曲线的中点 QZ（亦称曲中点）和曲线的终点 YZ（亦称圆直点），称为主点测设；然后依据主点在曲线上每隔一定距离加密细部点，以详细标定圆曲线的形状和位置，称为详细测设。

圆曲线主点的测设的部骤和方法包含以下几个方面。

1. 计算圆曲线测设元素

圆曲线的曲线半径 R、线路转折角 α、切线长 T、曲线长 L 和外矢距 E 是计算和测设曲线的主要元素。由图 4-5 中几何关系可知，若 α、R（一般根据地形条件及工程要求确定）已知，则曲线元素的计算公式为：

$$\left.\begin{aligned}&\text{切线长 } T = R\cdot\tan\frac{\alpha}{2}\\&\text{曲线长 } L = R\cdot\alpha\frac{\pi}{180^\circ}\\&\text{外矢距 } E = R\cdot\sec\frac{\alpha}{2} - R = R\left(\sec\frac{\alpha}{2} - 1\right)\\&\text{切曲差 } D = 2T - L\end{aligned}\right\}\tag{4-7}$$

这些元素值可用电子计算器快速算出，亦可以 R 和 α 为引数由专用的《曲线测设用表》查取。

2. 计算圆曲线主点的桩号

道路里程是沿曲线计算的，曲线上各主点的桩号按下式计算：

$$\left.\begin{aligned}&ZY\text{ 点的桩号} = JD\text{ 点的桩号} - T\\&YZ\text{ 点的桩号} = ZY\text{ 点的桩号} + L\\&QZ\text{ 点的桩号} = YZ\text{ 点的桩号} - \frac{L}{2}\end{aligned}\right\}\tag{4-8}$$

桩号计算可用切曲差来检核，其公式为：

$$JD\text{ 点的桩号} = ZY\text{ 点的桩号} + D/2\tag{4-9}$$

3. 圆曲线主点的测设

在曲线元素计算后，即可进行主点测设，如图 4-6 所示，在交点 JD_1 安置经纬仪，完成对中整平工作。

(1)后视来向相邻交点 JD_0 方向，自测站起沿此方向量切线长 T，得曲线起点 ZY，打桩标记；

(2)经纬仪前视去向相邻交点 JD_2 方向，自测站起沿此方向丈量切线长 T，定曲线终点 YZ，打桩标记；

(3)确定分角线方向标志 QZ 点。

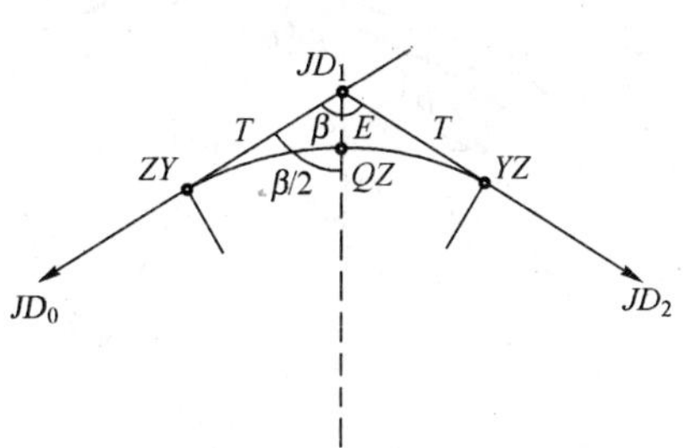

图 4-6　圆曲线主点测设

配置水平度盘为 0°00′00″，仪器仍前视相邻交点 JD_2，松开照准部。

①当路线右转时，顺时针转动照准部至水平度盘读数为 $\left(\frac{\beta_{右}}{2}\right)=\frac{180°-\alpha}{2}$ 时，制动照准部，此时望远镜视线方向为分角线方向。

②当路线左转时，顺时针转动照准部至水平度盘读数为 $\frac{180°+\alpha}{2}$ 时，制动照准部，然后倒转望远镜，此时望远镜视线方向为分角线方向。

在分角线方向上，从 JD_1 量取外距 E，定出 QZ 点并打桩标记。

4. 交点不能设站时测设主点的方法

(1)转角的测定

当两相交直线的交点遇障碍(如房屋、河流等)，不能安置仪器或实地无法定桩时，可用间接方法测设主点，如图 4-7 所示。首先在两条直线上便于工作且互相通视的地方选定 A、B 两点，分别安置经纬仪观测 β_1 和 β_2 角，则线路转角为：

$$\alpha=\beta_1+\beta_2 \tag{4-10}$$

根据测定的转角 α 和设计时选定的曲线半径 R，按曲线元素的计算式可求出切线长 T、曲线长 L 和外矢距 E 等。

(2)主点的测设

经纬仪在 A 点后视直线中线桩，纵转望远镜，拨定 $\frac{\alpha}{2}$ 方向与一直线相交于 C 点，并丈量 AC 的距离，并取其中点 G，根据图中几何关系知：

$$AJ=CJ=b=\frac{AG}{\cos\frac{\alpha}{2}} \tag{4-11}$$

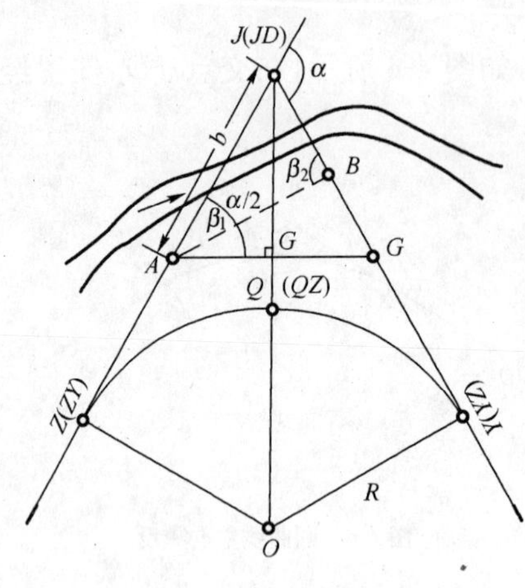

图 4-7 虚交点圆曲线主点测设

$$GJ = AG \cdot \tan\frac{\alpha}{2} \quad (4\text{-}12)$$

然后分别在 A 和 C 点设站，沿切线方向丈量 AZ 及 CY，其值为：

$$AZ = CY = T - b = T - \frac{AG}{\cos\frac{\alpha}{2}} \quad (4\text{-}13)$$

得曲线的起、终点。曲线中点的测设，可在 G 点安置经纬仪，后视 C 点，顺时针拨 90°角定向（视线指向圆心），在此方向上自 G 丈量 GQ 定曲线中点，GQ 值按下式计算：

$$GQ = E - GJ = E - AG \cdot \tan\frac{\alpha}{2} \quad (4\text{-}14)$$

思考与训练

1. 缓和曲线详细测设与单圆曲线详细测设有何不同?

2. 在现场 JD 点已知，给定前视方向 JD' 和 JD'' 点，假定单圆曲线的转角 $\alpha_{右}=26°22'$、半径 $R=180$m，试计算放样要素，并叙述主点 ZY、YZ、QZ 的测设过程。

3. 已知某山岭重丘区三级公路，交点里程为 K5＋518.66，测得转角 $\alpha_{右}=18°18'36''$，圆曲线半径 $R=300$m，缓和曲线长 $l_s=35$m。试计算曲线要素及主点里程。

技能测试五　单圆曲线切线支距法详细测设

【测试核心技能】

1. 切线支距法进行单圆曲线详细测设要素的内业计算。

2. 切线支距法详细测设单圆曲线的能力。

【测试题目与内容】

单圆曲线切线支距法详细测设：

1. 根据在现场给定的 *JD* 桩、*ZY*、*QZ*、*YZ* 三个主点桩（或根据技能测试四的方法测设主点桩），单圆曲线的半径 R，用切线支距法来测设 *ZY* 点至 *YZ* 点的一段平曲线。

2. 用经纬仪和钢尺或全站仪，在 *JD* 点处进行曲线中桩的详细测设。

3. 完成该工作的计算和放样，并在实地标定所测设的点位，并检校其位置是否正确。

【测试时间】

60 分钟。

【测试条件（情景）】

1. 仪器、工具：DJ_2 型光学经纬仪（或全站仪）1 台、脚架 1 个、花杆、测钎、木桩、记录夹 1 个、钢尺 1 把、斧头 1 把、方向架 1 个、计算器（自备）。

2. 样题——考核时，在现场任意标定两点为 *ZY*、*JD*，已知 *ZY* 点桩号为 K2＋906.90，单圆曲线的半径 $R=50$m，试用切线支距法放样出 K2＋910 、K2＋920、K2＋930 等中桩。

【测试要求及评分标准】

1. 操作仪器严格按观测程序作业；经纬仪对中误差＜±3mm，水准管气泡偏差＜1 格；平曲线闭合差：纵向（路线方向）≤$L/1\ 000$，横向（半径方向）≤10cm。

2. 记录规范整洁、计算完整准确,用"不能编程的科学计算器"进行计算。

3. 数据记录、计算及校核均应填写在相应的《测试报告》中,记录数据不可用橡皮擦修改,记录表以外的数据不作为考核结果。

4. 评分标准见表 4-20。

操作要求及评分标准 表 4-20

序号	操作项目名称	评分标准	满分
1	工作态度	仪器、工具轻拿轻放,装箱正确	10
2	放样元素及里程计算	计算快速、正确	25
3	根据放样元素进行测设	方法正确,步骤合理	35
4	校核	含计算校核和测设校核	10
5	测设精度	点位测设精度是否满足要求	10
6	综合印象与仪器使用	仪器使用正确、熟练、规范,文明操作	10
合计			100

5. 评分奖罚说明

(1)测试时间为评分的主要依据之一,提前完成者给予适当奖分,奖分参考标准分三个等级,如表 4-21 所示;测试时间不得超过规定时间(60 分钟)。

表 4-21

提前时间	30 分钟以上	20 分钟以上	10 分钟以上
参考奖分	30 分	20 分	10 分

(2)根据对中误差情况,扣 0~3 分;根据水准管气泡偏差情况,扣 0~2 分。

(3)根据标定点位的清晰情况扣 0~2 分。

(4)根据卷面整洁情况,扣 0~5 分(记录划去 1 处扣 1 分,合计不超过5 分)。

【测试说明及注意事项】

1. 测试准备工作:自备计算用纸、笔(钢笔或圆珠笔)、计算器等必要工具,抽题。

2. 单圆曲线切线支距法详细测设技能测试将提供《单圆曲线切线支距法详细测设技能测试报告》(表 4-22)给考生,测试结束后考生将该报告作为成果交回。

3. 测试过程中,安排 2 名辅助人员配合考生完成测试任务。

4. 测试过程中任何人不得提示,考生应独立完成全部工作。

5. 主考人有权随时检查是否符合操作规程及技术要求,但应相应折减所影响的时间。

6. 若有作弊行为，一经发现一律按零分处理，不得参加补考。

7. 测试时间自领取仪器开始，至递交成果与仪器终止。

8. 评分标准参见相关表格。

【测试报告】

单圆曲线切线支距法详细测设技能测试报告 表 4-22

考评日期：____________ 姓名：____________ 成绩：____________ 考评员：

<table>
<tr><td>测 试 题 目</td><td colspan="6">单圆曲线切线支距法详细测设</td></tr>
<tr><td>主要仪器及工具</td><td colspan="6"></td></tr>
<tr><td>天气</td><td colspan="2"></td><td colspan="2">仪器号码</td><td colspan="2"></td></tr>
<tr><td>已知数据及测试场地布置草图</td><td colspan="6">1. 已知数据：
ZY 点里程桩＝K2＋906.90　圆曲线半径 R＝50m　桩距 l_0＝10m
2. 草图：</td></tr>
<tr><td rowspan="9">计算过程</td><td rowspan="9">各中桩的测设数据</td><td rowspan="2">桩　　号</td><td rowspan="2">弧长 l_i</td><td rowspan="2">圆心角</td><td colspan="2">坐标计算</td></tr>
<tr><td>X</td><td>Y</td></tr>
<tr><td>ZY 桩：K2＋906.90</td><td></td><td></td><td></td><td></td></tr>
<tr><td>K2＋910</td><td></td><td></td><td></td><td></td></tr>
<tr><td>K2＋920</td><td></td><td></td><td></td><td></td></tr>
<tr><td>K2＋930</td><td></td><td></td><td></td><td></td></tr>
<tr><td>K2＋940</td><td></td><td></td><td></td><td></td></tr>
<tr><td></td><td></td><td></td><td></td><td></td></tr>
<tr><td></td><td></td><td></td><td></td><td></td></tr>
<tr><td>测设主要步骤</td><td colspan="6"></td></tr>
<tr><td>放样成果检核</td><td colspan="6">成果检核与评价
1.
2.</td></tr>
</table>

【测试成绩评定表】

表4-23用于考评员给考生评定成绩，最后连同考生《测试报告》归档保存。

测试成绩评定表　　表4-23

考生姓名：______　考评日期：______　开始时间：______　结束时间：______

测试内容	配分	操作要求及评分标准	扣分	得分	监考教师评分依据记录
工作态度	10	仪器、工具轻拿轻放，装箱正确			
放样元素及里程计算	25	计算快速、正确			
根据放样元素进行测设	35	方法正确，步骤合理			
校核	10	含计算校核和测设校核			
测设精度	10	点位测设精度是否满足要求			
综合印象与仪器使用	10	仪器使用正确、熟练、规范，文明操作			
合计		标准分：100			
总扣分及说明					
最后得分		考评员签字		主考人签字	

【其他变数与说明】

1.其他变数：

(1)单圆曲线可以改成一般缓和曲线；还可以改为由单圆曲线和缓和曲线组成的综合曲线。

(2)有条件可以考虑用全站仪。

2.技能的用途：广泛应用于道路(线路)工程测量圆曲线细部放样中。

【测试辅导】

圆曲线的详细测设方法之一——切线支距法。

一般情况下，当曲线长度小于 40m 时，测设曲线的三个主点已能满足道路施工的需要。如果曲线较长或地形变化较大，这时应根据地形变化和设计、施工要求，在曲线上每隔一定距离 l，测设曲线细部点和计算里程，以满足线形和工程施工的需要。这种工作称为圆曲线的详细测设。曲线上细部点的间距，《公路勘测规范》(JTG C10—2007)规定：$R>60\text{m}$ 时，$l=20\text{m}$；$30\text{m}<R<60\text{m}$ 时，$l=10\text{m}$；$R<30\text{m}$时，$l=5\text{m}$。圆曲线详细测设的方法很多，在实际工作中可结合地形情况、精度要求和仪器条件合理选用。下面介绍切线支距法(直角坐标法)。

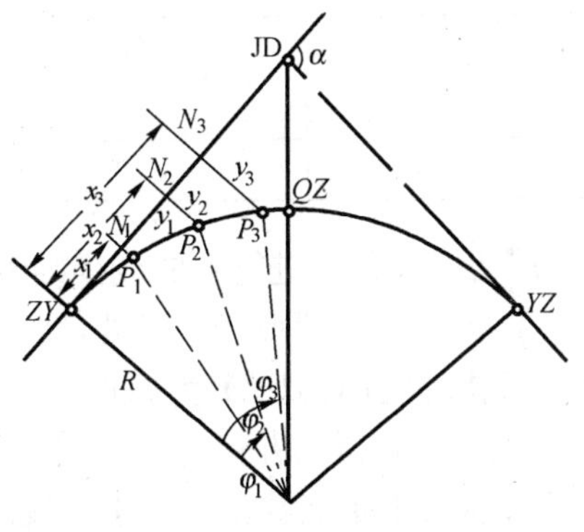

图 4-8　切线支距法

切线支距法以曲线起点或终点为坐标原点，以该点切线方向为 x 轴，过原点的半径为 y 轴建立起坐标系，如图 4-8 所示。根据曲线上各细部点的坐标 x、y，按直角坐标法测设各点的位置。此法适用于地势平坦，便于量距的地方。

设曲线上两相邻细部点间的弧长为 l，所对的圆心角为 φ，则 φ 及坐标值按下式计算：

$$\left.\begin{aligned}
&\varphi=\frac{180^\circ}{\pi}\\
&x_1=R\cdot\sin\varphi\\
&y_1=R-R\cdot\cos\varphi=2R\cdot\sin^2\frac{\varphi}{2}\\
&x_2=R\cdot\sin2\varphi\\
&y_2=R-R\cdot\cos2\varphi=2R\cdot\sin^2\varphi\\
&x_3=R\cdot\sin3\varphi\\
&y_3=R-R\cdot\cos3\varphi=2R\cdot\sin^2\frac{3}{2}\varphi\\
&\qquad\cdots\cdots
\end{aligned}\right\}\tag{4-15}$$

上述数据可用电子计算器算出，亦可以 R、1 为引数查《曲线测设用表》获得。

切线支距法测设圆曲线数据计算表见表 4-24。

切线支距法测设圆曲线数据计算表 表 4-24

里程桩号	各桩至 ZY 或 YZ 的弧长 l_i(m)	圆心角 φ_i(° ′ ″)	切线支距坐标	
			X(m)	Y(m)

用切线支距法进行圆曲线详细测设步骤：

1.将经纬仪架设于 JD 处，转动照准部瞄准 ZY 点，制动照准部，转动望远镜进行指挥定向，以 ZY 为原点，在该切线上向 JD 丈量各中桩对应的 X_1、X_2、X_3、…、X_n 值，得出并保留各相应垂足点，以 N_1、N_2、…、N_n 表示。

2.从各垂足点找出垂直于切线的方向，根据各点相应的 y 值标定曲线上的详细测设点 P_1、P_2、…、P_n，直至 QZ，完成前半条曲线的详细测设。

3.以 YZ 点为原点，采用以上同样方法，完成另半条曲线的详细测设。

4.检查：丈量各测设点之弦长，和相应的弧长相比较，两者之差的绝对值不宜大于相应的弦弧差。

5.详测曲中点 QZ 位置和主点放样定出的 QZ 位置比较，横向（半径方向）不应大于 0.1m，纵向（切向方向）不应超过 $\pm L/1\,000$m（L 为曲线弧长）。

注意：切线支距法测设曲线时，为了避免支距过长，一般由 ZY 点或 YZ 点分别向 QZ 点施测。

思考与训练

1.简述切线支距法测设圆曲线的原理。

2.简述切线支距法详细测设圆曲线的过程。

3.缓和曲线详细测设与单圆曲线详细测设有何不同？

技能测试六　单圆曲线偏角法详细测设

【测试核心技能】

1. 偏角法进行单圆曲线详细测设要素的内业计算。
2. 偏角法详细测设单圆曲线的能力。

【测试题目与内容】

单圆曲线偏角法详细测设。

1. 根据在现场给定的 *JD* 桩、*ZY*、*QZ*、*YZ* 三个主点桩(或根据技能测试四的方法测设主点桩),单圆曲线的半径 R,用偏角法来测设 *ZY* 点至 *YZ* 点的一段平曲线。

2. 用经纬仪和钢尺或全站仪,在 *JD* 点处进行曲线中桩的详细测设,要求每 5m 弧长测设一个细部点。

3. 完成该工作的计算和放样,并在实地标定所测设的点位,并检校其位置是否正确。

【测试时间】

60 分钟。

【测试条件(情景)】

1. 仪器、工具:DJ_2 型光学经纬仪(或全站仪)1 台、脚架 1 个、花杆、测钎、木桩、记录夹 1 个、钢尺 1 把、斧头 1 把、计算器(自备)。

2. 样题——考核时,在现场任意标定两点为 *ZY*、*JD*,已知 *ZY* 点桩号为 K2+906.90,单圆曲线的半径 R=50m,试用偏角法放样出 K2+910 、K2+915、K2+920 等中桩。

【测试要求及评分标准】

1. 操作仪器严格按观测程序作业;经纬仪对中误差<±3mm,水准管气泡偏差<1 格。

2. 记录规范整洁、计算完整准确,计算用“不能编程的科学计算器”进行计算。

3.数据记录、计算及校核均应填写在相应的《测试报告》中，记录数据不可用橡皮擦修改，记录表以外的数据不作为考核结果。

4.当从 ZY 及 YZ 点向曲线中点 QZ 测设曲线时，由于测设误差的影响，半条曲线的最后一点不会正好落在控制桩 QZ 上，假设落在 QZ' 上，则 $QZ—QZ'$ 的距离称为闭合差 f。

闭合差的允许值是分纵向闭合差 f_x 与横向闭合差 f_y 来考虑的。若纵向(沿线路方向)闭合差 f_x 小于 1/1 000、横向(沿线路半径方向)闭合差 f_y 小于 10cm 时，可根据曲线上各点到 ZY(或 YZ)的距离，按长度比例进行分配。

5.评分标准见表 4-25。

操作要求及评分标准　　表 4-25

序　号	操作项目名称	评 分 标 准	满　分
1	工作态度	仪器、工具轻拿轻放，装箱正确	10
2	放样元素及里程计算	计算快速、正确	25
3	根据放样元素进行测设	方法正确，步骤合理	35
4	校核	含计算校核和测设校核	10
5	测设精度	点位测设精度是否满足要求	10
6	综合印象与仪器使用	仪器使用正确、熟练、规范，文明操作	10
合计			100

6.评分奖罚说明

(1)测试时间为评分的主要依据之一，提前完成者给予适当奖分，奖分参考标准分三个等级，如表 4-26 所示；测试时间不得超过规定时间(60 分钟)。

表 4-26

提 前 时 间	30 分钟以上	20 分钟以上	10 分钟以上
参考奖分	30 分	20 分	10 分

(2)根据对中误差情况，扣 0～3 分；根据水准管气泡偏差情况，扣 0～2 分。

(3)根据标定点位的清晰情况扣 0～2 分。

(4)根据卷面整洁情况，扣 0～5 分(记录划去 1 处扣 1 分，合计不超过5 分)。

【测试说明及注意事项】

1.测试准备工作：自备计算用纸、笔(钢笔或圆珠笔)、计算器等必要工具，抽题。

2. 单圆曲线偏角法详细测设技能测试将提供《单圆曲线偏角法详细测设技能测试报告》(表 4-27)给考生,测试结束后考生将该报告作为成果交回。

3. 测试过程中,安排 2 名辅助人员配合考生完成测试任务。

4. 测试过程中任何人不得提示,考生应独立完成全部工作。

5. 主考人有权随时检查是否符合操作规程及技术要求,但应相应折减所影响的时间。

6. 若有作弊行为,一经发现一律按零分处理,不得参加补考。

7. 测试时间自领取仪器开始,至递交成果与仪器终止。

8. 评分标准参见相关表格。

【测试报告】

单圆曲线偏角法详细测设技能测试报告 表 4-27

考评日期:________ 姓名:________ 成绩:________ 考评员:________

测试题目	单圆曲线偏角法详细测设		
主要仪器及工具			
天气		仪器号码	
已知数据及测试场地布置草图	1. 已知数据: ZY 点里程桩=K2+906.90 圆曲线半径 R=50m 桩距 l_0=5m 2. 草图		
计算过程			

续上表

测 试 题 目	单圆曲线偏角法详细测设
测设主要步骤	
放样成果检核	测设检查： 从曲线起点开始测设细部点，检查曲线终点拟合误差： 1.角度误差＝＿＿＿＿＿＿＿＿； 2.距离误差＝＿＿＿＿＿＿＿＿。 成果检核与评价：

【测试成绩评定表】

表4-28用于考评员给考生评定成绩，最后连同考生《测试报告》归档保存。

测试成绩评定表　　表4-28

考生姓名：＿＿＿　考评日期：＿＿＿　开始时间：＿＿＿　结束时间：＿＿＿

测 试 内 容	配 分	操作要求及评分标准	扣 分	得 分	监考教师评分依据记录
工作态度	10	仪器、工具轻拿轻放，装箱正确			
放样元素及里程计算	25	计算快速、正确			
根据放样元素进行测设	35	方法正确，步骤合理			
校核	10	含计算校核和测设校核			
测设精度	10	点位测设精度是否满足要求			
综合印象与仪器使用	10	仪器使用正确、熟练、规范，文明操作			
合计	标准分：100				
总扣分及说明					
最后得分		考评员签字		主考人签字	

【其他变数与说明】

1. 其他变数

(1)单圆曲线可以改成一般缓和曲线;还可以改为由单圆曲线和缓和曲线组成的综合曲线。

(2)有条件可以考虑用全站仪。

2. 技能的用途:广泛应用于道路(线路)工程测量圆曲线细部放样中。

【测试辅导】

圆曲线的详细测设方法二

偏角法:偏角法是一种极坐标定点的方法,它是利用偏角(弦切角)和弦长来测设圆曲线的。

如图 4-9 所示,为了计算工程量和施工方便,把各细部点里程凑整,这样,曲线势必分为首尾两段零头弧长 l_1、l_2 和中间几段相等的整弧长 l 之和,即

$$L = l_1 + n \cdot l + l_2 \qquad (4\text{-}16)$$

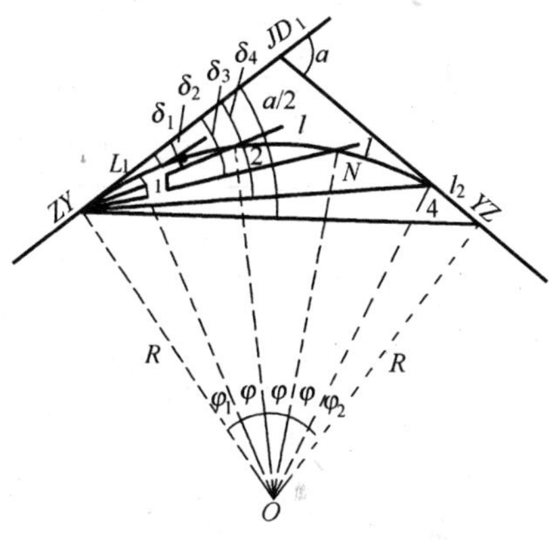

图 4-9 偏角法测设细部点

弧长 l_1、l_2 及 l 所对的相应圆心角为 φ_1、φ_2 及 φ,可按下列公式计算:

$$\left.\begin{aligned} \varphi_1 &= \frac{180^\circ}{\pi} \cdot \frac{l_1}{R} \\ \varphi_2 &= \frac{180^\circ}{\pi} \cdot \frac{l_2}{R} \\ \varphi &= \frac{180^\circ}{\pi} \cdot \frac{l}{R} \end{aligned}\right\} \qquad (4\text{-}17)$$

相应于弧长 l_1、l_2 及 l 的弦长 d_1、d_2 及 d 的计算公式如下:

$$\left.\begin{aligned} d_1 &= 2R \cdot \sin\frac{\varphi_1}{2} \\ d_2 &= 2R \cdot \sin\frac{\varphi_2}{2} \\ d &= 2R \cdot \sin\frac{\varphi}{2} \end{aligned}\right\} \qquad (4\text{-}18)$$

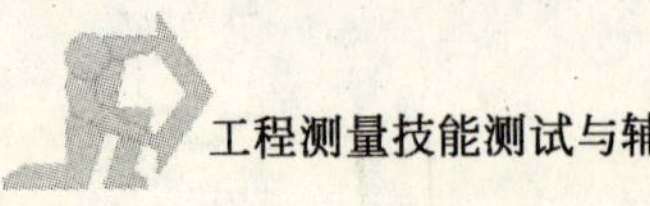

曲线上各点的偏角等于相应弧长所对圆心角的一半。即：

$$\left.\begin{aligned}
&\text{第(1)点的偏角为}\ \delta=\frac{\varphi_1}{2}\\
&\text{第(2)点的偏角为}\ \delta_2=\frac{\varphi_1}{2}+\frac{\varphi}{2}\\
&\text{第(3)点的偏角为}\ \delta_3=\frac{\varphi_1}{2}+\frac{\varphi}{2}+\frac{\varphi}{2}=\frac{\varphi_1}{2}+\varphi\\
&\qquad\cdots\cdots\\
&\text{终点 }YZ\text{ 的偏角为}\ \delta_r=\frac{\varphi_1}{2}+\frac{\varphi_1}{2}+\cdots\frac{\varphi_2}{2}=\frac{\alpha}{2}
\end{aligned}\right\}\quad(4\text{-}19)$$

用偏角法测设圆曲线细部点的数据计算表见表 4-29。

偏角法测设圆曲线细部点的数据计算表 表 4-29

里 程 桩 号	各桩至 ZY 或 YZ 的弧长 l_i(m)	圆心角 φ_i(° ′ ″)	偏角值 δ_i(° ′ ″)	相邻桩间弦长	相邻桩间弧长

用偏角法进行圆曲线详细测设步骤：

(1)在圆曲线起点 ZY 点安置经纬仪，完成对中、整平工作。

(2)转动照准部，瞄准交点 JD(即切线方向)，转动变换手轮，将水平度盘读数配置为 $0°00'00''$。

(3)根据计算出的第一点的偏角值大小 δ_1 转动照准部，当路线左转时，逆时针转动照准部至水平度盘读数为 $360°-\delta_i$；当路线右转时，顺时针转动照准部至水平度盘读数为 δ_1。其他偏角方向的确定都参照此法，即左：$360°-\delta_i$，右：δ_i。以 ZY 为原点，在望远镜视线方向上量出第一段相应的弦长 d_1 定出 1 点，设桩。

(4)根据第二个偏角值的大小 δ_2 转动照准部，定出偏角方向。以(1)点为圆心，以弦长 d 为半径画圆弧，与视线方向相交得出 2 点，设桩。

(5)按照上一步的方法，依次定出曲线上各个整桩点点位，直至曲中点 QZ，若通视条件好，可一直测至 YZ 点。比较详测和主点测设所得的 QZ、YZ 点，进行精度校核。

(6)注意事项

①偏角法进行圆曲线详细测设也可从圆直点 YZ 开始，以同样的方法进行测设。但要注意偏角的拨转方向及水平度盘读数，与上半条曲线是相反的。

②偏角法测设时，拉距是从前一曲线点开始，必须以对应的弦长为半径画圆弧，与视线方向相交，获得该点。

③此法灵活性大，但存在测点误差积累的缺点。为了提高测设精度，可将经纬仪安置在 ZY 和 YZ 点上，分别向中点 QZ 测设曲线，以减少误差的积累。

④注意偏角的拨转方向及水平度盘读数。

用偏角法测设曲线细部点时，常因遇障碍物挡住视线而不能直接测设，如图 4-10 所示，经纬仪在曲线起点 ZY 测设出细部点①、②、③后，视线被建筑物挡住。这时，可把经纬仪移至③点，使水平度盘读数对在 0°上，用倒镜(盘右)后视 ZY 点，然后纵转望远镜，并使水平度盘读数对在④点的偏角值 δ_4 上，此时视线即在③点—④点的方向上。接着，在此时视线方向上从③点起量取弦长 d，即可桩钉出④点。接着，仍按原计算的偏角继续桩钉曲线上其余各点。在此过程

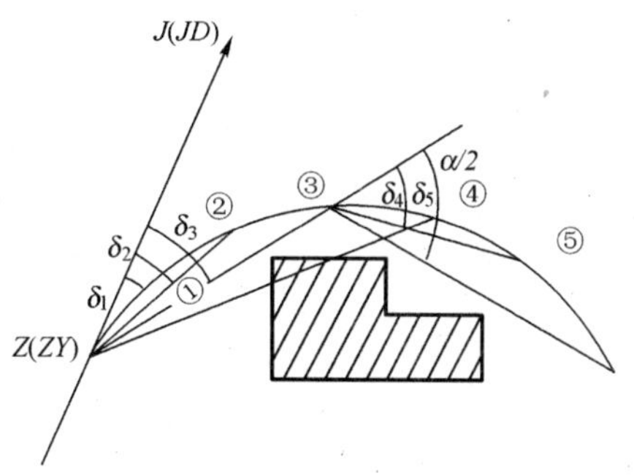

图 4-10　遇障碍细部点测设

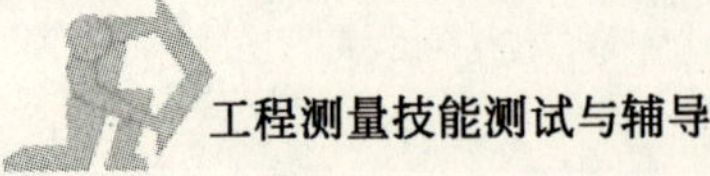

若视线又遇障碍物时，可按下述一般规律进行：即把经纬仪安置在曲线任一里程桩上，首先将水平度盘读数对在曲线上后视点的偏角值上，并以倒镜后视该点，然后纵转望远镜成正镜位置，此后，仍按原计算的偏角值测设曲线的其余各点。

思考与训练

1. 简述偏角法测设圆曲线的原理。

2. 偏角法详细测设圆曲线与切线支距法有何不同？

3. 简述偏角法详细测设圆曲线的过程。

4. 偏角法详细测设缓和曲线 $ZH—HY$、$HY—YH$、$YH—HZ$ 段的测设数据如何计算？

技能测试七　单圆曲线测设

【测试核心技能】

1. 路线交点转角的测定方法。

2. 单圆曲线主点测设要素计算与圆曲线主点里程桩的设置。

3. 切线支距法进行单圆曲线详细测设要素的内业计算。

4. 切线支距法详细测设单圆曲线的能力。

【测试题目与内容】

单圆曲线测设。

①根据给定的单圆曲线的转角，圆曲线的半径 R，计算出各测设元素（切线长 T、曲线长 L、外距 E、切曲差 D）。

②用经纬仪和钢尺或全站仪，在交点 JD 处进行 ZY、YZ、QZ 三个主点的测设。

③将经纬仪置于圆曲线起点（ZY）或终点（YZ），用切线支距法详细测设 ZY 点至 YZ 点的一段平曲线。

④完成该工作的计算和放样，并在实地标定所测设的点位，并检校其位置是否正确。

【测试时间】

90 分钟。

【测试条件（情景）】

1. 仪器、工具：DJ_2 型光学经纬仪（或全站仪）1 台、脚架 1 个、花杆、测钎、木桩、记录夹 1 个、钢尺 1 把、斧头 1 把、方向架 1 个。

2. 样题——考核时，在现场任意标定一点为 JD（假定 JD 的里程桩为 K1+150.20），给定前视方向 JD' 和 JD'' 点，采用测回法观测出 $\beta_{右}$，并计算出转角 $\alpha_{右}=180°-\beta_{右}$ 或 $\alpha_{左}=\beta_{右}-180°$，同时用经纬仪定出 $\beta_{右}/2$ 的方向线，参考半径 R=100m，试放样出 ZY、YZ、QZ 三点。

3. 按桩距 $l_0=10$m，整桩距法设桩，计算各桩点的坐标（x，y），并详细测设此圆曲线。

【测试要求及评分标准】

1. 操作仪器严格按观测程序作业；经纬仪对中误差＜±3mm，水准管气泡偏差＜1格。

2. 记录规范整洁、计算完整准确，用“不能编程的科学计算器”进行计算。

3. 数据记录、计算及校核均应填写在相应的《测试报告》中，记录数据不可用橡皮擦修改，记录表以外的数据不作为考核结果。

4. 评分标准见表4-30。

操作要求及评分标准 表4-30

序　号	操作项目名称	评 分 标 准	满　　分
1	工作态度	仪器、工具轻拿轻放，装箱正确	10
2	放样元素及里程计算	计算快速、正确	25
3	根据放样元素进行测设	方法正确，步骤合理	35
4	校核	含计算校核和测设校核	10
5	测设精度	点位测设精度是否满足要求	10
6	综合印象与仪器使用	仪器使用正确、熟练、规范，文明操作	10
合计			100

5. 评分奖罚说明：

(1)测试时间为评分的主要依据之一，提前完成者给予适当奖分，奖分参考标准分三个等级，如表4-31所示；测试时间不得超过规定时间(90分钟)。

表4-31

提 前 时 间	30分钟以上	20分钟以上	10分钟以上
参考奖分	30分	20分	10分

(2)根据对中误差情况，扣0～3分；根据水准管气泡偏差情况，扣0～2分。

(3)根据标定点位的清晰情况扣0～2分。

(4)根据卷面整洁情况，扣0～5分(记录划去1处扣1分，合计不超过5分)。

【测试说明及注意事项】

1. 测试准备工作：自备计算用纸、笔(钢笔或圆珠笔)、计算器等必要工具，抽题。

2. 单圆曲线测设技能测试将提供《单圆曲线测设技能测试报告》(表 4-32)给考生，测试结束后考生将该报告作为成果交回。

3. 测试过程中，安排 2 名辅助人员配合考生完成测试任务。

4. 测试过程中任何人不得提示，考生应独立完成全部工作。

5. 主考人有权随时检查是否符合操作规程及技术要求，但应相应折减所影响的时间。

6. 若有作弊行为，一经发现一律按零分处理，不得参加补考。

7. 测试时间自领取仪器开始，至递交成果与仪器终止。

8. 评分标准参见相关表格。

【测试报告】

单圆曲线测设技能测试报告 表 4-32

考评日期:________ 姓名:________ 成绩:________ 考评员:________

测 试 题 目		单圆曲线测设				
主要仪器及工具						
天气			仪器号码			
交点号			交点桩号			
竖盘位置	盘位	目标	水平度盘读数	半测回右角值	右角	转角
	盘左					
	盘右					
计算过程	曲线测设元素及主点里程桩号计算: 切线长 $T=$　　　　ZY 里程= JD 里程 $-T=$ 曲线长 $L=$　　　　YZ 里程= ZY 里程+ $L=$ 外矢距 $E=$　　　　QZ 里程= YZ 里程 $-L/2=$ 切曲差 $D=$　　　　JD 里程= QZ 里程+ $D/2=$					

续上表

<table>
<tr><td colspan="2">测 试 题 目</td><td colspan="5">单圆曲线测设</td></tr>
<tr><td rowspan="10">各中桩的测设数据</td><td>桩号</td><td>曲线长</td><td>圆心角 φ_i(° ′ ″)</td><td>x</td><td>y</td></tr>
<tr><td></td><td></td><td></td><td></td><td></td></tr>
<tr><td></td><td></td><td></td><td></td><td></td></tr>
<tr><td></td><td></td><td></td><td></td><td></td></tr>
<tr><td></td><td></td><td></td><td></td><td></td></tr>
<tr><td></td><td></td><td></td><td></td><td></td></tr>
<tr><td></td><td></td><td></td><td></td><td></td></tr>
<tr><td></td><td></td><td></td><td></td><td></td></tr>
<tr><td></td><td></td><td></td><td></td><td></td></tr>
<tr><td></td><td></td><td></td><td></td><td></td></tr>
<tr><td>测设主要步骤</td><td colspan="5"></td></tr>
<tr><td>放样成果检核</td><td colspan="5">成果检核与评价
1.
2.</td></tr>
</table>

【测试成绩评定表】

表 4-33 用于考评员给考生评定成绩，最后连同考生《测试报告》归档保存。

测试成绩评定表 表 4-33

考生姓名：_______ 考评日期：_______ 开始时间：_______ 结束时间：_______

测试内容	配分	操作要求及评分标准	扣分	得分	监考教师评分依据记录
工作态度	10	仪器、工具轻拿轻放，装箱正确			
放样元素及里程计算	25	计算快速、正确			
根据放样元素进行测设	35	方法正确，步骤合理			
校核	10	含计算校核和测设校核			
测设精度	10	点位测设精度是否满足要求			
综合印象与仪器使用	10	仪器使用正确、熟练、规范，文明操作			
合计	标准分：100				
总扣分及说明					
最后得分		考评员签字		主考人签字	

【其他变数与说明】

1. 其他变数：

(1)单圆曲线可以改成一般缓和曲线；切线支距法详细测设方法可换成偏角法。

(2)有条件可以考虑用全站仪。

2. 技能的用途：广泛应用于道路(线路)工程测量放线中。

【测试辅导】

参见本章技能测试四、五、六的测试辅导。

思考与训练

1. 缓和曲线详细测设与单曲线详细测设有何不同?

2. 在现场 JD 点已知,给定前视方向 JD' 和 JD'' 点,假定单圆曲线的转角 $\alpha_{右}=26°2'$、半径 $R=180\text{m}$,试计算放样要素,并叙述主点 ZY、YZ、QZ 的测设过程。

3. 已知某山岭重丘区三级公路,交点里程为 K5+518.66,测得转角 $\alpha_{右}=18°18'36''$,圆曲线半径 $R=300\text{m}$,缓和曲线长 $l_s=35\text{m}$。试计算曲线要素及主点里程。

4. 已知圆曲线半径 $R=100\text{m}$,交点里程为 K3+116.25,转角 $\alpha_{右}=30°25'$,桩距 $l_0=10\text{m}$,按整桩距法设桩,试计算曲线要素及各桩点的坐标,并详细设置此曲线。

5. 条件同 4 题,按偏角法详细测设该曲线,试计算各桩点的偏角值及弦长,并详细设置此曲线。

技能测试八　建筑物的沉降观测

【测试核心技能】

1. 水准仪的正确使用。

2. 建筑物沉降观测的能力(包括点位布设、观测、记录与计算)。

【测试题目与内容】

建筑物的沉降观测。

首先要根据现场具体情况,设置水准点并假定其高程,布设沉降观测点。然后按照精密水准测量的精度要求,根据水准点测量沉降观测点的高程,包括外业观测、记录与内业计算全过程。

要求完成首次测量,注意沉降观测的“五定”。

【测试时间】

90 分钟。

【测试条件(情景)】

1. 仪器、工具:DZ_2 型精密水准仪 1 台,脚架 1 个、水准尺 2 根、计算器(自备)、尺垫 1 对、记录夹 1 个、测伞一把、埋设永久性水准点和沉降观测点的工具、材料若干。

2. 在测试现场选定一固定建筑物。要求对其进行沉降观测。现场没有已知的水准点。

【测试要求及评分标准】

1. 严格按操作规程作业。

2. 记录规范整洁、计算完整准确、无错误。

3. 数据记录、计算、校核及成果计算均应填写在相应的《测试报告》中,记录表以外的数据不作为考核结果。

4. 沉降观测的精度要求:高差闭合差的容许值 $f_{h容}=\pm 40\sqrt{L}$mm 或 $f_{h容}=$

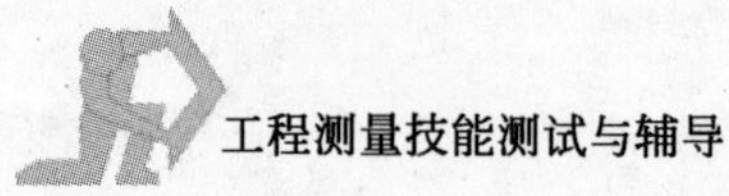

$\pm 12\sqrt{n}$mm。

5.评分标准见表 4-34。

测试评分标准(百分制)　　表 4-34

序　号	测 试 内 容	评 分 标 准	配　分
1	工作态度	仪器工具轻拿轻放,搬仪器动作规范,装箱正确	5
2	仪器操作	操作熟练、规范、方法步骤正确、不缺项	10
3	水准点选择与布设	选择合理,能够满足给定建筑物的沉降观测要求	10
4	沉降观测点选择与布设	选择与布设合理,能够满足给定建筑物的沉降观测要求	10
5	读数	读数正确、规范	10
6	记录	记录正确、规范	10
7	计算	计算快速准确、规范,计算检核齐全	20
8	精度	精度符合要求	15
9	综合印象	动作规范、熟练、文明作业	10
合计			100

6.评分奖罚说明:

(1)测试时间为评分的主要依据之一,提前完成者给予适当奖分,奖分参考标准分三个等级,如表 4-35 所示;测试时间不得超过规定时间(90 分钟)。

表 4-35

提 前 时 间	30 分钟以上	20 分钟以上	10 分钟以上
参考奖分	30 分	20 分	10 分

(2)根据卷面整洁情况,扣 0～5 分(记录划去 1 处扣 1 分,合计不超过 5 分)。

(3)如发生仪器事故或严重违反操作规程等现象,停止测试,成绩以不合格论处。

【测试说明及注意事项】

1.测试准备工作:自备计算用纸、笔(钢笔或圆珠笔)、计算器等必要工具,抽题。

2.建筑物的沉降观测测试将提供《建筑物的沉降观测技能测试报告》(表 4-36、表 4-37)给考生,测试结束后考生将该报告作为成果交回。

3.测试过程中,安排 2 名辅助人员配合考生完成测试任务。

4.测试过程中任何人不得提示,考生应独立完成全部工作。

5.主考人有权随时检查是否符合操作规程及技术要求,但应相应折减所影响的时间。

6. 若有作弊行为，一经发现一律按零分处理，不得参加补考。

7. 测试时间自领取仪器开始，至递交成果与仪器终止。

8. 评分标准参见相关表格。

【测试报告】

建筑物的沉降观测技能测试报告 表 4-36

考评日期：__________ 姓名：__________ 成绩：__________ 考评员：__________

测 试 题 目	建筑物的沉降观测		
主要仪器及工具			
天气		仪器号码	

水准测量手簿及沉降观测其他成果 表 4-37

测站	测点	后视读数(m)	前视读数(m)	高差(m)		高程(m)	备注
				+	−		
	Σ						
计算校核		$\sum a-\sum b=$		$\sum h=$		结论：	

续上表

测站	测点	后视读数(m)	前视读数(m)	高差(m)		高程(m)	备注
				+	−		
精度评定	$f_h=$			$f_{h容}=$		精度	
简述	沉降观测的"五定"						
绘制沉降观测曲线图							

【测试成绩评定表】

表4-38用于考评员给考生评定成绩，最后连同考生《测试报告》归档保存。

测试成绩评定表 表4-38

考生姓名：________ 考评日期：________ 开始时间：________ 结束时间：________

测试内容	配分	操作要求及评分标准	扣分	得分	监考教师评分依据记录
工作态度	5	仪器工具轻拿轻放，搬仪器动作规范，装箱正确			
仪器操作	10	操作熟练、规范、方法步骤正确、不缺项			
水准点选择与布设	10	选择合理，能够满足给定建筑物的沉降观测要求			

续上表

测 试 内 容	配分	操作要求及评分标准	扣　分	得　分	监考教师评分依据记录
沉降观测点选择与布设	10	选择与布设合理，能够满足给定建筑物的沉降观测要求			
读数	10	读数正确、规范			
记录	10	记录正确、规范			
计算	20	计算快速准确、规范，计算检核齐全			
精度	15	精度符合要求			
综合印象	10	动作规范、熟练、文明作业			
合计		标准分：100			
总扣分及说明					
最后得分		考评员签字		主考人签字	

【其他变数与说明】

1. 其他变数：

水准点可以给定，直接进入沉降观测点的布设与观测。

2. 技能的用途：广泛用于建(构)筑物的变形观测。

【测试辅导】

在建筑物施工的各个阶段及其运行过程中，由于建筑物的地基基础所承受的载荷不断增加，加上地基土的受力变形，以及建筑物内部应力等作用，都可能使建筑物发生变形，包括建筑物的倾斜、沉降和开裂。这些变形在一定范围内，不会影响建筑物的正常使用，可视为正常现象，但如果超过一定限度就会影响建筑物的正常使用，严重的还会危及建筑物的安全。为使建筑物能正常安全地使用，在建筑物施工各阶段及使用期间，应对建筑物进行有针对性的变形观测，通过变形观测可以分析和监视建筑物的变形情况，当发现异常变形时，及时分析原因，采取相应补救措施，确保施工质量和安全使用，同时也为将来的设计与施工积累资料。

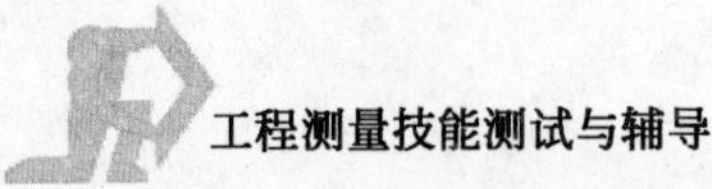

综上所述，在建筑物施工及运行管理期间，需要对建筑物的稳定性进行观测，这种观测称为建筑物的变形观测。建筑物变形观测的主要内容有沉降观测、倾斜观测和裂缝观测等。

建筑物变形观测的精度、频率和时间应根据建筑物的重要性、观测目的和具体施工情况而定。一般而言，建筑物的变形观测应从基础施工开始，在整个施工阶段按规定进行定期变形观测，直到建成之后的一定使用阶段，如有必要应延续到变形趋于稳定为止。

下面介绍建筑物的沉降观测。

建筑物沉降观测是用水准测量的方法，根据水准基点定期测出建筑物上设置的沉降观测点的高程变化，从而求得其沉降量。具体方法如下：

 水准基点和沉降观测点的布设

1. 水准基点的布设

水准基点是进行建筑物沉降观测的依据，因此水准基点的埋设要求和形式与永久性水准点相同，必须保证其稳定不变和长久保存。水准基点一般应埋设在建筑物沉降影响范围之外，观测方便且不受施工影响的地方，如条件允许，也可布设在永久固定建筑物的墙角上。为了互相检核，水准基点的数目应不少于三个。对水准基点要定期进行高程检查，防止水准点本身发生变化，以确保沉降观测的准确性。

具体讲，水准基点的布设一般应考虑下列因素：

(1)水准基点与观测点的距离不应大于100m，应尽量接近观测点，以保证沉降观测的精度；

(2)水准基点应布设在建筑物或构筑物基础压力影响范围以外，以及受震动范围以外的安全地点；

(3)距铁路、公路和地下管道5m以外；

(4)在有冰冻的地区，水准基点的埋设深度至少在冰冻线以下0.5m，以保证水准基点的稳定。

2. 沉降观测点的布设

建筑物的沉降量是通过水准测量方法测定的，即通过多次观测水准基点与设置在建筑物上的观测点之间的高差的变化测定建筑物的沉降量。为了能全面地、准确地反映整个建筑物的沉降变化情况，必须合理确定观测点的数目和位置。

在民用建筑中，通常是在房屋的转角、沉降缝两侧、基础变化处，以及地质条件改变处设置观测点。一般在建筑物的四周每隔 10～20m 设置一沉降观测点。

建筑物的宽度较大时，还应在房屋内部纵墙上或楼梯间布置观测点。

对于工业厂房可在柱子、承重墙、厂房转角、大型设备基础的周围设置观测点。扩建的厂房应在连接处两侧基础墙上设置观测点。

对高大的圆形构筑物（水塔、高炉、烟囱等），应在其基础的对称轴上设置观测点。

沉降观测点埋设时要注意与建筑物连接牢固，以确保观测点的变化能真正反映建筑物的沉降情况。一般民用建筑物的沉降观测点多数都设置在外墙勒脚处，设置方法是用长 120mm 的角钢，一端焊一铆钉头，另一端埋入墙内，并用 1∶2水泥砂浆填实，如图 4-11a) 所示；或用直径 20mm 的钢筋，一端弯成直角，一端制成燕尾状埋设在墙内，如图 4-11b) 所示。

设备基础的观测点，通常是将铆钉或钢筋埋入混凝土中，如图 4-11c) 所示。

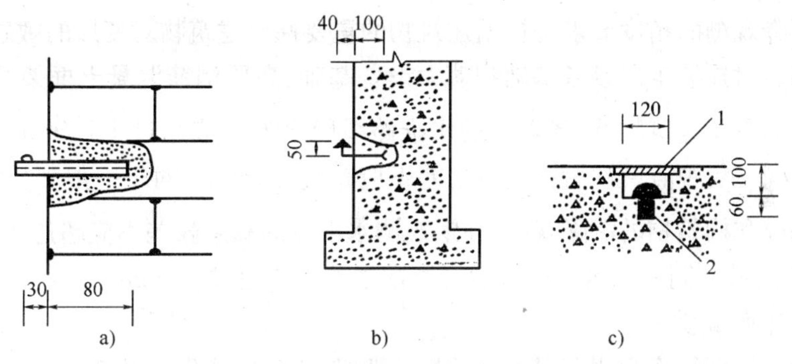

图 4-11　沉降观测点的布设（尺寸单位：mm）

1-保护盖；2-ϕ20 铆钉

二 沉降观测

1. 观测周期

沉降观测的时间和次数，应根据工程的性质、施工进度、地基地质情况及基础荷载的变化情况而定。一般在埋设的观测点稳定后，进行第一次观测。施工期间，在每次增加载荷的前后以及基础附近地面载荷突然增加，周围发生大面积

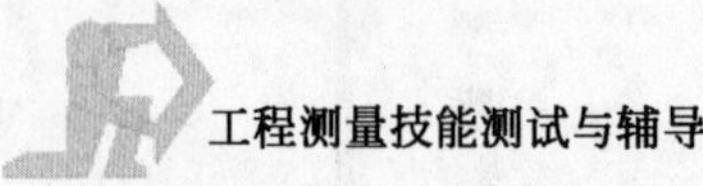

积水或大量挖土时，均应进行沉降观测（如一般建筑物每施工一层观测一次）。在施工期间若停工时间较长，应在停工的前后进行沉降观测。工程竣工后，应根据沉降量的大小及沉降速度进行连续观测，在开始时，间隔短一些，如每隔一个月观测一次，以后随着沉降速度的减慢，逐渐延长观测周期直至沉降稳定为止。一般认为，当半年内沉降量不超过 1mm 时，便认为沉降趋于稳定。

2. 观测方法

沉降观测包括两个方面的内容：

(1)水准基点是测定沉降观测点沉降量的依据，测定时将水准基点组成闭合水准路线，或进行往返观测，其闭合差不得超过 $\pm 0.5\sqrt{n}$mm（n 为测站数）。检查水准基点的高程是否有变化时，也应将水准基点组成闭合水准路线。

(2)在保证水准基点的高程无变化情况下进行沉降观测。对一般精度要求的沉降观测可用 DS_3 型水准仪进行。观测时先后视水准基点，接着依次前视各沉降观测点，最后再后视该水准基点，进行校核。沉降观测的水准路线（从一个水准基点到另一个水准基点）应为附合水准路线。

3. 精度要求

沉降观测的精度要求是根据建筑物的重要性及建筑物对变形的敏感程度来确定的。对连续生产设备基础和动力设备基础、高层钢筋混凝土框架及不均匀地基上的重要建筑物，沉降观测的水准路线闭合差不应超过 $\pm 1\sqrt{n}$mm（n 为测站数），同一后视点两次后视读数之差不应超过 ±1mm。对于一般多层建筑物、厂房基础和构筑物的沉降观测，往返观测水准点的高差较差不应超过 $\pm 2\sqrt{n}$mm（n 为测站数），同一后视点两次后视读数之差不应超过 ±2mm。

4. 注意事项

为了保证沉降观测获得上述的精度要求，必须注意以下几点：

(1)施测前应对测量仪器进行严格的检查校正，精度要求较高时应采用 DS_1 级或 $DS_{0.5}$ 级精密水准仪及与之配套的水准尺，一般精度要求的沉降观测可采用 DS_3 级水准仪。

(2)应尽可能在不转站的情况下测出各观测点的高程，前后视距应尽量相等，整个观测最好用同一根水准尺，观测应在成像清晰、稳定的条件下进行，避免阳光直射仪器。

(3)测量中应尽量做到观测人员固定，测量仪器固定，水准点固定，测量路线固定和测量方法固定。

 沉降观测的成果整理

1. 整理计算

每次沉降观测之后，首先检查记录数据与各项计算是否正确，精度是否符合要求，然后调整闭合差，计算各观测点的高程，最后计算各观测点的本次沉降量及累计沉降量，并将观测时间、载荷情况等同时记录在沉降观测成果表中。表4-39是某宿舍楼的沉降观测成果的部分数据。其中：

沉降观测点的本次沉降量＝本次观测所得的高程－上次观测所得的高程

沉降观测点的累计沉降量＝本次沉降量＋上次累计沉降量

沉降观测记录表　　表4-39

观测次数	观测时间（年　月　日）	荷载情况（kN/m²）	各观测点的沉降情况							施工进展情况
			1			2			…	
			高程（m）	本次下沉（mm）	累计下沉（mm）	高程（m）	本次下沉（mm）	累计下沉（mm）	…	
1	1998.4.20	45.0	50.157	±0	±0	50.155	±0	±0		基础施工完
2	5.5	55.0	50.155	−2	−2	50.153	−2	−2		一层主体完
3	5.20	70.0	50.152	−3	−5	50.151	−2	−4		二层主体完
4	6.5	95.0	50.148	−4	−9	50.147	−4	−8		三层主体完
5	6.20	105.0	50.145	−3	−12	50.143	−4	−12		主体完
6	7.20	105.0	50.143	−2	−14	50.141	−2	−14		竣工
7	8.20	105.0	50.142	−1	−15	50.140	−1	−15		使用
8	9.20	105.0	50.140	−2	−17	50.138	−2	−17		
9	10.20	105.0	50.139	−1	−18	50.137	−1	−18		
10	1999.1.20	105.0	50.137	−2	−20	50.137	±0	−18		
11	4.20	105.0	50.136	−1	−21	50.136	−1	−19		
12	7.20	105.0	50.135	−1	−22	50.135	−1	−20		
13	10.20	105.0	50.135	±0	−22	50.134	−1	−21		
14	2000.1.20	105.0	50.135	±0	−22	50.134	±0	−21		

2. 绘制沉降曲线

为了更能直观地表达建筑物沉降量、荷载、时间三者之间的关系，可以按表4-39中的数据描绘出曲线图，如图4-12所示。上部为时间与载荷的关系曲线，

即以荷载为纵轴，时间为横轴，根据每次观测值画出各点，连接各点可得时间与荷载的关系曲线。

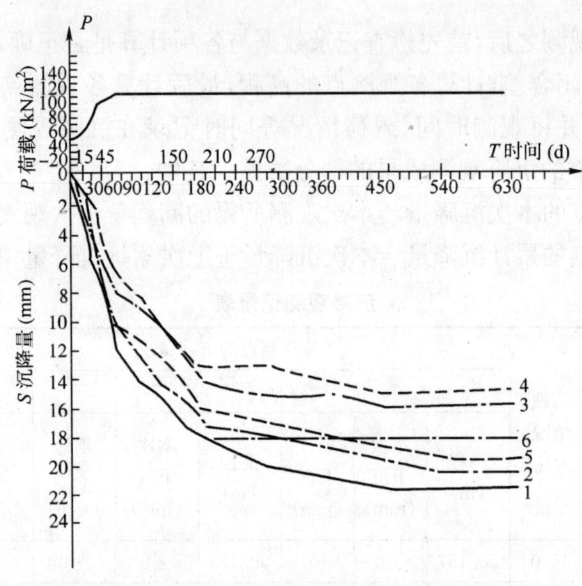

图 4-12　沉降曲线示意图

时间与沉降量的关系曲线(见图 4-12)，即以沉降量为纵轴，时间为横轴，根据每次观测下沉量按比例画出各点，然后将各点连接起来，并在曲线一端注名观测点点号。

两种关系曲线画在同一图上，更能清楚地表明每一观测点在一定的时间内所受到的荷载及沉降量。

思考与训练

1. 简述水准基点和沉降观测点的布设原则。
2. 沉降观测周期如何确定?
3. 简述沉降观测的“五定”。
4. 沉降观测曲线包括哪些主要内容?

技能测试九　全站仪导线测量

【测试核心技能】

1. 全站仪的正确使用。

2. 导线测量的知识与技能。

3. 利用全站仪三维导线测量功能测量一个任意三角形的各角点坐标。

【测试题目与内容】

全站仪导线测量。

1. 将给定的控制点形成闭合导线。导线测量起点坐标自己假定，起始边坐标方位角可目测确定。

2. 用全站仪完成导线测量工作。要求画出草图，在草图上标出起算数据和观测结果。

3. 对导线测量结果进行精度评定。

4. 在测量过程中，将测量数据存储于全站仪中。

【测试时间】

60 分钟。

【测试条件(情景)】

1. 仪器与工具：全站仪 1 套、对应三脚架、小钢尺、记录夹、手簿、硬度适当的铅笔、小刀、砂纸、对中架 2 副、棱镜 2 个、花杆 1 根、记录板 1 块。

2. 现场给定 A、B、C、D 四个控制点，边长 50～100m，相邻点之间要通视，打上木桩，钉上钉子，做好标志点位。

【测试要求及评分标准】

1. 严格按全站仪的观测程序作业；导线全长相对闭合差 $K_{容}=1/2\ 000$。

2. 要求对中误差<3mm，整平误差<1 格，实地标定的点位清晰。

3. 记录规范整洁、计算完整准确，数据记录、计算均应按要求填写在相应的

《测试报告》中,记录表以外的数据不作为考核结果。

4.评分标准见表4-40。

测试评分标准(百分制)　　表4-40

序　号	操作项目名称	评分标准	满分
1	工作态度	仪器工具轻拿轻放,装箱正确	5
2	安置及正确使用仪器	安置及使用仪器是否正确、熟练	10
3	观测数据存储于全站仪	是否将有关数据存储于全站仪	10
4	起始数据假定	起始数据假定合理,目测坐标方位角正确	10
5	画草图及数据标定	是否正确、清晰	20
6	精度评定	方法及过程、结论是否正确	20
7	测量结果符合要求	测量结果是否正确	20
8	综合印象	仪器操作规范程度、是否超时等	5
合计			100

5.评分奖罚说明

(1)测试时间为评分的主要依据之一,提前完成者给予适当奖分,奖分参考标准分四个等级,如表4-41所示;测试时间不得超过规定时间(60分钟)。

表4-41

提前时间	30分钟以上	20分钟以上	15分钟以上	10分钟以上
参考奖分	30分	20分	10分	5分

(2)根据卷面整洁情况,扣0～5分(记录划去1处扣1分,合计不超过5分)。

(3)如发生仪器事故或严重违反操作规程等现象,停止测试,成绩以不合格论处。

(4)对中误差及整平误差如不符合要求,酌情扣3～5分。

【测试说明及注意事项】

1.测试准备工作:自备计算用纸、笔(钢笔或圆珠笔)、计算器等必要工具,抽题。

2.全站仪导线测量技能测试将提供《全站仪导线测量技能测试报告》(表4-42)给考生,测试结束后考生将该报告作为成果交回。

3.测试过程中,安排2名辅助人员配合考生完成测试任务。

4.测试过程中任何人不得提示,考生应独立完成全部工作。

5. 主考人有权随时检查是否符合操作规程及技术要求，但应相应折减所影响的时间。

6. 若有作弊行为，一经发现一律按零分处理，不得参加补考。

7. 测试时间自领取仪器开始，至递交成果与仪器终止。

8. 评分标准参见表 4-40 及表 4-44。

【测试报告】

全站仪导线测量技能测试报告 表 4-42

考评日期：________ 姓名：________ 成绩：________ 考评员：________

测试题目	全站仪导线测量		
主要仪器及工具			
天气		仪器号码	
导线平面布置草图	标明所有起算数据和观测结果		
测试主要步骤			
精度评定			

【测试成绩评定表】

表 4-43 用于考评员给考生评定成绩，最后连同考生《测试报告》归档保存。

测试成绩评定表 表 4-43

考生姓名:________ 考评日期:________ 开始时间:________ 结束时间:________

测试内容	配分	操作要求及评分标准	扣分	得分	监考教师评分依据记录
工作态度	5	仪器工具轻拿轻放,装箱正确			
安置及正确使用仪器	10	安置及使用仪器是否正确、熟练			
观测数据存储于全站仪	10	是否将有关数据存储于全站仪			
起始数据假定	10	起始数据假定合理,目测坐标方位角正确			
画草图及数据标定	20	是否正确、清晰			
精度评定	20	方法及过程、结论是否正确			
测量结果符合要求	20	测量结果是否正确			
综合印象	5	仪器操作规范程度、是否超时等			
合计		标准分:100			
总扣分及说明					
最后得分		考评员签字		主考人签字	

考评单项配分参考表 表 4-44

项　目	考核内容	评分标准与依据	单项配分值
仪器安置与观测(50分)	架腿安置	高度、宽度、踩紧度不适中各扣 0.5 分	2
	开箱、取仪器	先松制动后取仪器、关箱。未做或不当各扣 0.5～1 分	2
	对中、整平	5 分钟内完成 16 分,5～8 分钟内完成 14 分,8～10 分钟内完成 12 分,超过 10 分钟均给 10 分	16
	量全站仪高	方法不当扣 1 分,不准确扣 1 分	4
	观测顺序	盘左、盘右,方向,目标顺序不对,各扣 0.5 分	2
	照准目标	2 分钟内照准目标 2 分,则否扣 1 分	2
	对度盘	2 分钟内照准目标 2 分,则否扣 1 分	2
	按键操作	按错 1 次扣 1 分	3
	读数	读错 1 次扣 1 分	3
	各螺旋使用	使用不正确 1 次扣 1 分	2
	卸仪器	不正确 1 次扣 1 分	2
	爱护仪器,文明作业	有不爱护仪器的行为扣 1 分,不文明作业扣 1 分	2
	观测成果精度	超限 1 次扣 1 分	8

续上表

项　目	考核内容	评分标准与依据	单项配分值
记录（40分）	笔种	不附合要求的笔扣1分	2
	字体	不美观、不清晰各扣0.5分	2
	是否使用计算器	使用计算器扣2分	4
	是否擦	擦1次扣2分	6
	是否涂改	涂改1次扣2分	6
	改动是否合理	改动不合理1次扣2分	6
	计算的准确性	算错1次扣2分	10
	全面,组员团结协作	缺1项扣2分	4
架设反光镜（10分）	架腿安置	高度、宽度、踩紧度不适中各扣0.2分	1
	开箱、取反光镜	先松制动后取、关箱。未做或不当各扣0.5～1分	1
	对中、整平	5分钟内完成2分,5～8分钟内完成1.5分,8～10分钟内完成1分,超过10分钟均给5分	2
	装反光镜	方法不当扣0.5分	1
	反光镜方向	方向不准扣0.5分	1
	各螺旋使用	使用不正确1次扣0.2分	1
	量反光镜高	方法不当扣0.2分,不准确扣0.2分	1
	卸反光镜	不正确1次扣0.2分	1
	爱护反光镜	有不爱护仪器的行为扣0.5分	1
合计			100

【其他变数与说明】

1. 其他变数:全站仪的种类、型号和规格各异,特别是换代产品较为频繁,使用的方便程度不一;为此考评员打分时可酌情根据仪器的方便程度做适当调节。

2. 技能的用途:地形图测绘的控制测量,施工放样等。

【测试辅导】

现场给定 A、B、C、D 四个控制点,边长50～100m,相邻点之间要通视,打上木桩,钉上钉子,做好标志点位。

1. 导线测量起点 A 点坐标自己假定,起始边坐标方位角 α_{AB} 目测确定。

2. 在 A 点架设全站仪,对中、整平后,量取仪器高 i,输入测站坐标、高程、仪器高。后视 B 点，设置起始边坐标方位角 α_{AB}。

3. 输入 B 点反光镜高，测量并记录其三维坐标。

4. 搬站至 B 点，以 B 为测站，以 A 为后视，观测 C 点，记录其三维坐标。

5. 搬站至 C 点，以 C 为测站，以 B 为后视，观测 D 点，记录其三维坐标。

6. 搬站至 D 点，以 D 为测站，以 C 为后视，观测 A 点，记录其三维坐标。

7. 计算坐标闭合差，评定导线精度。

8. 注意事项

(1)边长较短时，应特别注意严格对中。

(2)瞄准目标一定要精确。

(3)注意目标高和仪器高的量取和输入。

思考与训练

1. 坐标测量要在全站仪中输入哪些参数？

2. 全站仪的基本测量模式有哪些？

3. 用全站仪进行测量前要做哪些准备工作？

技能测试十　线路纵断面水准测量

【测试核心技能】

1. 掌握基平测量、中平测量。
2. 纵断面图的绘制。

【测试题目与内容】

线路纵断面水准测量。

1. 高程控制测量(基平测量)。
2. 中桩高程测量(中平测量)。
3. 绘制纵断面图。

【测试时间】

90 分钟。

【测试条件(情景)】

1. 仪器、工具:自动安平水准仪 1 台、脚架一个、水准尺 2 把、尺垫 2 个、记录板 1 块、木桩若干;自备:铅笔、橡皮、小刀、计算器。

2. 现场选定一条约 1 000m 长的路线,沿线有一定起伏,局部有较大起伏,要求绘制该线路的纵断面图(假定一点高程 100.000m)。

【测试要求及评分标准】

1. 沿路线每隔 20m 测设一中桩。

2. 基平测量:沿线路每 400m 左右在一侧布设水准点,用木桩标定或选在固定地物上用油漆标记。用 DS_3 自动安平水准仪按四等水准测量要求,进行往返观测或单程双仪器高法测量水准点之间的高差(每组测量一段),并求得各个水准点的高程。每组往返观测或单程双观测高差不符值 $f_h \leqslant \pm 20\sqrt{L}$mm(式中 L 以 km 计)。

3. 中平测量:从一个水准点开始,逐个测定中桩的地面高程,并附合到下一已知水准点。附合路线闭合差 $f_h \leqslant 50\sqrt{L}$（式中 L 为相应测段路线长度，以公里计）时，则成果合格，且不分配闭合差。

4. 纵断面图的绘制：以中桩桩号为横坐标（比例为 1：1 000），中桩高程为纵坐标（比例为 1：100），在厘米格纸上绘制路线纵断面图。

5. 数据记录、计算均应按要求填写在相应的《测试报告》中，记录表以外的数据不作为考核结果；绘制断面图成果见图纸；

6. 评分标准见表 4-45。

测试评分标准（百分制） 表 4-45

序号	操作项目名称	评分标准	满分
1	工作态度及仪器使用	仪器工具轻拿轻放，安置及使用仪器正确、熟练	5
2	基平测量	水准点的选择与埋设规范、合理	5
3		基平测量方法正确，过程规范	15
4		精度符合要求	10
5	中平测量	中桩点的选择合理	5
6		中平测量方法正确，过程规范	20
7		精度符合要求	10
8	断面图的绘制	方法正确，图面整洁、合理	20
9	综合印象	动作规范、熟练、文明作业	10
合计			100

7. 评分奖罚说明

(1)测试时间为评分的主要依据之一，提前完成者给予适当奖分，奖分参考标准分三个等级，如表 4-46 所示；测试时间不得超过规定时间（90 分钟）。

表 4-46

提前时间	30 分钟以上	20 分钟以上	10 分钟以上
参考奖分	30 分	20 分	10 分

(2)根据卷面整洁情况，扣 0～5 分（记录划去 1 处扣 1 分，合计不超过 5 分）。

(3)如发生仪器事故或严重违反操作规程等现象，停止测试，成绩以不合格论处。

【测试说明及注意事项】

1. 测试准备工作：自备计算用纸、笔（钢笔或圆珠笔）、计算器等必要工具，抽题。

2. 线路纵断面水准测量技能测试将提供《线路纵断面水准测量技能测试报告》

(表 4-47、表 4-48、表 4-49)给考生,测试结束后考生将该报告作为成果交回。

3. 测试过程中,安排 2 名辅助人员配合考生完成测试任务。

4. 测试过程中任何人不得提示,考生应独立完成全部工作。

5. 主考人有权随时检查是否符合操作规程及技术要求,但应相应折减所影响的时间。

6. 若有作弊行为,一经发现一律按零分处理,不得参加补考。

7. 测试时间自领取仪器开始,至递交成果与仪器终止。

8. 评分标准参见相关表格。

【测试报告】

线路纵断面水准测量技能测试报告 表 4-47

考评日期:__________ 姓名:__________ 成绩:__________ 考评员:__________

测试题目	线路纵断面水准测量		
主要仪器及工具			
天气		仪器号码	

四等水准测量(基平)记录表 表 4-48

测站编号	后尺 上丝 / 下丝	前尺 上丝 / 下丝	方向及尺号	标尺读数 黑面	标尺读数 红面	K+黑减红	高差中数	备注
	后视距	前视距						
	视距差 d	$\sum d$						
			后					
			前					
			后一前					
			后					
			前					
			后一前					
			后					
			前					
			后一前					

续上表

测站编号	后尺 上丝 / 下丝	前尺 上丝 / 下丝	方向及尺号	标尺读数 黑面	标尺读数 红面	K+黑减红	高差中数	备注
	后视距	前视距						
	视距差 d	$\sum d$						
			后					
			前					
			后—前					
			后					
			前					
			后—前					

中桩高程测量(中平)记录 表 4-49

测站	中桩桩号	水准尺读数 后视	水准尺读数 中视	水准尺读数 前视	仪器视线高程	高程(m)	备注
BM							

纵断面图(绘在厘米格纸上)附在后面。

【测试成绩评定表】

表 4-50 用于考评员给考生评定成绩,最后连同考生《测试报告》归档保存。

测试成绩评定表 表 4-50

考生姓名:________ 考评日期:________ 开始时间:________ 结束时间:________

测 试 内 容	配分	操作要求及评分标准	扣分	得分	监考教师评分依据记录
工作态度及仪器使用	5	仪器工具轻拿轻放,安置及使用仪器正确、熟练			
基平测量	5	水准点的选择与埋设规范、合理			
	15	基平测量方法正确,过程规范			
	10	精度符合要求			
中平测量	5	中桩点的选择合理			
	20	中平测量方法正确,过程规范			
	10	精度符合要求			
断面图的绘制	20	方法正确,图面整洁、合理			
综合印象	10	动作规范、熟练、文明作业			
合计		标准分:100			
总扣分及说明					
最后得分		考评员签字		主考人签字	

【其他变数与说明】

1. 其他变数

(1)线路纵断面水准测量可以改为横断面水准测量。

(2)线路的长度是调节测试用时最直接的手段。

(3)如有必要基平测量成果可以给定,而直接进入中平测量;也可以免去断面图的绘制过程,以调节测试用时且具体考察断面测量中中平测量的知识与技能。

2. 技能的用途：线路工程前期勘测中，常见而重要的一项测量工作。

【测试辅导】

一 纵断面图的测绘

在建设道路、沟渠和敷设各种管道时，为了选择合理的线路和坡度，通常要沿线路中心线进行水准测量，了解沿线的地形起伏情况，并绘制出线路的纵断面图。

为了提高测量精度和有效地进行成果检核，根据"由整体到局部"的测量原则，纵断面测量一般分为两步进行：一是高程控制测量，亦称为基平测量，即沿线路方向设置水准点，测量水准点高程；二是中桩高程测量，亦称为中平测量，即根据基平测量建立的水准点及其高程，分段进行水准测量，测定各里程桩的地面高程。

（一）基平测量

1. 水准点的设置

水准点是线路水准测量的控制点，在勘测设计和施工阶段甚至在今后要长期使用，因此应在沿线路、离中线 30～50m 远、不受施工影响、使用方便和易于保存的地方埋设足够的水准点。永久性水准点，应埋设在线路起点和终点、大桥两岸、隧道两端等处，在较长线路上一般应 25～30km 布设一个。临时水准点的布设密度应根据地形复杂情况和工程需要而定，在每 300～500m 和在桥涵、停车场等构筑物附近应埋设一个临时水准点。在重丘陵和山区，每隔 500～1 000m布设一个；在微丘陵和平原，每隔 1 000～2 000m 布设一个；在中小桥梁、涵洞以及停车场等处均应埋设；较短线路一般每隔 300～500m 布设一个。关于水准点的具体埋设和要求，详见有关工程测量规范。

2. 基平测量的方法

水准点高程测量时，首先应与国家（或城市）高级水准点连测，以获得绝对高程。在沿线水准测量中也应尽量与附近国家水准点进行连测，以便获得更多的校核。若线路附近没有国家（或城市）高级水准点，也可采用假定高程基准，然后按照四等水准测量的要求或光电测距三角高程测量的方法测定各水准点的高程。基平测量的精度要求，往返观测或两组单程观测的高差不符值应满足下式要求：

$$\left.\begin{array}{l}平原微丘区:f_h \leqslant \pm 20\sqrt{L}(mm) \\ 山岭重丘区:f_h \leqslant 25\sqrt{L} 或 \pm 6\sqrt{n}(mm)\end{array}\right\} \tag{4-20}$$

式中:L——单程水准线路长度,km;

n——测站数。

(二)中平测量

线路纵断面测量也称中平测量。它是根据基平所得水准点高程,分段按图根水准测量精度要求测量线路中线各里程桩处的地面高程。中桩水准测量应起于一个水准点,附合到下一个水准点上,相邻水准点间构成一条附合水准线路。相邻水准点的高差与中桩水准测量检测的较差,不应超过$\pm 50\sqrt{L}$(mm)。两转点之间所有中桩,称为中间点。施测中,由于中桩较多,且各桩间距一般均较小,因此可相隔几个桩设一测站。在每一测站上首先是读取后、前两转点的后、前视读数,再读取两转点间的中间点前视读数。中间点的立尺由后司尺员来完成,读数到厘米。设计所依据的重要高程点位,如铁路轨顶、桥面、路中、下水道井底等应按转点施测,读数至毫米。在施测过程中,应同时检查中桩加桩是否恰当,里程桩号是否正确,若发现错误和遗漏需进行补测。

线路纵断面中桩水准测量记录是展绘线路纵断面图的依据。若设站点所测中间点(中视点)较多,为防止仪器下沉,影响高程闭合,可先测转点(即前视点)高程。在下一个水准点闭合后,应以原测水准点高程起算,继续施测,以免误差累积。图4-13是一段中桩水准测量示意图,表4-51是该段线路纵断面中桩水准测量手簿。

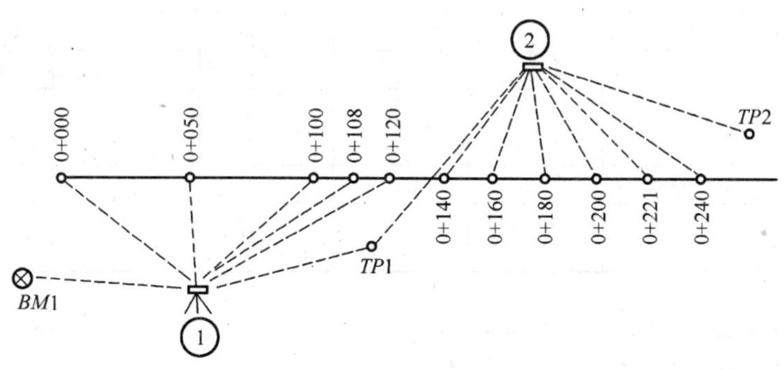

图4-13 中平测量示意图

线路纵断面中桩水准测量手簿 表 4-51

测站	点号	水准尺读数(m)			视线高程(m)	高程(m)
		后视	中视	前视		
1	*BM*1	2.191			14.505	12.314
	0+000		1.62			12.89
	0+050		1.90			12.61
	0+100		0.62			13.89
	0+108		1.03			13.48
	0+120		0.91			13.60
	*TP*1			1.006		13.499
2	*TP*1	2.162			15.661	13.499
	0+140		0.50			15.16
	0+160		0.52			15.14
	0+180		0.82			14.84
	0+200		1.20			14.46
	0+221		1.01			14.65
	0+240		1.06			14.60
	*TP*2			1.521		14.140
3	*TP*2	1.421			15.561	14.140
	0+260		1.48			14.08
	0+280		1.55			14.01
	0+300		1.56			14.00
	0+320		1.57			13.99
	0+335		1.77			13.79
	0+350		1.97			13.59
	*TP*3			1.388		14.173
4	*TP*3	1.724			15.897	14.173
	0+384		1.58			14.32
	0+391		1.53			14.37
	0+400		1.57			14.33
	*BM*2			1.281		14.616 14.618

注:高差闭合差

h_1=14.616−12.314=2.302(推算值)

h_2=14.618−12.314=2.304(已知值)

$\Delta h = h_1 - h_2 = -2\text{mm} < \pm 50\sqrt{1.2} = \pm 54\text{mm}$(*BM*1 至 *BM*2 的水准路线长度为 1.2km)。

每一测站的各项高程按下列公式计算:

$$\left.\begin{aligned}\text{视线高程} &= \text{后视点高程} + \text{后视读数}\\ \text{转点高程} &= \text{视线高程} - \text{前视读数}\\ \text{中桩高程} &= \text{视线高程} - \text{中视读数}\end{aligned}\right\} \tag{4-21}$$

中平测量亦可利用全站仪在放样中桩时同时进行，它是利用全站仪的高程测量功能在定出中桩后随即测定中桩地面高程。这样即可省去上述水准测量及计算过程，大大简化了测量工作。

注意事项：

1. 水准点要设置稳定、便于保存、方便施测的地方。

2. 施测前需抄写各中桩桩号，以免漏测。施测中立尺员要报告桩号，以便核对。

3. 转点设置必须牢靠，若有碰动、改变一定要重测。

4. 个别中桩点因过低，无法读取中视读数时，可以将尺子抬高一段距离后读数，量取抬高的距离值，加到中视读数中，但此种情况不宜过多。

(三)纵断面图的绘制

纵断面图是沿中线方向绘制的反映地面起伏和纵坡设计的线状图，它表示出各路段纵坡的大小和中线位置的填挖尺寸，是线路设计和施工中的重要文件资料。不同的线路工程其纵断面图所绘制的内容有所不同。

以道路纵断面图为例，图 4-14 是某一道路工程的纵断面图，是表示道路中线方向上的地面起伏，并可在图上进行纵坡设计的线状图。它反映了线路每一段的纵坡大小和中线上的填挖尺寸，是设计和施工中的重要资料。纵断面图是以中桩的里程为横坐标，以中桩的地面高程为纵坐标绘制的。纵断面图的上半部，从左至右绘有两条贯穿全图的线，一条细的折线表示中线的地面线，它是根据线路纵断面中桩水准测量的地面高程绘制的；另一条粗的表示带有竖曲线在内的纵坡设计线，它是按设计要求绘制的。此外，在上部还注有水准点的编号、高程和位置；涵洞的类型、孔径和里程桩号；桥梁类型、孔径、跨度和里程桩号等位置、数据和说明(也称注顶)。在图的下半部的几栏表格中，注记有关测量和纵坡设计的资料(也称设计备用范围)。按填表和作图的顺序分别为以下几项内容：

1. 在桩号一栏中，从左至右按规定的比例尺注上各中线桩的桩号。

2. 在地面高程一栏中，注上对应于各中线桩桩号的地面点高程，并在纵断面图上按各中线桩的地面高程依次点出其相应的位置，用细直线连接各相邻点，即可得中线方向的地面线。

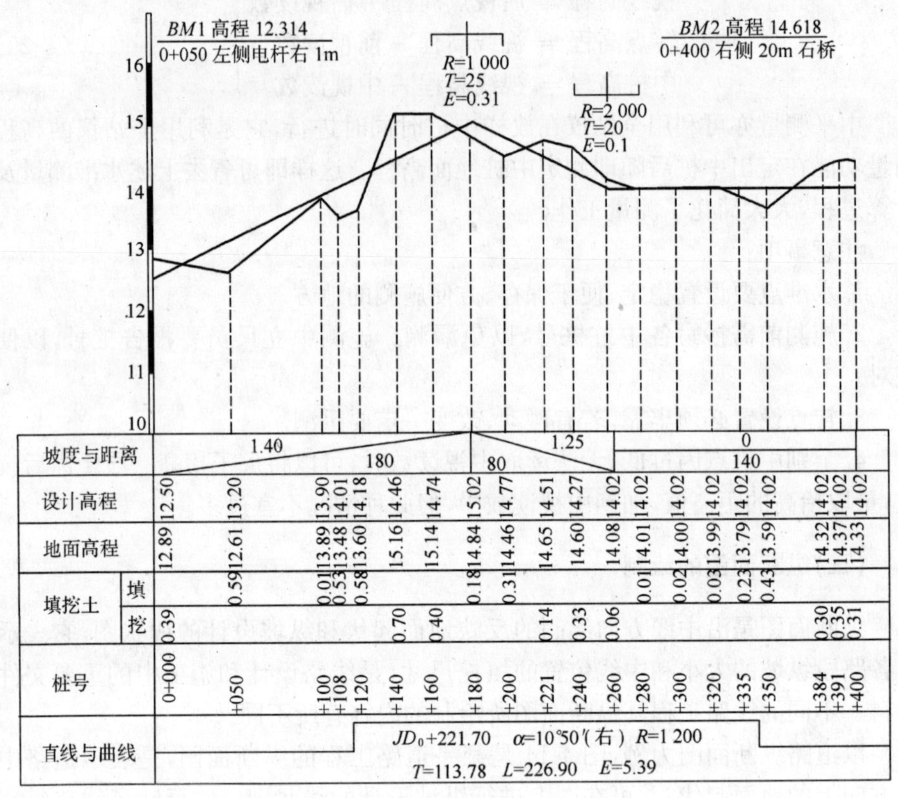

图 4-14　道路纵断面图

3. 在坡度和距离一栏中，用斜线段设计坡度的方向，斜线段的上方注明坡度，下方注明坡长。水平线段表示平坡。不同的坡段以竖线分开。某线段的设计坡度按下式计算：

$$i_{设计} = \frac{H_{终设} - H_{始设}}{D_{终始}} \tag{4-22}$$

4. 在设计高程一栏中，填写相应中线桩处的线路设计高程。某点的设计高程按下式计算：

$$H_{设计} = H_{设} + i_{设计} D_{始设} \tag{4-23}$$

5. 在挖填土深度一栏中，填写土方量。要进行施工的挖填土深度可按下式计算：

$$h = H_{地面} - H_{设计} \tag{4-24}$$

式中挖填土深度是正值时为挖土深度;负值时为填土深度。

6.在直线与曲线一栏中,从左至右按各中线桩的桩号标明线路曲线部分和直线部分;曲线部分用直角线表示,下凹、上凸分别表示线路的左偏、右偏,并注明交点的桩号和相应的曲线参数。

绘制纵断面图时应考虑到以下三个方面:①选择绘图比例尺,里程(横向)比例尺应与线路带状地形图的比例尺一致,高程(纵向)比例尺通常比里程(横向)比例尺大10~20倍,如里程比例尺为1∶1 000,则高程比例尺为1∶100。②展绘地面线时,应根据不同工程绘制图标准、高差和工程性质确定最高和最低点的位置,使地面线在图中位置适中,不宜使其进入注顶与设计备用范围。在同一幅图内,若高差太大时,可在直线整里程桩上变换高程指标尺,但为便于使用,在同一幅图上不宜有多处变换标尺的现象。③当中线加桩较密,其桩号注记不下时,可注记最高和最低高程变化点的桩号,但绘地面线时,不应漏点。

 横断面图的测绘

除纵断面测量以外,为了设计线路的断面,计算填、挖方数量,以及布置线路两侧的建筑物等,还须了解线路两侧的地形情况。为此,还要在线路中心线的垂直方向上进行水准测量,并绘制横断面图。

横断面图测绘的主要任务是将中桩处垂直于中线两侧的地面坡度变化情况,包括高差及水平距离施测出来,并按一定比例尺展绘成横断面图,横断面图用以表示中线两侧地面起伏情况,是路基等横断面设计、计算土方量和施工时确定断面填挖边界的依据。横断面施测的宽度应满足设计和施工需要。一般要求达到中线两侧15~50m。横断面测绘的密度,除各中桩应施测外,在大、中桥头、隧道洞口、挡土墙等重点工程地段,可根据需要加密。横断面测量的限差一般要求较低,符合表4-52即可。因此,横断面的测绘多采用简易方法和工具,以便提高工效。

由于横断面测量是测定中桩两侧垂直于中线的地面线,因此首先要确定横断面的方向,然后在此方向上测定地面坡度变化点的距离和高差。对于地面点距离和高差的测定,一般只需精确至0.1m。

横断面测量的限差 表4-52

线路名称	距　离	高　程
铁路、汽车专用公路	$L/100+0.1$	$h/100+1/200+0.1$
一般公路	$L/50+0.1$	$h/50+1/100+0.1$

(一)测定横断面方向

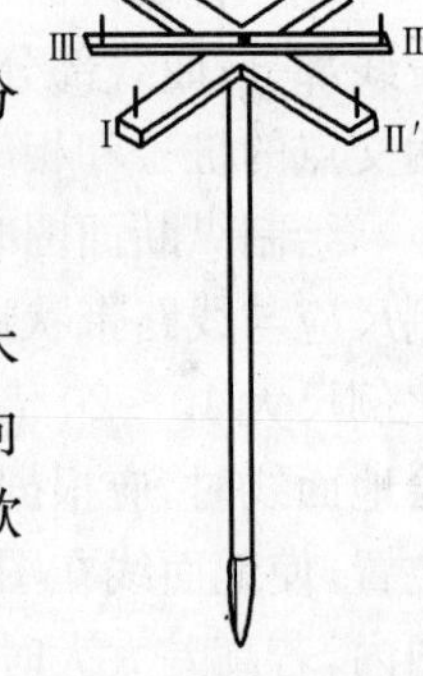

图 4-15　求心方向架

在直线部分横断面的方向与线路中线垂直,在曲线部分横断面的方向与曲线的法线方向相同。

1. 直线段横断面方向的测定

测定直线部分横断面的方向时,可将杆头钉有十字形木条的方向架(如图 4-15 所示)置于欲测点上,用其中一个方向 I-I′瞄准前或后方某一中桩,方向架的另一方向 II-II′即为欲测桩点的横断面方向。

2. 曲线横断面方向的测定

(1)方向架法

曲线部分横断面的方向也可用方向架来测定,其使用方向如图 4-16a)所示。首先将方向架置于曲线起点 ZY,使方向架上的 I-I′方向瞄准交点(JD)或直线上某一中桩,则 II-II′方向即通过圆心。这时转动活动定向杆 III-III′,使其对准曲线上细部点①,拧紧固定螺旋。然后将方向架移置于①点,将 II-II′方向瞄准曲线起点 ZY,则活动定向杆 III-III′所指方向即为①点的通过圆心的横断面方向。

如图 4-16b)所示,欲求曲线细部点②横断面的方向,可在①点横断面方向上设临时标志 M,再以 II-II′方向瞄准 M 点,松开固定螺旋,转动活动定向杆,瞄准②点,拧紧固定螺旋,然后将方向架移置于②点,使方向架上 II-II′方向瞄准①点木桩,这时,III-III′方向即为细部②点的横断面方向。同法可测定曲线上其余各点的横断面方向。

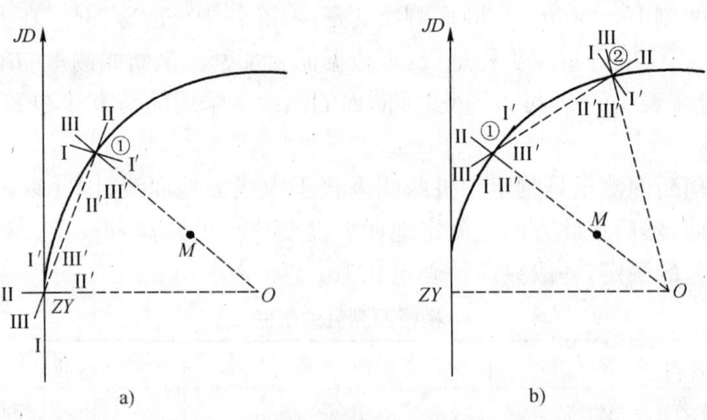

图 4-16　用方向架测设曲线段横断面方向

(2)经纬仪法

对横断面方向准确度要求较高时，可用此法。如图 4-17 所示，欲测定圆曲线上 B 点横断面方向，先计算出 BA 的弦切角

$$\Delta=\frac{l}{R}\cdot\frac{90}{\pi}(^\circ) \qquad (4\text{-}25)$$

式中：l——AB 之弧长；

R——圆曲线半径。

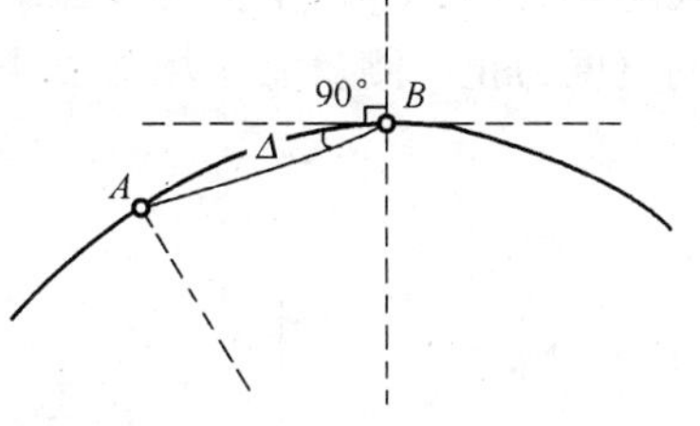

图 4-17 经纬仪法测设曲线段横断面方向

施测时，将经纬仪置于 B 点，以 $0^\circ00'00''$ 照准后视点 A，再顺时针转动照准部使平盘读数为 $90^\circ+\Delta$，此时经纬仪的视线方向即为 B 点的横断面方向。

(二)测定横断面上的点位平距和高差

当用十字定向架定出横断面的方向后，即可测量横断面上的各地形特征点位相对于中线桩的平距和高差，也就可以通过横断面上中线桩高程推算其点位的高程。横断面上的点位平距和高差一般采用下述方法测出。

1. 水准仪皮尺法

此法适用于施测断面较窄的平坦地区。水准仪安置后，以中桩地面高程为后视，以中线两侧横断面方向地面特征为前视，读数至厘米，并用皮尺量出各特征点至中桩的水平距离，量至分米。观测时，安置一次仪器一般可测几个断面。记录格式如表 4-53 所示。表中按线路前进方向，分左、右两侧记录，分子表示前视读数，分母表示至中桩的平距。

横断面测量记录手簿(水准仪皮尺法) 表 4-53

$\frac{\text{前视读数}}{\text{至中桩距离}}$	$\frac{\text{后视读数}}{\text{桩号}}$	$\frac{\text{前视读数}}{\text{至中桩距离}}$
…	…	…
$\frac{1.40}{21.2}$ $\frac{1.72}{18.3}$ $\frac{2.06}{14.4}$	$\frac{1.48}{0+500}$	$\frac{1.12}{5.9}$ $\frac{0.81}{10.8}$ $\frac{1.26}{13.5}$
…	…	…

2. 标杆皮尺法

此法适用于起伏多变和高差不大地段的测量，简便、迅速，但精度较低。如图 4-18 所示，测量时将一根标杆立在中桩上，另一根标杆立于横断面方向的某

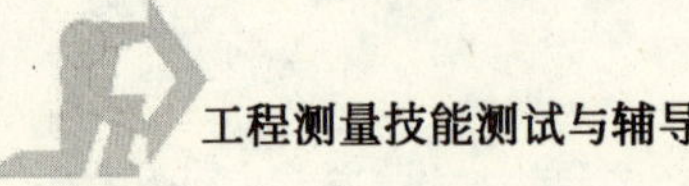

特征点上。拉平皮尺量出中桩至该点的距离,而皮尺截于标杆的高度,即为两点高差,上坡为正值,下坡为负值。同法可测出每段的水平距离与高差,直至需要的宽度为止。测量结果填入表 4-54。

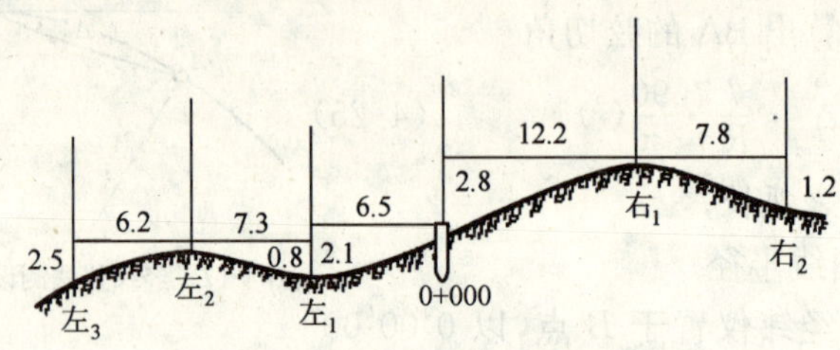

图 4-18　标杆皮尺法测量横断面

横断面测量记录手簿(标杆皮尺法)　　表 4-54

左侧 ←	中心桩号	右侧 →
$\frac{-2.5}{6.2}$　$\frac{+0.8}{7.3}$　$\frac{-2.1}{6.5}$	0+000	$\frac{+2.8}{12.2}$　$\frac{-1.2}{7.8}$

注:表中分子为相邻两桩的高差,分母为相邻两桩的平距。

3. 经纬仪法

在地形复杂、山坡较陡的地段宜采用经纬仪施测。将经纬仪安置在中桩上,可直接测定出横断面的方向,然后量仪器高,用视距法测出横断面方向各变坡点至中桩的水平距离和高差并记录。

4. 全站仪法

利用全站仪的对边测量功能可直接测得各横断面上各地形特征点相对中桩的水平距离和高差,有的全站仪有横断面测量功能,其操作、记录与成图更为方便。

(三)横断面图的绘制

绘制横断面图时均以中桩地面为坐标原点,以平距为横坐标,高差为纵坐标。绘制时,按规定的比例尺绘出地面上各特征点的位置,再用直线连接相邻点,即绘出横断面图的地面线,最后标注有关的地物和数据等,如图 4-19 所示。同时注意由下而上以一定间隔在图纸上摆放各断面的中心位置,并注上相应的桩号和高程,然后根据记录的水平距离和高差,计算横断面面积和确定路基的填挖边界。横断面测绘方法简单,但工作量大,为了提高工效、防止错误,应在现场边测边绘,如发现问题,可及时纠正。

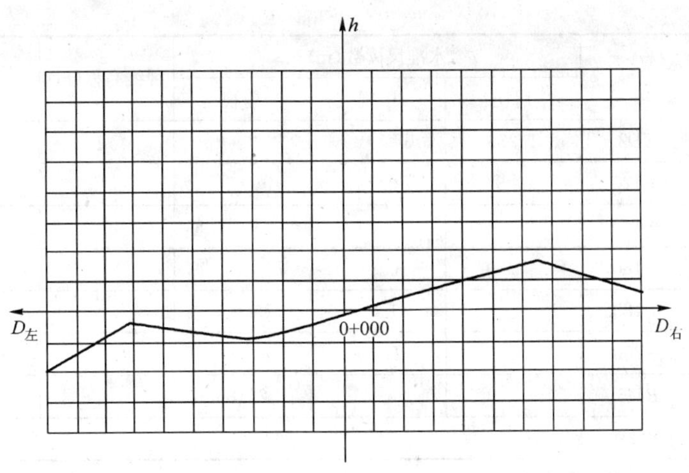

图 4-19　横断面图

思考与训练

1. 什么叫基平测量和中平测量？中平测量和一般水准测量有何异同点？

2. 完成表 4-55 某一级公路中平测量记录的计算和检核。

中平测量记录计算表　　表 4-55

测站	点号	水准尺读数(m)			视线高程(m)	高程(m)
		后视	中视	前视		
1	*BM*5	1.426				417.628
	K4+980		0.87			
	K5+000		1.56			
	+020		4.25			
	+040		1.62			
	+060		2.30			
	*ZD*1			2.402		
2	*ZD*1	0.876				
	+080		2.42			
	+092.4		1.87			
	+100		0.32			
	*ZD*2			2.004		

续上表

测站	点号	水准尺读数(m)			视线高程(m)	高程(m)
		后视	中视	前视		
3	*ZD*2	1.286				
	+120		3.15			
	+140		3.04			
	+160		0.94			
	+180		1.88			
	+200		2.00			
	*BM*6			2.186		
	检核					

注:基平测得 *BM*6 高程为 414.636m。

3. 纵横断面图是如何测绘的?图上各有哪些主要内容?

技能测试十一　经纬仪钢尺导线测量

【测试核心技能】

1. 导线测量的知识与技能。

2. 经纬仪钢尺导线施测技能。

【测试题目与内容】

经纬仪钢尺导线测量。

1. 将给定的控制点形成闭合导线。导线测量起点坐标自己假定，起始边坐标方位角可目测确定。

2. 用测回法完成一个闭合导线的转折角观测，用钢尺完成闭合导线的边长测量。

3. 要求画出草图，在草图上标出起算数据和观测结果，完成记录和成果计算全过程。

【测试时间】

90 分钟。

【测试条件(情景)】

1. 仪器、工具：经纬仪 1 台、脚架 1 个、钢尺 1 把、测钎若干、木桩若干、小钉若干、斧头 1 把、花杆 1 根、垂球 2、记录夹 1 个。

2. 现场给定 A、B、C、D 四个控制点，边长 50～100m，相邻点之间要通视，打上木桩，钉上钉子，做好标志点位。

【测试要求及评分标准】

1. 严格按测回法的观测程序作业；上、下半测回角值之差 $\leqslant \pm 36''$，对中误差 $< \pm 3$mm，水准管气泡偏差 <1 格。

2. 往、返丈量导线边长，其较差的相对误差不得超过 1/3 000，角度闭合差不得超过 $\pm 60''\sqrt{n}$，导线全长相对闭合差不得超过 1/2 000。

3. 要求实地标定的点位清晰。

4. 记录规范整洁、计算完整准确、无错误；数据记录、计算均应按要求填写在相应的《测试报告》中，记录表以外的数据不作为考核结果。

5. 评分标准见表 4-56。

测试评分标准（百分制） 表 4-56

序号	操作项目名称	评分标准	满分
1	工作态度	仪器工具轻拿轻放，装箱正确	5
2	正确使用仪器	安置及使用仪器是否正确、熟练	10
3	转折角、边长测量	方法、步骤正确，安排合理	25
4	起始数据假定	起始数据假定合理，目测坐标方位角正确	10
5	画草图及数据标定	是否正确、清晰	10
6	记录计算	方法及过程、公式应用得当、不缺项	20
7	精度评定	测量结果正确，符合精度要求	10
8	综合印象	动作规范、熟练、文明作业	10
合计			100

6. 评分奖罚说明

（1）测试时间为评分的主要依据之一，提前完成者给予适当奖分，奖分参考标准分四个等级，如表 4-57 所示；测试时间不得超过规定时间（90 分钟）。

表 4-57

提前时间	30 分钟以上	20 分钟以上	15 分钟以上	10 分钟以上
参考奖分	30 分	20 分	10 分	5 分

（2）根据卷面整洁情况，扣 0～5 分（记录划去 1 处扣 1 分，合计不超过 5 分）。

（3）如发生仪器事故或严重违反操作规程等现象，停止测试，成绩以不合格论处。

（4）对中误差及整平误差如不符合要求，酌情扣分 3～5 分。

【测试说明及注意事项】

1. 测试准备工作：自备计算用纸、笔（钢笔或圆珠笔）、计算器等必要工具，抽题。

2. 经纬仪钢尺导线测量技能测试将提供《经纬仪钢尺导线测量技能测试报告》(表 4-58、表 4-59、表 4-60)给考生，测试结束后考生将该报告作为成果交回。

3. 测试过程中，安排 2 名辅助人员配合考生完成测试任务。

4. 测试过程中任何人不得提示，考生应独立完成全部工作。

5. 主考人有权随时检查是否符合操作规程及技术要求，但应相应折减所影响的时间。

6. 若有作弊行为，一经发现一律按零分处理，不得参加补考。

7. 测试时间自领取仪器开始，至递交成果与仪器终止。

8. 评分标准参见相关表格。

【测试报告】

经纬仪钢尺导线测量技能测试报告 表 4-58

考评日期：__________ 姓名：__________ 成绩：__________ 考评员：__________

测 试 题 目	经纬仪钢尺导线测量		
主要仪器及工具			
天气		仪器号码	
导线平面布置草图	标明所有起算数据和观测结果		

导线测量外业记录表 表 4-59

测点	盘位	目标	水平度盘读数(° ′ ″)	水平角		边长丈量记表
				半测回值(° ′ ″)	一测回值(° ′ ″)	
						边长名：
						往测：
						返测：
						平均：

续上表

测点	盘位	目标	水平度盘读数(° ′ ″)	水平角 半测回值(° ′ ″)	水平角 一测回值(° ′ ″)	边长丈量记表
						边长名: 往测: 返测: 平均:
						边长名: 往测: 返测: 平均:
						边长名: 往测: 返测: 平均:
校核		角度闭合差 f_β=				

导线测量内业成果计算表

表 4-60

点号	观测角(° ′ ″)	改正数(″)	坐标方位角(° ′ ″)	边长(m)	Δx(m)	$V_{\Delta x}$(mm)	Δy(m)	$V_{\Delta y}$(mm)	x(m)	y(m)
1	2	3	4	5	6	7	8	9	10	11
Σ										
辅助计算										

【测试成绩评定表】

表4-61用于考评员给考生评定成绩，最后连同考生《测试报告》归档保存。

测试成绩评定表 表4-61

考生姓名：________ 考评日期：________ 开始时间：________ 结束时间：________

测试内容	配分	操作要求及评分标准	扣分	得分	监考教师评分依据记录
工作态度	5	仪器工具轻拿轻放，装箱正确			
正确使用仪器	10	安置及使用仪器是否正确、熟练			
转折角、边长测量	25	方法、步骤正确，安排合理			
起始数据假定	10	起始数据假定合理，目测坐标方位角正确			
画草图及数据标定	10	是否正确、清晰			
记录计算	20	方法及过程、公式应用得当、不缺项			
精度评定	10	测量结果正确，符合精度要求			
综合印象	10	动作规范、熟练、文明作业			
合　计		标准分：100			
总扣分及说明					
最后得分		考评员签字		主考人签字	

【其他变数与说明】

1.其他变数

(1)导线可以变化为附合导线。

(2)导线角的个数可以改变以调整测试工作量的大小，从而调整测试用时。

2.技能的用途：导线测量的传统方法，主要用于控制测量。

【测试辅导】

图根控制网通常采用图根导线测量的方法来测定图根点的平面位置，采用图根水准测量或图根三角高程测量的方法来测定图根点的高程。

在测区内将相邻控制点(导线点)布设成连续的折线称为导线。导线测量就是依次测定各导线边的边长和各转折角，根据起始数据，求出各导线点的坐标。

导线测量是建立小地区平面控制网的主要方法，特别适用于地物分布比较复杂

的城市建筑区，通视较困难的隐蔽地区、带状地区以及地下工程等控制点的测量。

用经纬仪测量导线的转折角，用钢尺丈量导线的边长的导线，称为经纬仪导线。若用光电测距仪测定导线边长，则称为电磁波测距导线。

一 图根导线的布设形式

根据测区条件图根导线一般可布设成如下三种形式：

1. 闭合导线

如图 4-20 所示，闭合导线是从已知控制点 B 和已知方向 BA 出发，经过 1、2、3、4 等点，最后又闭合到起始点 B，形成一个闭合多边形。它本身具有严密的几何条件，能起检核作用。常用于小地区的首级平面控制测量。

2. 附合导线

如图 4-21 所示，附合导线是从已知控制点 B 和已知方向 BA 出发，经过 1、2、3 等点，最后附合到另一已知点 C 和已知方向 CD 上。它具有检核观测成果的作用，常用于平面控制测量的加密。

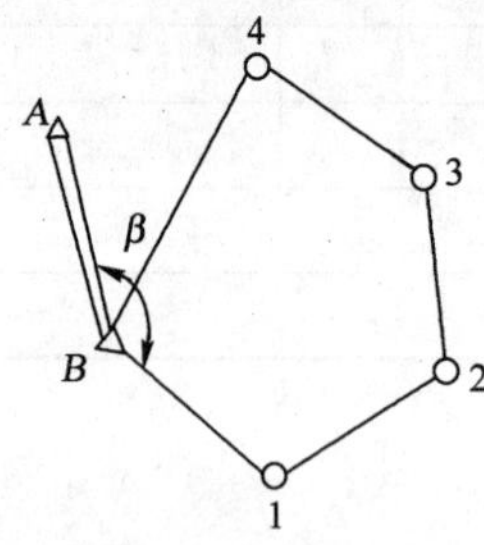

图 4-20　闭合导线

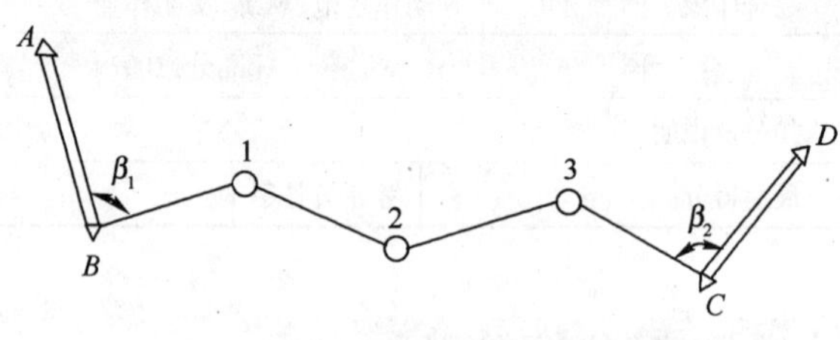

图 4-21　附合导线

3. 支导线

如图 4-22 所示，支导线是从已知控制点 B 和已知方向 BA 出发，依次测量 1、2 等点，既不闭合到起始点，也不附合到另一已知点。它缺乏检核条件，点数一般不能超过两个，仅用于图根控制测量。

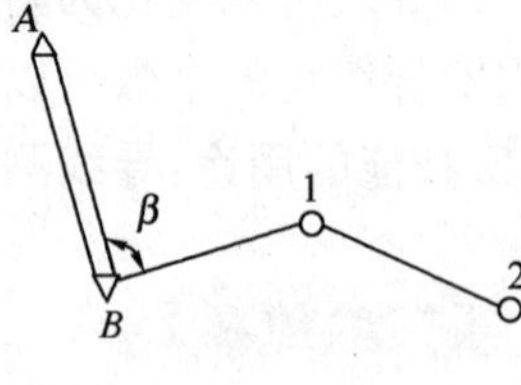

图 4-22　支导线

二 导线测量的外业工作

导线测量的外业工作包括：踏勘选点、建立标志、导线边长测量、导线转折角测量和导线连接测量等。

1. 踏勘选点

在选点前，应先收集测区已有地形图和高一级控制点的成果资料，然后到现场踏勘，了解测区现状和寻找已知控制点，再拟定导线的布设方案，最后到野外踏勘，选定导线点的位置。

选点时一般应注意下列事项：

(1)相邻点间应相互通视良好，地势平坦，便于测角和量距。

(2)点位应选在土质坚实，便于安置仪器和保存标志的地方。

(3)导线点应选择在视野开阔的地方，便于碎部测量。

(4)导线边长应大致相等，其平均边长应符合表 4-62 的规定。

(5)导线点应有足够的密度，分布均匀合理，以便能控制整个测区。

2. 建立标志

图根导线测量技术指标 表 4-62

测图比例尺	附合导线长度(m)	平均边长(m)	往返丈量相对误差	测角中误差(″)	导线全长相对闭合差	测回数 DJ_6	方位角闭合差(″)
1∶500	500	75	1/3 000	±20	1/2 000	1	$\pm60''\sqrt{n}$
1∶1 000	1 000	110					
1∶2 000	2 000	180					

导线点位置选定后，要用标志将点位在地面上固定下来。一般的图根点，常在点位上打一大木桩，在桩顶钉一小钉作为标志，如图 4-23 所示。也可在水泥地面上用红漆划“十”字，作为临时标志。导线点如需长期保存，则应埋设混凝土桩，如图 4-24 所示，桩顶刻“十”字，作为永久性标志，并做“点之记”。

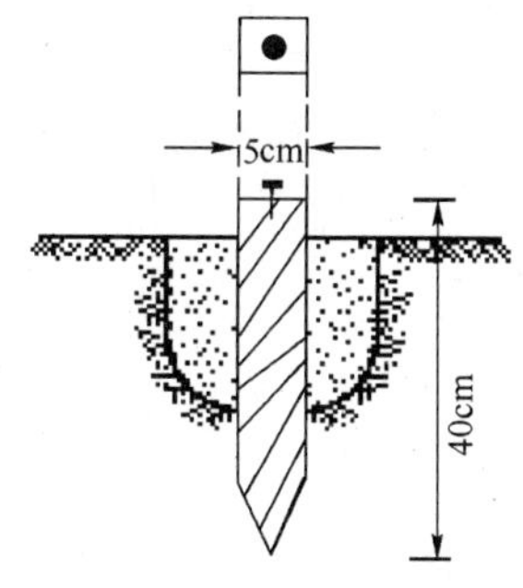

图 4-23 临时性标志

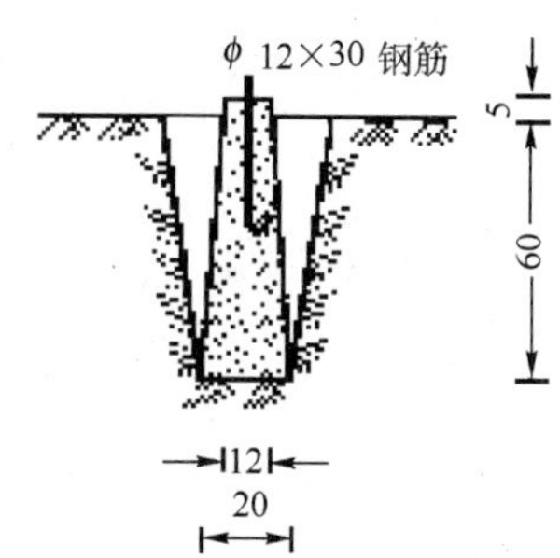

图 4-24 永久性标志(尺寸单位:cm)

3. 导线边长测量

导线边长一般采用钢尺量距的一般方法进行，也可用光电测距仪直接测定。

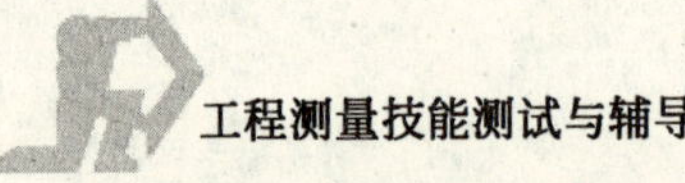

4. 测转折角

一般要求在附合导线中，测左角或右角；在闭合导线中，测内角；对于图根导线，要分别观测左角和右角，以资检核。

5. 导线连接测量

当有条件时导线应与高级控制点连接，以便通过连接测量，由高级控制点求出导线起始点坐标和起始边坐标方位角，作为导线起算数据。也可以单独建立坐标系，假设起始点坐标，用罗盘仪测出导线起始边的磁方位角，作为起算数据。注意连接测量时，角度和距离的精度均应比实测导线高一个等级。

导线内业计算见第三部分技能测试六。

思考与训练

1. 导线测量有哪几种布设形式？各在什么情况下使用？
2. 小地区控制测量中，导线测量特别适用于什么情况？
3. 图根导线测量选点的原则是什么？
4. 简述导线测量的外业工作。

技能测试十二　数字化测图

【测试核心技能】

数字化测图外业数据采集和内业成图基本作业方法。

【测试题目与内容】

数字化测图

1. 测绘一地形较简单的小范围地形图。
2. 用全站仪进行大比例尺地面数字测图外业数据采集。
3. 用数字化测图系统软件进行内业成图。

【测试时间】

90 分钟。

【测试条件(情景)】

1. 仪器、工具：南方 NTS600 全站仪 1 套、棱镜及杆 2 套、文件夹 2 个、计算机 1 台、对讲机 3 个、图纸若干、小钢尺 1 把。

2. 样题——在测试现场选定两个控制点 A、B，在 A 点设站，后视 B 点，选择并测量周围碎步点。已知 A(1 000.000m，1 000.000m)，$H_A=100.000$m，AB 边的坐标方位角 $\alpha_{AB}=270°00'00''$(或已知 B 点的坐标)。

【测试要求及评分标准】

1. 在 A 点周围选择地物地貌特征点，严格按全站仪的观测程序作业。
2. 测绘成果要求不少于五个建筑物和二十个高程点，绘图比例尺 1∶1 000。
3. 要求对中误差<3mm，整平误差<1 格。
4. 评分标准见表 4-63。
5. 评分奖罚说明

(1)测试时间为评分的主要依据之一，提前完成者给予适当奖分，奖分参考标准分三个等级，如表 4-64 所示；测试时间不得超过规定时间(90 分钟)。

测试评分标准(百分制)　　表 4-63

序号	测试内容	评分标准	配分
1	工作态度	仪器工具轻拿轻放,搬仪器动作规范,装箱正确	10
2	仪器操作	操作熟练、规范、方法步骤正确、不缺项	20
3	碎部点的选择	选在地物地貌特征点上,选点灵活、科学、合理	10
4	记录及草图绘制	清晰、信息齐全	15
5	内业成图	地物地貌与实地相符,符号利用正确,图形严格分层管理	25
6	精度	精度符合要求	10
7	综合印象	文明作业、团队合作等	10
合计			100

表 4-64

提前时间	30 分钟以上	20 分钟以上	10 分钟以上
参考奖分	30 分	20 分	10 分

(2)对中误差及整平误差如不符合要求,酌情扣 0～5 分。

(3)如发生仪器事故或严重违反操作规程等现象,停止测试,成绩以不合格论处。

【测试说明及注意事项】

1. 测试准备工作:自备绘制草图和必要记录所用纸和笔,抽题。

2. 数字化测图技能测试将提供《数字化测图技能测试报告》(表 4-65)给考生,测试结束后考生将该报告作为成果交回。

3. 测试过程中,派 2 名辅助人员配合考生完成测试任务。

4. 测试过程中任何人不得提示,考生应独立完成全部工作。

5. 主考人有权随时检查是否符合操作规程及技术要求,但应相应折减所影响的时间。

6. 若有作弊行为,一经发现一律按零分处理,不得参加补考。

7. 测试时间自领取仪器开始，至递交成果与仪器终止。

8. 评分标准参见相关表格。

【测试报告】

数字化测图技能测试报告 表 4-65

考评日期：__________ 姓名：__________ 成绩：__________ 考评员：__________

<table>
<tr><td>测 试 题 目</td><td colspan="3">数字化测图</td></tr>
<tr><td>主要仪器及工具</td><td colspan="3"></td></tr>
<tr><td>天气</td><td></td><td>仪器号码</td><td></td></tr>
<tr><td colspan="4">数字化测图基本作业过程相关记录：
1. 已知控制点情况

2. 外业采集数据及实地地形相关记录、说明

3. 内业成图相关记录、说明</td></tr>
<tr><td colspan="4">检查：
地物与实地位置____，符号利用____，图形严格____
对中误差____mm，整平误差____格

结果：
附一份地形图外业测绘草图
一份数字化测图成果：数字地图形(打印)</td></tr>
</table>

【测试成绩评定表】

表 4-66 用于考评员给考生评定成绩，最后连同考生《测试报告》归档保存。

测试成绩评定表　　　　表 4-66

考生姓名：________　考评日期：________　开始时间：________　结束时间：________

测试内容	配分	操作要求及评分标准	扣分	得分	监考教师评分依据记录
工作态度	10	仪器工具轻拿轻放，搬仪器动作规范，装箱正确			
仪器操作	20	操作熟练、规范、方法步骤正确、不缺项			
碎部点的选择	10	选在地物地貌特征点上，选点灵活、科学、合理			
记录及草图绘制	15	清晰、信息齐全			
内业成图	25	地物地貌与实地相符，符号利用正确，图形严格分层管理			
精度	10	精度符合要求			
综合印象	10	文明作业、团队合作等			
合　计		标准分：100			
总扣分及说明					
最后得分		考评员签字		主考人签字	

【其他变数与说明】

1. 其他变数：全站仪的种类、型号和规格各异，特别是换代产品较为频繁，使用的方便程度不一；数字测图系统软件种类和版本也不同；为此考评员打分时可酌情根据仪器和软件的方便程度做适当调节。

2. 技能的用途：数字化测图的主要方法、先进方法。

【测试辅导】

下面以南方测绘公司的 NTS600 系列全站仪和数字测图系统软件 CASS5.1为例进行数字化测图基本作业模式介绍。

1. 全站仪野外数据采集步骤

(1)安置仪器：在控制点 A 上安置全站仪，检查中心连接螺旋是否旋紧，对中、整平，量取仪器高，开机。

(2)创建文件：在全站仪中创建一个文件，用来保存测量数据。

(3)输入测站点：输入所创建的文件名，按提示输入测站点点号、坐标及仪器高;调焦与照准后视点反光镜后,继续输入后视点点号及坐标(或者输入后视方向方位角);最后将仪器瞄准后视点,进行定向检测。

(4)测量碎部点坐标:仪器定向后,即可进入"测量"状态,输入所测碎部点点号、镜高后,精确瞄准竖立在碎部点上的反光镜,按"回车"键,仪器即测量出棱镜点的三维坐标,并将测量结果保存到前面输入的坐标文件中,同时将碎部点点号自动加1返回测量状态。再输入镜高,瞄准第2个碎部点上的反光镜,按"回车"键,仪器又测量出第2个棱镜点的三维坐标,并将测量结果保存到前面的坐标文件中。按此方法,可以测量并保存其后所测全部碎部点的三维坐标。

2. 内业数据传输

格式转换:将保存的数据文件转换为成图软件(如CASS)格式的坐标文件格式。执行下拉菜单"数据/读全站仪数据"命令,在"全站仪内存数据转换"对话框中的"全站仪内存文件"文本框中,输入需要转换的数据文件名和路径,在"CASS坐标文件"文本框中输入转换后保存的数据文件名和路径。这两个数据文件名和路径均可以单击"选择文件",在弹出的标准文件对话框中输入。单击"转换",即完成数据文件格式转换。

展绘碎部点、成图:执行下拉菜单"绘图处理/定显示区"确定绘图区域;执行下拉菜单"绘图处理/展野外测点点位",即在绘图区得到展绘好的碎部点点位,结合野外绘制的草图绘制地物;再执行下拉菜单"绘图处理/展高程点"。经过对所测地形图进行屏幕显示,在人机交互方式下进行绘图处理、图形编辑、修改、整饰,最后形成数字地图的图形文件。

3. 内业成图方法示例

在外业无码作业数据采集的基础上,内业将利用外业草图,采用南方CASS 5.1软件进行成图。要求成图比例尺为1∶1 000,地貌与实地相符,地物位置精确,符号利用正确,对所成的电子地图进行严格分层管理。图形格式为DWG格式。内业成图具体过程为:

(1)DAT文件的建立:通过软件将全站仪数据文件输出为.dat格式

(2)展点(高程点或点号):在绘图处理的下拉菜单中选择"展点"项的"野外测点点号"在打开的对话框中选择自己所需要的文件,然后单击确定便可以在屏幕展出野外测点及点号。

(3)绘图,根据草图,选择南方CASS软件下提供的地物类型描绘。

(4)执行下拉菜单"绘图处理/展高程点",展绘等高线。

(5)加图幅的方法:CASS5.1—绘图处理—标准图幅,输入图名、比例尺、测量员、绘图员、检查员、左下角坐标等。

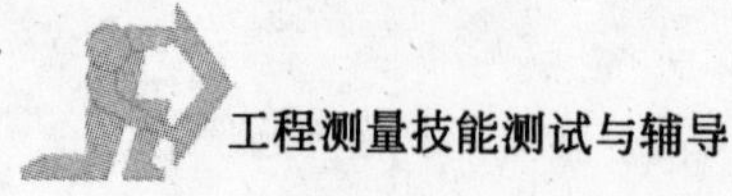

4. 注意事项

(1)在作业前应做好准备工作，全站仪的电池、备用电池均应充足电。

(2)用电缆连接全站仪和计算机时，应选择与全站仪型号相匹配的电缆，小心稳妥地连接。

(3)采用数据编码时，数据编码要规范、合理。

(4)外业数据采集时，记录及草图绘制应清晰、信息齐全。不仅要记录观测值及测站有关数据，同时还要记录编码、点号、连接点和连接线等信息，以方便绘图。

(5)数据处理前，要熟悉所采用软件的工作环境及基本操作要求。

(6)根据控制点的位置和实际的每天工作量，人工实地绘制草图，在草图上标明，每隔 30 个点和测站互通点号，防止出错。测量毕竟是一个团队合作的项目，采用以上方法，要求队员之间要配合要默契，这一点测完了，下一点应测什么应心灵相通；对观测人员的输入数字及字母的熟练程度要求较高，一般应在 10 秒内完成。

(7)草图绘制人员担负着室内绘图的工作，是测图过程中的主要人员，所以对于地物的综合取舍等要心中有数，并且应在跑尺员跑尺前确定好这一区域跑尺的线路，尽量避免走冤枉路。为了节省时间要求要求两名草图绘制人员配合工作，即一名队员负责本测站的指挥协调，标记工作；另一名队员去规划下一侧站点的测量路线，和具体地物的草图速写。

(8)全站仪是一个精确的测量仪器，只要在能通视的范围内都可以做到精确测量，所以在一个测站我们应尽量多的完成通视地物的测量，这就要求在距离较远的情况下使用通讯工具进行联络。

(9)在测量的过程中，碎部点的取舍和测量至关重要，测点过密，造成成图密集，不该要的要了；测点过少，没有把握地形的基本要素，因此对于碎部点的确定，应该注意以下几点：

①建筑物比较方正的可只需测出三点，第四点可由计算机来完成，这就更要求草图绘制人员的事先观察，有些建筑物可能看起来较方正，其实是不规则的多边形，则需要全部实测点位。

②不规则的地貌应尽量能多测一些点，因为在传统测图中一些细小的变化可通过手工来完成，但计算机的模拟是无法比较真实的反映出这些实际地形的。

③对于一些重要的无法通视的观测点，应通过一定的位移来替代观测或者需要通过举高支杆来观测，这样的点要在草图上详细注记。

5. 其他注意事项

(1)测图单元的划分,尽量以自然分界为界,如河流、道路等等以便于地形图的施测,也减少了接边的问题。

(2)能够测量到的点尽量实测,尽量避免用钢尺量取。因为用全站仪所测量的速度远非皮尺钢尺量取所能比的,而且精度也会高些。

(3)实地数据采集时,配合要默契,不在测站可视范围,则通过使用对讲机来传递信息,跑棱镜的人要将自己所要采集的地形地物数据点信息及时报告给测站人员,以确保数据记录的真实性。

(4)由于数字测图很多工作是在计算机上完成的,所以如何加强检核是每个单位必须解决和关注的问题。特别是在测区远离内业地点时,必须有一定的措施。

(5)尽量在测站的可视范围进行数据采集,在通视不良的地方或者需要通过举高支杆来观测的时候,尽量引点到附近设站进行采集数据,避免由于支杆偏离地形地物点位而带来的人为误差。

(6)外业进行数据采集时,一定要注意实地的地物地貌的变化,尽可能地详细记录,不要把疑问点带回到内业处理。

思考与训练

1. 测量地物时,比例符号、非比例符号、线性符号分别在什么情况下使用?
2. 碎部点的选择应遵循什么原则?
3. 全站仪外业数据采集前,需要输入哪些已知数据?
4. 外业数据要经过哪些操作才能传输到计算机上?
5. 内业成图具体过程是什么?
6. 数字化内业成图应该满足哪些精度要求?

附录A 测量计算的取位

测量内容	高差(m)	高程(m)	距离(m)	方位角(″)	水平角(′或″)	垂直角(′或″)	坐标增量(m)	坐标(m)
等外水准测量	0.001	0.001						
四等水准测量	0.000 5	0.001						
三角高程测量	0.01	0.01	0.01			1″		
图根导线测量			0.01	1	1″		0.01	0.01
图根小三角测量			0.01	1	1″		0.01	0.01
碎部测量	0.01或0.1	0.01或0.1	0.1′		1′	1′		
视距测量	0.01	0.01	0.1		1′	1′		

附录B 测量工职业技能鉴定考核大纲

一 测绘职业技能鉴定

劳动与社会保障部门与各地测绘职业技能鉴定站开展测绘技能鉴定，鉴定站提供的初、中、高级工程测量工技能考核要求如下(知识要求略)。

1. 初级工程测量工技能要求

(1)考核时间:2.5小时。

(2)考核内容:使用相应等级经纬仪进行图根导线观测、记录8～10站。具体内容包括:观测、记录(手工)、水平角观测的中数计算、距离测量、斜距改水平距离的计算。

(3)考核要求:严格执行操作规程，注意仪器及人身安全，记录格式正确，记录字迹清晰，计算结果正确。

(4)评分原则:严格执行操作规程且成果合格者得80分，掌握仪器设备的正确使用方法，懂得仪器设备保养常识者得10分;执行测绘仪器安全操作规程，注意仪器及人身安全者得10分。

2. 中级工程测量工技能要求

(1)考核时间:3.5小时。

(2)考核内容:使用DS_1型或DS_{05}型水准仪进行三等水准测量8～10站。具体内容包括:观测、记录(手工)、按规范要求进行成果整理并计算线路闭合差及各点的高程;使用相应等级经纬仪及光电测距仪进行三级附合导线测量8～10站，具体内容包括:观测、记录(手工)、计算导线方位角闭合差、导线全长相对闭合差及各点坐标。

(3)考核要求:正确使用仪器，外业观测严格执行操作规程，记录格式正确、记录字迹清晰整洁，各测站观测限差校核无误，观测精度满足规范要求，计算结果正确。

(4)评分原则：严格执行操作规程且成果合格者得 80 分，掌握仪器设备的正确使用方法，懂得仪器设备保养常识者得 10 分；执行测绘仪器安全操作规程，注意仪器及人身安全者得 10 分。

3. 高级工程测量工技能要求

(1)考核时间：4.5 小时。

(2)考核内容：使用相应等级经纬仪，完成四个桩以上、至少一侧有规划路的放样测量工作。具体内容包括：施测导线、计算放样点坐标、实地钉桩。

(3)考核要求：严格执行操作规程，记录格式正确，记录字迹清晰，计算结果正确，各项限差校核无误。内业成果整理符合规范要求。

(4)评分原则：严格执行操作规程且成果合格者得 80 分，掌握仪器设备的正确使用方法，懂得仪器设备保养常识者得 10 分；执行测绘仪器安全操作规程，注意仪器及人身安全者得 10 分。

二 公路工程测量工考核大纲

(一)主题内容与适用范围

本标准规定了公路工程测量工的等级、应知、应会及工作实例。

本标准适用于公路工程测量的培训、考核与使用。

(二)技术要求

公路工程测量工分为初级、中级和高级三个等级。

1. 初级公路工程测量工

具有公路工程测量的基本知识；掌握常用测量仪器的性能和操作方法；在中、高级工指导下，进行测量操作。

(1)应知

①公路测量的一般工序。

②公路测量常用仪器的技术性能、操作和简单保养方法及运输注意事项。

③公路测量作业的安全操作规程。

④公路测量各专业组外业作业的基本知识。

⑤公路工程技术标准的基本概念和常用名词术语。

⑥地形图的基本知识。

⑦测量误差的概念。

(2)应会

①埋设一般测量标志和书写各种桩号。

②描绘断面图及简单的地形图。

③一般的距离丈量和横断面测量。

④担任地形、测角、中线、航测外控等测量作业中的扶尺、跑点等一般工作。

⑤进行一般公路的基平和中平测量工作。

(3)工作实例

①横断面测量中的抬杆。

②地形测量和水准测量作业中的跑点、扶尺。

③简单图样的描绘。

2. 中级公路工程测量工

具有较全面的公路工程测量的基础理论知识;熟练操作常用测量仪器;承担公路工程测量中各种测量操作和简易计算。

(1)应知

①一般公路测量仪器的使用、检查、校正方法。

②平面直角坐标的换算方法。

③平面控制测量的操作技术。

④公路导线和国家三角点联测的方法和要求。

⑤在复杂地形或遇障碍物时的测量方法。

⑥公路各阶段勘测的知识。

⑦公路测量中,各项测量精度的规定和操作要求。

⑧测量误差的基础知识。

⑨公路工程技术标准的主要内容及公路工程名词术语。

(2)应会

①普通测量仪器的检校和常见故障的排除。

②水准点的选设。

③选线中的放坡,以及测绘一般断面图和地形图。

④水文测量的操作及观测资料的整理。

⑤准备一般测量任务所需的工具、材料和仪器设备。

⑥土石方计算及调配。

⑦根据图样进行现场施工放样及竣工测量。

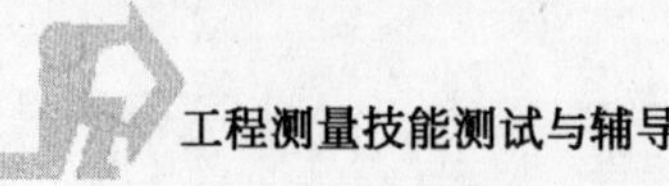

⑧检校外业测量记录，处理外业测量工作中的一般技术问题。
⑨单曲线的计算与测设。
(3)工作实例
①检校普通经纬仪。
②点绘横断面图和地形图。
③土石方数量的计算和调配。
3.高级公路工程测量工
具有系统的公路工程测量的基础理论知识；能解决公路工程测量中的技术难题；协助工程技术人员组织指挥公路工程测量作业。
(1)应知
①大地测量和公路测量有关知识。
②避免或减少产生测量误差的措施。
③测量规范的主要技术要求及依据。
④绘制设计图的基本知识和制图标准。
⑤路线平、纵面设计的一般知识。
⑥路线方案比选的基本知识。

⑦国内外公路测量新技术。
⑧常用计算机的操作方法和操作语言。
(2)应会
①检查评定外业测量工作的质量。
②简单平面控制网和高程控制网的近似平差计算。
③精密测量仪器的使用、检查、校正和保养。
④公路测量中的各项测量作业。
⑤在指导下承担公路路线平纵面和横断面的计算、描绘等一般工作。
⑥应用计算机进行公路测量的有关计算，描绘复杂的桥涵图。
⑦处理测量外业工作中遇到的疑难问题。
(3)工作实例
①越岭路线的放坡。
②一般公路的平纵面曲线要素的计算。
③测量一条闭合导线并进行导线点的高程和坐标计算。

参考文献

[1] 齐秀廷.道路工程测量实训.北京:机械工业出版社,2006.

[2] 郭祥瑞.建筑工程测量实习指导与习题集.广州:华南理工大学出版社,1998.

[3] 王根虎.工程测量实训.北京:中国建筑工业出版社,2005.

[4] 赵雪云.李峰.工程测量.北京:中国电力出版社,2007.

[5] 周建郑.建筑工程测量.北京:化学工业出版社,2005.

参考文献

[1] [illegible]. 北京：机械工业出版社，2006.

[2] [illegible]. [illegible]出版社，1998.

[3] [illegible]. 北京：中国建筑工业出版社，[illegible].

[4] [illegible]. 北京：中国电力出版社，2007.

[5] [illegible]. 北京：化学工业出版社，2007.